研究生系列教材

智能电子系统设计

许 明　编

西安电子科技大学出版社

内 容 简 介

智能电子系统设计是智能制造的重要基础，涉及的概念、原理、方法与技术众多。本书由电子系统设计概述、模拟电子系统设计、数字电子系统设计、微控制器应用系统设计、电子系统综合设计以及电子系统 PCB 的设计基础六部分组成。书中包括电子系统设计的一般方法、放大电路设计、模拟滤波器设计、逻辑和时序逻辑电路设计、CPLD/FPGA 设计基础、微控制器电子系统设计、电源系统设计、测量系统设计、通信电子系统设计等内容，通过基础知识、电路分析、综合设计与分析，构建起了电子系统设计领域从理论知识到实践能力的提升途径。

本书层次清晰、结构完整、图文并茂，为读者展现了电子系统设计的基本知识及设计实践技能，有助于读者进一步学习和研究智能电子系统设计技术。本书可作为高等学校机械工程等相关专业研究生的教材或参考书，也可作为智能制造工程、机械设计制造及其自动化等相关专业电子系统设计课程的教材或参考书，还可供具备一定电子设计基础知识的读者参考。

图书在版编目（CIP）数据

智能电子系统设计 / 许明编. -- 西安：西安电子科技大学出版社，2025.1. -- ISBN 978-7-5606-7470-4

Ⅰ. TP18

中国国家版本馆 CIP 数据核字第 2025PA8394 号

策　　划　陈　婷
责任编辑　陈　婷
出版发行　西安电子科技大学出版社（西安市太白南路 2 号）
电　　话　(029) 88202421　88201467　　邮　编　710071
网　　址　www. xduph. com　　　　电子邮箱　xdupfxb001@163. com
经　　销　新华书店
印刷单位　陕西天意印务有限责任公司
版　　次　2025 年 1 月第 1 版　2025 年 1 月第 1 次印刷
开　　本　787 毫米×1092 毫米　1/16　印张 18.5
字　　数　438 千字
定　　价　57.00 元
ISBN 978-7-5606-7470-4
XDUP 7771001-1

PREFACE 前 言

智能电子系统是智能制造工程的核心支撑技术，是智能制造中信息系统设计的集中体现，对于智能产品、智能装备设计等发挥着越来越重要的作用，可以实现机械技术、电子信息技术以及人工智能技术的深度集成。

本书将电子系统(包括模拟电子系统、数字电子系统、微控制器电子系统)与智能制造相结合，展现智能电子系统设计在智能制造工程中的实际需求和应用，突出"一个目标、两个能力、三层次实践"，即以创新型人才培养为目标，培养系统分析与工程设计能力，以基本原理、设计实验、综合拓展构成三层次实践，来编写适合智能制造等宽口径非电类专业的智能电子系统设计教材。

本书在内容体系上采取层次构筑的方式，总体结构按照三个基本部分，即基础部分、实践部分、综合及创新提高部分的思路编写。基础部分侧重非电类专业在电子电路设计中常用的基本电子线路分析与设计、仿真与设计工具的基本使用方法等；实践部分针对智能制造实际工程应用，精选了多个实践项目，涵盖了模拟电子系统设计、数字电子系统设计、微控制器电子系统设计以及综合电子系统设计等，以实际案例为切入点，拓展学生在电工电子、模电、数电、嵌入式控制系统等方面的学习和实验实践；综合及创新提高部分面向智能产品及装备设计，以电子模块的方式进行综合设计及创新。

全书共分为6章，第1章为电子系统设计概述，介绍电子系统设计的基本方法与流程；第2章为模拟电子系统设计，介绍放大电路设计、模拟滤波电路设计的基本原理及方法；第3章为数字电子系统设计，介绍数字电子系统的设计方法、组合逻辑电路设计、时序逻辑电路设计以及CPLD/FPGA设计基础；第4章为微控制器应用系统设计，介绍微控制器与嵌入式系统的概念、80C51应用系统设计、Arduino应用系统设计和STM32应用系统设计基础；第5章以智能产品及装备为出发点，介绍电源系统设计、测量系统设计、通信系统设计及控制系统设计；第6章介绍了电子系统PCB的设计基础，主要为原理图设计及PCB设计的一般流程及方法。

本书的编写得到了杭州电子科技大学研究生教材建设项目资助，研究生赵晋东、张永发参与了书中部分内容及案例的编写，在此一并感谢。

由于编者水平有限，书中难免存在不妥之处，恳请广大读者批评指正。

编 者
2024 年 4 月

CONTENTS 目 录

第1章　电子系统设计概述

1.1　电子系统设计的概念

智能制造通过集成先进的信息通信技术与制造技术，可以实现制造过程的高度自动化、信息化和智能化。利用物联网、大数据、云计算、人工智能等技术手段，对制造过程中的设备、工艺、管理等进行智能化改造，可以提升制造效率、降低成本，并满足个性化、多样化的市场需求。电子系统是智能制造的重要基础，智能制造将先进的电子系统技术应用于制造过程，利用传感器、控制系统、数据分析等电子系统技术，对制造过程进行实时监控、数据采集、分析和优化，以实现制造过程的智能化和高效化。

电子系统设计在智能制造领域发挥着至关重要的作用，是实现智能制造系统集成的关键所在。通过精细设计的电子系统，能够实现对传感器和测量设备产生的模拟信号的精确采集和处理，为控制系统提供清晰、可靠的数据支持。这些数据经过适当的放大、滤波和转换后，能够确保控制系统的稳定运行和高效性能。一方面，智能制造系统集成涉及多个组件和环节的协同工作，电子系统设计正是将这些组件和环节紧密连接在一起的关键纽带。通过优化电子系统的结构和功能，可以确保各个部分之间的无缝对接和高效通信，从而形成一个稳定、可靠的控制系统。另一方面，电子系统设计还能够提升智能制造系统的整体性能和智能化水平，采用先进的电子技术和算法可以实现对生产过程的精确控制和智能优化，提高生产效率和产品质量。随着技术的不断进步和应用领域的拓展，电子系统设计将在智能制造中发挥越来越重要的作用。

电子系统设计是指将电子元器件、电路和软件等组合在一起，实现特定功能的过程，包括硬件设计和软件设计两个方面。硬件设计主要关注根据系统需求和功能要求选择合适的电子元器件，并设计电路连接方案，需要考虑电路的稳定性、电源电压和电流要求、信号传输的可靠性以及抗干扰能力等因素。软件设计则侧重于根据硬件设计的电路连接方案，编写控制电子系统运行的软件程序，确定各个电子元器件的工作模式和控制信号，实现系统的功能。电子系统的种类、功能众多，如装备电子系统、自动控制系统、电子测量系统、计算机控制系统、通信电子系统等。电子系统已经成为工业、农业、日常生活、交通、国防等各个领域中的关键部分，而设计高质量的电子系统仍是一项复杂和具有挑战性的任务。在电子系统设计过程中，一般需要考虑以下几方面的因素。

（1）功能需求：电子系统的设计必须根据用户的功能需求（如自动控制系统、电子测量系统、计算机系统、通信系统等）来确定电子系统的设计目标。

（2）组成部分：电子系统通常由许多不同的电子元器件或功能模块组成，这些元器件或模块可以包括传感器、执行器、处理器、存储器、通信接口等，将电子系统进行功能组成划分有利于电子系统的模块化设计。

（3）信号流：电子系统中各个组成部分之间的数据和信号流动非常重要，这些信号可以是数字信号或模拟信号，它们的流动路径通过电路板布局、线路连接等手段得以实现。

（4）可靠性：电子系统通常被设计用于长时间运行，甚至在恶劣环境下工作，并且需要保证高度可靠性。因此，设计人员需要对系统进行全面的可靠性评估和风险分析，以最大程度地降低故障率。

（5）电磁兼容性设计：在电子系统设计中，电磁兼容性也是一个重要的考虑因素，需要确保系统在工作时不会受到外部电磁干扰的影响，同时也不会对其他设备产生电磁干扰。

（6）设计工具：为了简化设计过程并提高效率，设计人员通常会使用到各种设计工具软件，通常包括电子线路仿真软件、PCB 设计软件、EDA 软件等。

（7）性能指标：电子系统的性能指标包括响应时间、功耗、成本、可维护性等。这些指标在设计过程中需要进行平衡和权衡，以实现最佳的系统性能。

（8）文档编写与维护：编写详细的设计文档，包括电路图、系统图、软件代码、测试报告等，以便后续的维护、升级和修改。

总之，电子系统的设计是一个复杂的过程，它需要考虑到各种因素，包括功能需求、组成部分、信号流、可靠性、设计工具和性能指标等。只有深入了解这些因素并进行全面的考虑和权衡，才能设计出稳定、可靠、高效、安全和易使用的电子系统。

根据所采用的电子技术原理及元器件，电子系统大致可分为模拟电子系统、数字电子系统、MCU 电子系统和综合电子系统四类。

1. 模拟电子系统

以模拟电子技术为主要技术手段的电子系统称为模拟电子系统。在模拟电子系统中通常把被处理的物理量（如声音、温度、压力、流量等）通过传感器转换为电信号，然后对其进行放大、滤波、整形、调制、检波等，以达到信号处理的目的。

模拟电子系统具有以下特点。

（1）采用模拟信号：该类系统传输和处理的是模拟信号，信号处理过程中不会出现数字量化误差等问题，能够更好地保持原始信号的完整性和稳定性，但模拟信号在采集及传输过程中容易受到外界干扰。

（2）高精度：模拟电子系统具有高精度的特点，可以实现较高的信号精度和分辨率，基本能够满足各种工业、科研、医疗、国防等领域对信号处理的需求。

（3）可靠稳定：该类系统具有较高的可靠性和稳定性，并且相对于数字电子系统来说，它们所需的制造工艺和设备也比较简单和成熟。

（4）低成本：相对于数字电子系统而言，模拟电子系统的成本通常较低，因为它们所需的器件和技术较为简单。

模拟电子系统广泛应用于各种领域，如音频和视频处理、医学影像处理、工业自动化控制等。然而，由于数字电子技术的不断发展，数字信号处理在很多领域逐渐取代了模拟信号处理。但在某些特定场合下，模拟电子系统仍然是最佳的选择。模拟信号的典型处理流程如图 1.1.1 所示。

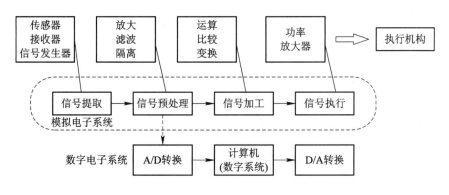

图 1.1.1　模拟信号的典型处理流程

2. 数字电子系统

数字电子系统是以数字电子技术为主要技术手段的电子系统。该类系统采用数字电路进行信号处理和控制，具有高精度、高可靠性的特点，并且相对于模拟电子系统，数字电子系统的适用范围更广。从实现方法来看，数字电子系统可以分为以下三类：

（1）采用标准数字集成电路实现的数字系统。这类数字系统采用标准数字集成电路（如74LS 系列、74HC 系列集成电路）来实现各种功能和控制操作。由于集成电路自身功能和物理配置都是固定的，因此其内部结构和功能无法修改。这类数字系统广泛应用于各种数字电路实验中，如计数器、触发器、移位寄存器等。

（2）采用 FPGA/CPLD 组成的数字系统。这类数字系统采用 FPGA（Field Programmable Gate Array，现场可编程门阵列）或 CPLD（Complex Programming Logic Device，复杂可编程逻辑器件）等可编程器件来实现各种逻辑功能和控制操作。FPGA/CPLD 允许用户根据自己的需要和要求来实现相应的逻辑功能，并且可以多次编程。这类数字系统通常适用于一些需求变化较快或需要频繁更新的场合，如数字信号处理、图像处理、通信技术等领域。

（3）采用 ASIC 实现的数字系统。这类数字系统采用 ASIC（Application Specific Integrated Circuit，专用集成电路）来实现各种功能和控制操作。ASIC 可以根据用户的需求设计和制造出符合要求的芯片，具有高速、低功耗、高可靠性等优点。这类数字系统通常适用于一些对性能和成本都有较高要求的应用，如高性能计算机、超级计算机等。

数字电子系统是当今电子技术最主要的发展方向之一。同时，随着数字电子技术的不断发展和创新，数字电子系统的技术水平和应用范围也在不断提高和拓展。

3. MCU 电子系统

MCU 电子系统是一种以 MCU（Micro Controller Unit，微控制器）为核心的电子系统，也通常指单片机电子系统，一般包含数字或模拟外围电路。其与综合电子系统的区别是，单片机电子系统一般不包含 FPGA 芯片。这类电子系统的主要功能通过程序编写来实现，并通过单片机进行信息处理和控制。MCU 具有集成度高、功耗低、易于编程等特点，因此在很多嵌入式应用领域得到了广泛的应用。MCU 电子系统通常包括以下组成部分。

（1）单片机：单片机作为电子系统的核心，负责处理各种输入输出信号和其他外围设备之间的数据交互。目前广泛使用的单片机有 80C51、MSP430、STM32 等。

（2）外围硬件：外围硬件包括各种传感器、执行器、显示器等，通过与单片机相连接来实现数据的采集、处理和显示。

（3）电源：单片机电子系统需要稳定可靠的供电电源，以保证其正常工作，需要设计相应的电源电路。

（4）软件：软件是单片机电子系统的中枢，它包括各种驱动程序、算法和应用程序，通过编写和调试软件来实现电子系统的各种功能。

MCU 电子系统是一种基于 MCU 的智能电子系统，通过硬件与软件的配合实现各种功能。图 1.1.2 所示是 MCU 电子系统的一个实例，可以实现对直流电机的调速控制。

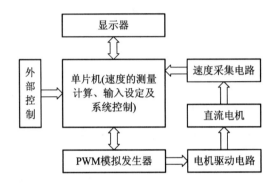

图 1.1.2　直流电机调速系统框图

4. 综合电子系统

综合电子系统是一种由单片机、FPGA、模拟电路和数字电路等组成的电子系统。其中，单片机和 FPGA 都属于数字器件，单片机通常负责数据的处理和控制，而 FPGA 具有可编程和可重构等特点，能够实现非常灵活的数字电路设计，通常用于实现复杂的逻辑功能。模拟电路主要用于实现系统的模拟信号采集、传输与处理等，如模/数转换器、放大器等，而数字电路则用于实现系统的一些简单数字信号处理。

综合电子系统具有数字电路和模拟电路的优点，能够实现复杂的功能和技术要求。其设计需要充分考虑各个模块之间的协作和数据传输，同时还需要注意电路的稳定性和抗干扰能力。

现代电子系统设计的最大特点就是变化大、发展快，新型元器件层出不穷，相应的电子设计工具和手段不断更新。电子系统设计人员只有掌握电子技术的发展动态，不断学习及更新知识，才能适应电子技术发展的要求。

1.2　电子系统设计的方法

电子系统设计是系统工程设计的一种，通常比较复杂。为了确保设计工作的顺利进行并取得成功，必须采用有效的方法。一般来说，一个复杂的电子系统可以分解为若干个子系统，其中每个子系统又由若干个功能模块组成，而功能模块由若干单元电路或电子元器件组成。

电子系统设计基于整个系统的功能与结构层次，其设计流程如图 1.2.1 所示。电子系统设计通常可以采用以下三种方法：自顶向下法（Top to Down）、自底向上法（Bottom to Up）和组合法（TD&BU Combined）。

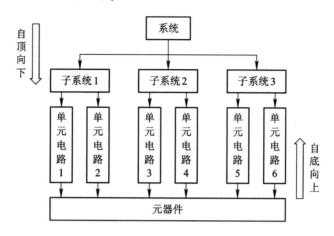

图 1.2.1 电子系统设计流程图

（1）自顶向下法（Top to Down）：该方法从整体出发，首先从系统级设计开始，根据系统级所描述的该系统应具备的各项功能，将系统划分为单一功能的子系统。然后根据子系统任务，进一步划分部件并完成相应的设计。最后进行单元电路和元件级别的设计。自顶向下法能够避开具体细节，有利于迅速掌握复杂电子系统的核心，适用于大型、复杂的系统设计。

（2）自底向上法（Bottom to Up）：该方法从局部出发，根据要实现系统的各个功能要求，从现有的元器件或模块中选出合适的元件，设计各单元电路和部件，最后完成整个系统设计。自底向上法能够继承经过验证的、成熟的单元电路部件和子系统，实现设计重用，提高设计效率。自底向上法在系统的组装和测试方面也有广泛应用。

（3）组合法（TD&BU Combined）：该方法将自顶向下法和自底向上法结合起来，整个系统或子系统设计采用自顶向下法，而子系统部件或单元电路设计采用自底向上法。组合法既能够充分发挥两种方法的优点，又能够避免各自的缺点。

总之，针对电子系统设计的复杂性，采用不同的设计方法是非常必要的。在实际应用中，应根据具体情况选择合适的方法，以提高设计效率和成功率。

下面从电子系统的类型出发，分别简要说明四类电子系统的设计方法。

1. 模拟电子系统的设计方法

模拟电子系统的设计主要包括电路结构设计、器件选择、参数计算、电路仿真及调试等，具体如下。

（1）选择符合电路功能要求的电路结构。放大电路和滤波电路是模拟电子系统设计的基础，在进行模拟电子系统的设计时，首先需要从理论上了解不同的放大电路和滤波电路等的工作原理，并根据具体要求选择合适的电路结构。

（2）器件选择。选择符合技术参数要求的器件类型，同时优先选择稳定性高、使用方便、易于购买的型号。

（3）参数计算。以放大电路为例，在设计时需要考虑多项技术指标，如输入阻抗、输入信号的动态范围、输出阻抗、电压放大倍数、输出电平或功率、频率带宽、放大器的效率、放大器的稳定性等，这些指标都需要通过计算才能取得。

（4）电路仿真。使用电路仿真 EDA 工具（如 Multisim、Proteus 等）对设计电路图进行实时模拟，以验证其功能并进行分析改进，最终实现电路的优化设计。

（5）电路调试。根据电路的复杂度使用面包板或 PCB 搭建模拟电路，并使用稳压电源、示波器、信号源、万用表等仪器对电路进行调试。通过实际调试，可以进一步验证电路的性能和可靠性。

2. 数字电子系统的设计方法

数字电子系统的设计通常有手工设计和 EDA 设计两种方法。采用传统手工设计方法时，设计人员采用真值表、逻辑函数化简得到数字系统的逻辑函数表达式，然后采用标准集成电路来实现。虽然标准集成电路品种多、价格低，但采用标准集成电路设计的数字系统体积大、功能固定、设计的周期长、易受错误影响，所以现在这种设计方法在工程实际中已很少采用。

现代 EDA 设计方法通常由设计人员借助 EDA 工具和硬件描述语言 HDL（Hardware Description Language）来完成，并采用可编程逻辑器件来实现。与传统手工设计方法相比，现代 EDA 设计方法具有以下优点。

（1）更高的设计效率：EDA 工具提供了许多自动化和优化功能，可以帮助设计人员快速进行数字系统的设计、验证和优化。

（2）更灵活的设计功能：使用 HDL 可以使设计更具有层次性、模块化和可重用性，从而实现更灵活的设计功能。

（3）更好的设计质量：EDA 工具可以检测和纠正设计中的错误和不一致性，以确保数字系统的正确性和稳定性。

（4）更小的体积：可编程逻辑器件可以在单个芯片上实现大量的功能，从而降低整个数字系统的体积和成本。

现代 EDA 设计方法已经成为数字系统设计领域的主流方法之一，其优点在于提高了设计效率、灵活性、设计质量和整体体积等方面的性能，其设计流程如图 1.2.2 所示。

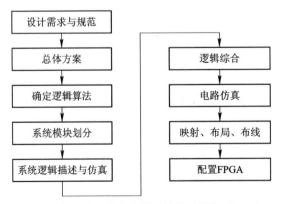

图 1.2.2 数字电子系统设计流程图

3. MCU 电子系统的设计方法

MCU 电子系统的设计通常可以分为硬件设计和软件设计两个部分。

硬件设计主要包括电路设计、原理图绘制和 PCB 设计等方面。在硬件设计中，需要根据所需的功能和性能要求来选择合适的单片机和外围元器件，并进行电路设计和 PCB 布局布线设计，以满足系统的要求。

软件设计是指编写单片机程序，实现所需的功能。软件设计需要选择合适的编程语言和开发环境，并编写代码，完成对硬件设计的驱动和控制。在软件设计中，需要注意程序的效率和可靠性，确保程序可以正确地运行。

除了硬件设计和软件设计之外，MCU 电子系统的设计还需要进行系统级测试和调试。测试和调试的目的是验证系统是否按照设计要求工作，找出可能存在的问题并进行修复。通常使用仿真软件和示波器等测试设备来进行测试和调试。

总之，MCU 电子系统的设计是一个涉及硬件和软件方面的复杂过程，需要仔细考虑系统的功能、性能和可靠性等因素，并进行多方面的测试和验证。

4. 综合电子系统的设计方法

综合电子系统的设计方法是一种综合了硬件设计和软件设计的方法，它通常包括以下几个步骤。

（1）系统需求分析：在这一步骤中，需要明确系统的功能、性能、接口和可靠性等各方面的要求，同时需要确定使用哪种开发平台、开发语言和工具等。

（2）硬件设计：在硬件设计过程中，需要选择适当的芯片、外围器件和接口等，并进行电路设计、原理图绘制和 PCB 布局布线等。硬件设计需要满足系统的性能和可靠性等要求。

（3）软件设计：在软件设计过程中，需要选择合适的开发语言和开发环境，并编写代码实现系统的控制和驱动。软件设计需要满足系统的功能和性能等要求。

（4）集成测试：在集成测试过程中，需要将硬件和软件进行集成，并进行系统级测试和验证，该过程旨在验证系统是否满足各项规格要求。

（5）优化和调试：在完成集成测试后，需要对系统进行优化和调试以提高系统的性能和可靠性。

（6）生产和维护：在完成系统设计后，需要进行生产和维护。其中，生产过程中需要制造出满足各种规格要求的硬件，并进行软件烧录等工作，维护过程中需要对系统进行升级和修复等。

总之，综合电子系统的设计方法是一种涵盖了硬件和软件设计的综合性方法。在该方法中，需要考虑到系统的功能、性能和可靠性等各方面因素，并通过测试和验证来确保系统的正确性和稳定性。

1.3 电子系统设计的流程

电子系统设计的一般流程包括功能需求分析、方案概念设计、软硬件详细设计、仿真与测试、组装调试、设计报告等几个环节，下面进行具体说明。

1. 功能需求分析

功能需求分析的主要工作是对电子系统设计的最新技术发展情况、应用需求和市场趋势等方面进行综合性调查，可以从多个角度进行，包括技术、市场、用户等方面。

（1）在技术方面，针对电子系统设计的关键技术进行分析，如 EDA 工具、FPGA 技术、各种传感器技术、通信技术、嵌入式技术等。通过分析这些技术的优缺点以及应用范围，可以更好地了解电子系统设计领域的技术趋势和未来发展方向。

（2）在市场方面，分析当前电子系统设计市场的规模、增长趋势、竞争格局和主要厂商等方面。此外，还可以对不同应用领域的电子系统设计市场进行分析，并评估其潜力和前景等。

（3）在用户方面，通过用户需求调研、用户满意度调查等方式了解用户对电子系统设计的需求、使用情况和反馈意见等。通过这些数据，可以更好地了解用户需求和行业趋势，让电子系统设计提供更贴近用户需求的产品和服务。

2. 方案概念设计

电子系统设计的方案设计是指在概念设计完成后，进一步细化电子系统的各个模块和组件，确定具体的电路、器件、芯片等，并制定详细的设计方案，以满足系统的各项需求。方案概念设计通常包括以下几个方面。

（1）系统分析：对电子系统的功能、性能、接口和可靠性等进行分析，明确设计要求。

（2）模块设计：根据系统分析结果将整个系统划分成若干模块，并设计每个模块的电路结构和工作原理。

（3）电路设计：根据模块设计结果设计出每个模块的具体电路图，获得元器件清单。

（4）PCB 布局设计：根据电路设计结果将电路图转化为 PCB 布局图，考虑 PCB 的尺寸、线路走向、元器件排列方式等。

（5）软件设计：根据模块设计结果编写控制程序，实现模块之间的交互和通信。

（6）器件选型：对于每个模块所需要的器件，评估不同品牌、型号的优缺点，并选择最合适的。

（7）仿真与验证：在设计完成后，验证电路和程序的正确性和可靠性，并进行仿真和测试，以确保系统的性能和可靠性。

3. 软硬件详细设计

电子系统设计的软硬件详细设计是指在概念设计的基础上，对电子系统的各个硬件和软件模块进行进一步的细化和具体化。硬件设计是硬件开发过程中的关键阶段，它涉及将硬件系统的概念设计转化为具体的实施方案。

（1）元器件选择与规格确定：根据系统的功能需求和性能要求选择合适的处理器、存储器、传感器、接口芯片等关键元器件，并确定其规格和型号。考虑元器件的可靠性、稳定性、成本以及供货情况等因素，确保选择的元器件能够满足系统的要求。

（2）电路设计：设计系统的电路原理图，包括各功能模块之间的连接关系、信号传输路径等。设计时需要考虑电路的布局和布线，确保电路的稳定性和可靠性，避免电磁干扰和信号衰减。设计电源电路时要确保系统能够稳定供电，并考虑电源管理策略，如节能模式、休眠唤醒等。

（3）PCB设计与制作：根据电路原理图进行印制电路板（PCB）的设计，包括元器件的布局、走线、焊接点等。设计时要考虑 PCB 的材质、厚度、层数等因素，以及与元器件的匹配性和生产工艺的要求。设计好的 PCB 应交由专业厂商进行制作，确保制作精度和质量。

（4）接口设计：设计系统与其他设备或模块之间的接口包括物理接口和通信协议。接口设计时考虑接口的兼容性、扩展性和易用性，确保系统能够与其他设备或模块顺利连接和通信。

（5）散热与防护设计：根据系统的功耗和工作环境设计合理的散热方案，如散热片、风扇等，确保系统能够稳定运行。考虑系统的防护设计，如防尘、防水、防震等，以提高系统的可靠性和耐用性。

电子系统软件设计是电子系统工程中的一个关键环节，它涉及多个方面，旨在创建稳定、高效且用户友好的应用软件，软件设计的一般流程如下。

（1）架构设计：确定软件系统的整体结构，这包括系统的分层、模块化、主要组件和接口设计等。

（2）详细设计：在架构设计的基础上对各个组件的功能进行详细的分解设计，这包括类图、时序图、数据流图等的绘制，以确保各个模块之间的协调运作，实现预定的功能。

（3）界面设计：界面设计关注软件的人机交互部分，如用户界面、菜单、图标等。优秀的界面设计能够提升用户体验，使软件更加易用和吸引人。

（4）数据库设计：电子系统往往需要存储和处理大量的数据，因此数据库设计是软件设计中不可或缺的一部分。这包括数据库的建立、数据表的设计、数据格式的规范等，以确保数据的准确、高效存储和检索。

电子系统软件设计还需要考虑与硬件的协同工作，确保软件能够充分利用硬件资源，实现最佳的性能。同时，安全性也是设计中必须考虑的重要因素，包括用户认证、权限控制、数据加密等措施，以保护系统和数据的安全。

随着技术的不断发展，电子系统软件设计也在不断创新和演进。例如，智能化设计、云端协作、绿色环保设计等未来趋势正在为电子系统软件设计领域带来更加广阔的发展空间。智能化设计借助人工智能技术，实现更高效的代码编写和优化；云端协作则利用云计算技术实现跨地域、跨团队的协同设计；而绿色环保设计则强调在设计中注重节能减排，降低产品对环境的影响。

4. 仿真与测试

电子系统的仿真与测试是电子系统设计流程中的关键步骤，它们各自承担不同的任务，共同确保系统的正确性和性能。电子系统的仿真与测试通常包括以下几个步骤。

（1）电子器件模型建立：根据电子系统的功能需求和设计目标，通过使用仿真软件将元器件相互连接成目标电子系统，建立起仿真模型。

（2）性能预测与分析：利用仿真模型对系统的性能（如响应时间、功耗、信号质量等）进行预测。通过仿真分析，可以评估不同设计方案之间的优劣，为设计决策提供依据。

（3）故障检测与设计优化：在仿真环境中，可以发现系统设计中潜在的问题和故障点，从而可以在实际制造之前进行修改和优化。仿真技术可以用于验证不同的优化策略，如参数调整、代码改进等，以提高系统的性能。

（4）成本降低与风险减少：通过仿真可以减少对物理原型的依赖，从而降低开发成本和时间。仿真可以预测系统在特定环境下的行为，帮助设计人员更好地理解和评估系统的可靠性、安全性和其他风险。

5. 组装调试

电子系统设计的组装调试是将电路板、器件和外壳等组装成完整的电子系统，并进行联合测试和调试的过程。该过程通常包括以下几个步骤。

（1）PCB制造和元器件安装：在该步骤中，需要将详细设计完成后的PCB进行制造，然后将器件按照详细设计图纸逐一安装到PCB上。

（2）电路连接：在将所有器件安装到PCB上后，需要进行电路连接，包括连接器的焊接、线缆的插拔以及各种开关的设置，以确保电路板的正常工作。

（3）软硬件联合调试：在组装完成后，需要进行软硬件的联合调试，即将软件代码烧录到芯片中，并与硬件相结合运行，检验电路和程序是否可靠和正确。

（4）系统测试：在联合调试通过后，需要对整个系统进行测试，包括功能测试、性能测试、可靠性测试等，以确认系统能够满足设定的规格要求。

（5）最终调优：在测试完成后，需要根据测试结果对系统进行最终调优，如优化电路参数、修改软件算法、改进测试方法等，直到满足各项需求为止。

（6）生产交付：在调试完成后，就要进行批量生产和交付。在这个阶段需要注意，产品的质量和性能需要符合设计要求，并满足相关法规标准。

6. 设计报告

电子系统设计的设计报告是一个综合性的文档，用于记录电子系统设计过程中的各个阶段，包括需求分析、概念设计、详细设计、测试和验证等方面。一份完整的电子系统设计报告通常需要包括以下几个部分。

（1）项目背景：简述电子系统设计项目的背景、目的、范围和任务等。

（2）系统需求分析：对设计的电子系统进行需求分析，列出电子系统对功能、性能、安全、接口、可靠性等需求。

（3）概念设计：根据分析结果设计出多种可能的方案，评估每个方案的优缺点，选择最优方案并进行详细描述。

（4）详细设计：对所选方案进行详细设计，包括硬件设计、软件设计、接口设计、器件选型、仿真验证等内容。

（5）制造和测试：将电路板和器件组装成一个完整的系统，进行联合测试和调试，并完成测试报告。

（6）维护和升级：针对已经交付的电子系统进行后期的维护和升级，以保证电子系统的稳定运行。

实际的电子系统设计过程可能因具体的应用场景、系统规模和复杂度的不同而有所差异。同时，电子系统设计是一个迭代的过程，可能需要多次修改和优化才能达到预期的目标。

思　考　题

1-1　什么是电子系统？试列举 3 种实际的电子系统。

1-2　模拟电子系统与数字电子系统的主要区别是什么？

1-3　简述电子系统设计的一般方法。

1-4　简述电子系统设计的一般流程。

1-5　调研目前一些主流 EDA 工具的特点及应用领域。

1-6　从列出的电子产品中选择一种熟悉的，画出它的系统级和子系统级框图，并进行简要的说明(数字万用表，扫地机器人，全自动洗衣机，智能手机，四旋翼无人机)。

1-7　试将采用通用集成电路和采用 FPGA 设计数字系统的方法进行对比分析。

第 2 章　模拟电子系统设计

2.1　模拟电子系统设计概述

2.1.1　模拟电子系统的特点

电子系统的设计主要是围绕着信号进行的，具体而言可简单划分为信号采集—信号传输—信号处理—输出控制等几个流程。信号可用于表示任何信息，如数字、符号、文字、语音、图像等，如果信号的幅值连续，则为模拟信号，反之则为数字信号。电子系统设计一般包括模拟电子系统和数字电子系统两方面，这两方面发挥各自的优势，并互为补充，共同构成一个完整的电子系统。

在电子系统中，若采集到的信号为模拟信号，无需复杂的处理或远距离传输，且执行机构由模拟信号驱动，则采用模拟技术来处理更合适。自然界中的物理量多为非电量的模拟量，经传感器转为电压或电流的模拟信号，执行机构也常需模拟信号输入。在该种情况下，可直接在模拟领域完成信号的采集与处理，避免模拟信号与数字信号间的复杂转换过程。然而，若系统要求功能复杂、自动化程度高、性能指标高或需远距离传输信号，则需利用数字技术处理信号并进行数字压缩编码传送，此时必须将模拟信号转换为数字信号来进行处理。与数字电子系统的设计相比，模拟电子系统的设计有以下一些特点。

(1) 工作于模拟领域中的单元电路的类型较多，如各种类型的传感器电路、电源电路、信号放大电路等，种类多样的功率放大电路、视频电路等，以及性能各异的振荡、调制、解调等通信电路和大量涉及机电结合的执行部件电路等，涉及面很广，要求设计人员具有宽广的知识面。

(2) 模拟单元电路一般要求工作于线性状态，因此它的工作点的选择和稳定性、运行范围的线性程度、单元之间的耦合程度等都较重要。而且对模拟单元电路的要求，不只是能够实现规定的功能，更要求它能够达到规定的精度指标，特别是为实现一些高精度指标，会有许多技术问题要解决。

(3) 系统的输入单元与信号源之间的匹配、系统的输出单元与负载(执行机构)之间的匹配设计复杂。模拟系统的输入单元要考虑输入阻抗匹配以提高信噪比，需要抑制各种干扰和噪声，例如为抑制共模干扰可采用差分输入，为减少内部噪声应选择合理的工作点等。输出单元与负载的匹配(如与扬声器的匹配，与发射天线的匹配)，则主要为了能输出最大功率和提高效率等。

(4) 电路调试难度大。一般来说模拟系统的调试难度要大于数字系统，特别是对于高频系统或高精度的微弱信号系统。这类系统中的元器件布置、连线、接地、供电、去耦等对电路性能的影响非常大。实现所设计的模拟系统,除了原理正确以外,设计人员还需要具备细致的工作作风和丰富的实际工作经验。

当前电子系统的自动化设计发展很快,但主要集中在数字系统领域中,而模拟系统的自动化设计则相对比较缓慢,人工设计还起着重要的作用,这与上述四个特点有关。

模拟电子系统设计在智能制造中的应用场景广泛而多样。例如,在工业自动化生产线中,模拟电子系统设计被广泛应用于电机控制和传感器信号处理;在智能制造的质量控制环节,模拟电子系统可以设计用来处理来自各种传感器的模拟信号,提取出与产品质量相关的特征信息;在智能机器人领域,通过设计高性能的模拟电路,可以实现对机器人感知数据的快速处理和分析,为机器人的导航、避障和抓取等操作提供精准的控制指令。

2.1.2 模拟电子系统设计的一般步骤

虽然模拟电子系统的种类纷繁复杂,设计形式各异,但仍然可以总结出模拟电子系统设计的一般性步骤,具体如下。

(1)任务分析、方案比较,确定总体方案。

开发一个具体的电子系统往往具有多种实现方案,要求设计人员在深入分析任务的基础上,对系统的功能、性能、体积、成本等多方面进行权衡比较,而且还要考虑到具体的实际情况。例如,高频系统或音响系统有分立器件、功能级集成块、系统级集成块,甚至ASIC 电路等多种实现方案,它们都可能适用于当前的模拟电子系统,需要综合确定设计方案。

(2)划分各个相对的独立功能块,得到总体原理框图。

根据系统的功能、总体性能指标,按照信号输入到输出的流向划分各个独立的功能方框。例如,在扩音系统中,可划分成前置放大器(以完成对输入信号的匹配、频率特性的均衡)、音调控制放大器(以完成音调的调节范围)、功率放大器(以实现输出功率放大)。又如,在数据采集系统中的前向通道,通常可划分为输入放大器、滤波器、取样/保持电路、多路模拟开关、A/D 转换器等,这些都是根据每个单元完成某一种特定功能来进行划分的。

划分各独立功能块时,除依据完成的功能外,还要兼顾系统指标的分配、连接的合理性等。例如,在扩音系统中,如果总的增益已给定,那么分配到各单元级的增益就可以大体确定。又如,在采集系统的前向通道中,若总的误差已规定,则要把总的误差合理地分配到各单元级。完成功能块划分后,就可以得到一个初步的总体原理框图,并给定各级的功能和主要指标。

(3)以功能块为中心,完成各个功能单元的具体设计。

根据前述的各功能块的功能和指标,应首先选择合适的集成块或集成芯片,然后计算该集成块或集成芯片外围电路的有关参数,如运算放大器的反馈网络参数、音调控制放大器的调节网络参数、取样/保持电路的保持电容参数等。

在实际的设计工作中,本步骤与步骤(2)通常是一个交互作用过程。因为目前的一些集成块或集成芯片的功能十分完备,非常适合某个特定应用领域(例如语音处理芯片取代了繁杂的语音采集与处理电路),所以这时候对于该集成块或芯片就可以直接选用。

（4）完成功能单元之间的耦合设计，得到整体系统电路原理图。

单元间耦合设计。模拟电路的工作情况及性能通常与直流工作点有关，而有些功能单元之间连接时，其前级的工作点会影响到后级的工作情况（如直接耦合），甚至可能造成系统工作不正常。同时后级的输入阻抗也会给前级的性能带来影响，从而影响模拟系统的整体性能指标。这些在划分功能级时虽然已经初步考虑，但在每个功能单元的外围电路参数确定后，还需要根据实际情况进行校验，如果不满足功能单元间的耦合设计要求，那么一般需要对功能单元进行更换或调整。

系统整体耦合设计。目前的模拟系统普遍利用负反馈技术来改善品质，控制系统、音响系统或通信系统都不例外。作为系统的主反馈，需要根据要求来计算反馈参数，再通过测试及调试。这些除了在步骤（1）及（2）中应全面考虑外，还需要在之后的调试工作中进行调整。

（5）根据（3）、（4）两步得到的结果重新核算系统的主要指标。

系统的主要指标除了要满足要求外，一般还需要留有一定的裕量，如增益裕量、误差裕量、稳定性裕量、功率裕量等，以备系统应用后的器件老化或工作条件变化后仍能可靠工作。

（6）设计 PCB 并设计测试方案。

模拟系统的特殊性使得 PCB 上的元件布置及布线显得更为重要和复杂。因为有的系统其信号幅值很小（如 μV 量级），所以对干扰的影响极为敏感。此外，环境和元器件的杂散电磁场及地线电流的存在极易形成寄生反馈等，影响电路性能。总之，作为一个完善的系统设计，这些因素不能忽略，并需要严格的测试和调试，使得所设计的模拟系统达到预期要求。

2.2 放大电路设计

在智能制造生产线上，传感器被广泛应用，用于实时监测生产过程。由于这些传感器输出的电信号通常非常微弱，因此需要通过放大电路进行增强，以便后续的处理和控制系统能够准确读取并做出响应。集成运算放大器（Integrated Operational Amplifier，简称运放）具有高开环增益、低输入阻抗和高输出阻抗等特性，是模拟电子系统的关键单元，承担着信号放大、信号运算（如加减乘除、对数运算、微分和积分等）、信号处理（如滤波和调制）以及波形产生与变换等重要功能。

2.2.1 集成运算放大电路的基本原理

集成运算放大器是由多级直接耦合放大电路组成的高增益模拟集成电路，其内部电路可分为差分放大输入级、中间放大级、互补输出级和偏置电路四部分，如图 2.2.1 所示。

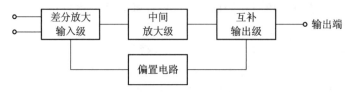

图 2.2.1　集成运算放大器的组成原理

差分放大输入级一般采用差分放大电路，有同相和反相两个输入端。差分放大输入级使运放具有尽可能高的输入阻抗及共模抑制比（Common Mode Rejection Ratio，CMRR），其输入电阻高，静态电流小，差模放大倍数高，抑制零点漂移和共模干扰信号的能力强。

中间放大级由多级直接耦合放大器组成，以获得足够高的电压增益。中间放大级一般由共发射极放大电路构成，而共发射极放大电路的放大管一般采用复合管来提高电流的放大系数。另外，集电极电阻常采用晶体管恒流源代替，以提高电压放大倍数。

互补输出级与负载相连，要求其输出的电阻小，带负载能力强，能够输出足够大的电压和电流。在输出过载时有自动保护作用以免损坏集成运放。输出级一般由互补对称推挽电路构成。

偏置电路为各级电路提供合适的静态工作点。为使工作点稳定，集成运放中一般采用恒流源偏置电路。

1. 集成运放的工作原理

在分析运算放大器时，一般可将它看成一个理想的运算放大器，理想化的主要条件是：

(1) 开环电压放大倍数 $A_{uo} \rightarrow \infty$；

(2) 差模输入电阻 $R_{id} \rightarrow \infty$；

(3) 开环输出电阻 $R_o \rightarrow 0$；

(4) 共模抑制比 CMRR$\rightarrow \infty$。

图 2.2.2 所示是运算放大器的图形符号，它有两个输入端和一个输出端。反相输入端标注"－"号，同相输入端标注"＋"号。对"地"的电压（即各端的电位）分别用 u_-、u_+、u_o 来表示。集成运放中，表示输出电压与输入电压之间关系的特性曲线称为传输特性，如图 2.2.3 所示，可分为线性区（$-U_{o(sat)} < u_o < +U_{o(sat)}$）和饱和区（$u_o = -U_{o(sat)}$ 或 $u_o = +U_{o(sat)}$），运算放大器可工作在线性区，也可工作在饱和区，但分析方法不一样。

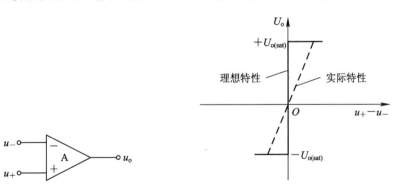

图 2.2.2 运算放大器的图形符号　　　图 2.2.3 运算放大器的传输特性

1）工作在线性区

当运算放大器工作在线性区时，u_o 和（$u_+ - u_-$）是线性关系，即

$$u_o = A_{uo}(u_+ - u_-)$$

此时，运算放大器是一个线性放大器件。由于运算放大器的开环电压放大倍数 A_{uo} 很高，即使输入毫伏级以下的信号，也足以使输出电压饱和，即其饱和值 $+U_{o(sat)}$ 或 $-U_{o(sat)}$ 达

到或接近正电源电压值或负电源电压值。

运算放大器工作在线性区时，分析的依据如下。

（1）运算放大器的差模输入电阻 $R_{id} \rightarrow \infty$，因此可认为两个输入端的输入电流为零，$i_+ = i_- \approx 0$，即所谓的"虚断"。

（2）由于运算放大器的开环电压放大倍数 $A_{uo} \rightarrow \infty$，而输出电压是一个有限的数值，因此可得到

$$u_+ - u_- = \frac{u_o}{A_{uo}} \approx 0$$

$$u_+ \approx u_-$$

此即"虚短"。如果反相端接地时，$u_- \approx 0$，同相端也接"地"，即 $u_+ = 0$，则这是一个不接"地"的"地"电位端，通常称为"虚地"。

2）工作在饱和区

运算放大器工作在饱和区时，$u_o = A_{uo}(u_+ - u_-)$ 不再满足，这时输出电压 u_o 只有两种可能，即等于 $+U_{o(sat)}$ 或等于 $-U_{o(sat)}$。

当 $u_- > u_+$ 时，$u_o = -U_{o(sat)}$；

当 $u_- < u_+$ 时，$u_o = +U_{o(sat)}$。

此外，运算放大器工作在饱和区时，两个输入端的输入电流也可以认为等于零。

2. 集成运放的主要性能指标

集成运算放大器技术指标的作用有两个方面：一是用来评价集成运放某些方面的特性；二是应用集成运放组成各种电路时，设计人员可根据指标参数进行正确选用。表征集成运算放大器性能的参数有很多，常见的有增益带宽乘积 GBW（Gain-Band Width）、压摆率（转换速率）S_R、共模抑制比 CMRR 和最大共模输入电压 V_{icm}，正确理解并应用这些参数是选择合适的集成运放和设计应用电路的基础。

1）增益带宽乘积 GBW

增益带宽乘积 GBW 是集成运放的一个重要参数，它表示集成运放的增益和带宽之间的乘积，GBW＝$A \cdot$ BW，A 表示集成运放的增益，BW 表示集成运放的带宽。通常情况下，GBW 越大，集成运放的性能就越好。

2）压摆率 S_R

压摆率 S_R（Slew Rate）也称转换速率，是集成运放的一个重要性能参数。它表示集成运放的输出可随时间变化的速率，通常用 V/μs 或 V/s 表示。压摆率的常用计算方法如下：

$$S_R[V/\mu s] = 峰值幅度 [V] \times 2\pi \times 频率 [MHz]$$

压摆率可以理解为集成运放在单位时间内能够输出的最大电压变化速率。一般情况下，压摆率越大，集成运放的响应速度就越快。如果要保证输出波形不失真，压摆率必须大于等于输出电压变化速率的最大值。

例如，作为电压跟随器的 ADA4807-1 采用 ± 5 V 电源供电时，具有 225 V/μs 的压摆率。虽然放大器的小信号带宽约为 180 MHz，但对于 V_{p-p} 为 2 V 的信号，放大器输出电压的变化速率将不能超过 36 MHz；对于 V_{p-p} 为 4 V 的信号，理论限值将降低到大约 18 MHz。

3）共模抑制比 CMRR

共模抑制比 CMRR 是指集成运放在输入信号保持不变时，输出信号与共模电压的比值。这个比值衡量了集成运放对于共模信号的抑制能力。具体而言，CMRR 越高，表示集成运放对共模信号的抑制能力越强，输出信号的精度和稳定性也更好。CMRR 的计算方法如下：

$$CMRR = 20\lg\left|\frac{A_{vd}}{A_{vc}}\right|$$

其中，A_{vd} 是集成运放的差分增益，A_{vc} 是集成运放的共模增益。一般需要选择 CMRR 尽可能高的集成运放来满足设计需求。

为了提高集成运放电路的 CMRR，可以采用许多技术手段，常见的有如下几种。

（1）双差分输入：使用双差分输入结构可以抑制共模信号对于差分信号的影响，从而提高 CMRR。

（2）对称布局：通过对电路进行对称布局，可以减小由于元件参数不对称而导致的误差，提高 CMRR。

（3）使用压控电阻：使用压控电阻（VCR）可以实现对于输入电阻的精确控制，从而提高 CMRR。

（4）采用降噪技术：采用降噪技术，如去耦合电容、屏蔽罩等，可以减小噪声干扰对于输出信号的影响，提高 CMRR。

需要注意的是，在实际应用中，提高 CMRR 往往会增加电路成本和复杂度。因此，在设计中需要充分考虑各种因素，以实现最佳的性能与成本效益。

4）最大共模输入电压 V_{icm}

最大共模输入电压 V_{icm} 是集成运放能够承受的最大共模电压。在实际应用中，如果输入信号存在共模电压，可能会对集成运放产生不利影响，如使输出失真、增加噪声、降低稳定性等，因此需要确定集成运放的最大共模输入电压，并且保证输入信号的共模电压不超过这个最大值。

总之，集成运算放大器具有开环电压放大倍数高、输入电阻大（兆欧以上）、输出电阻小（约几百欧）、漂移小、可靠性高、体积小等主要特点，它已成为一种通用器件，广泛应用于各领域中。在选用集成运算放大器时，要根据它们的参数说明确定适用的型号。

2.2.2　集成运放的应用基础

下面对一些典型的集成运放应用电路进行说明。

1. 比例运算放大电路

比例运算是一种常见的集成运放应用电路，主要包括同相比例运算放大和反相比例运算放大这两类。

1）同相比例运算放大电路

典型的同相比例运算放大电路如图 2.2.4 所示。其中，集成运放的输入为函数信号发生器所生成的 1 V/1 kHz 正弦电压信号，运放为常用的 741 系列器件，R_2 为负反馈电阻，

R_3 为静态平衡电阻。

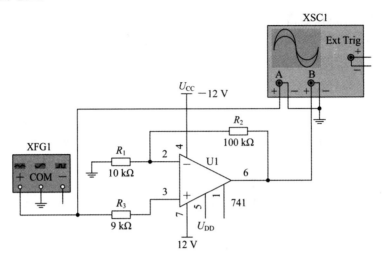

图 2.2.4　同相比例运算放大电路

根据集成运放的"虚短—虚断"原则，得到同相比例放大器的输入、输出关系表达式：

$$u_{o} = \left(1 + \frac{R_2}{R_1}\right)u_i$$

上式代入 $R_2 = 100$ kΩ，$R_1 = 10$ kΩ 的参数，可得到 $u_o = 11u_i$，可见该同相比例放大电路可将输入信号放大 11 倍。对上述电路进行仿真，输入、输出信号的波形如图 2.2.5 所示。

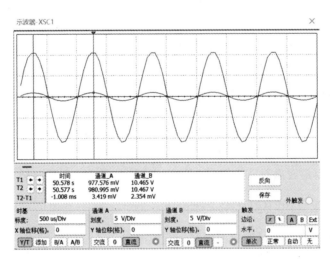

图 2.2.5　同相比例放大器的输入、输出波形

通道 A 为输入端，通道 B 为输出端，可见同相比例放大电路将输入信号放大了约 11 倍，并且输出正弦信号与输入正弦信号的相位相同，与理论分析结果一致。

2）反相比例运算放大电路

典型的反相比例运算放大电路如图 2.2.6 所示，其中，输入为 1 V/1 kHz 正弦电压信号。

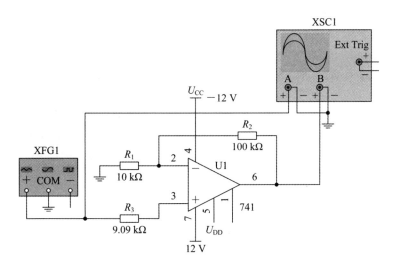

图 2.2.6　反相比例运算放大电路

根据集成运放的"虚短—虚断"原则，计算得到反相比例放大电路的输入输出关系：

$$u_o = -\frac{R_2}{R_1} u_i$$

上式代入 $R_2 = 100$ kΩ，$R_1 = 10$ kΩ，可得 $u_o = -10 u_i$，可知该反相比例放大电路可将输入信号放大 10 倍，并且相位取反。对上述电路进行仿真，输入、输出信号的波形如图 2.2.7 所示。

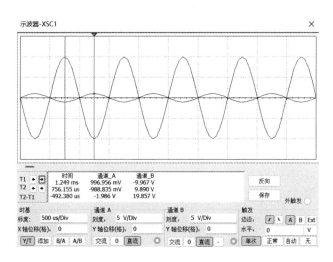

图 2.2.7　反相比例放大电路的输入、输出波形

可见，反相比例放大电路将输入信号(示波器通道 A)放大了 10 倍，并且输出信号(示波器通道 B)与输入波形的相位相反，与理论分析结果一致。

2. 加法运算电路设计

加法运算电路能实现多个输入信号的线性叠加，$u_o = k_1 u_{i1} + k_2 u_{i2} + \cdots + k_n u_{in}$。按照比例系数的极性，可以分为同相加法运算电路和反相加法运算电路。考虑到集成运放加负反馈时工作于线性状态，满足叠加原理，所以加法运算电路可以在同相或反相比例运算电路的基础上增加输入端来实现。典型的反相加法电路如图 2.2.8 所示，其输入、输出关系为 $u_o = -(2V_1 + V_2)$。

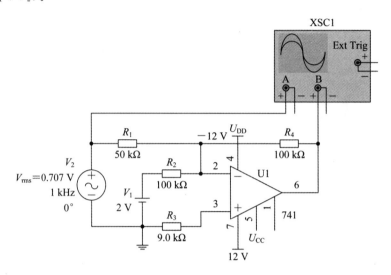

图 2.2.8　反相加法电路

对上述电路进行仿真，输入、输出信号的波形如图 2.2.9 所示，该电路将输入的正弦信号放大了 2 倍，并叠加了一个与正弦信号峰峰幅值相同的直流分量(图 2.2.8 中的 $V_1 = 2$ V)，使双极性的交流信号变为单极性的脉动信号，在模数转换等信号处理中经常采用这种电路形式。

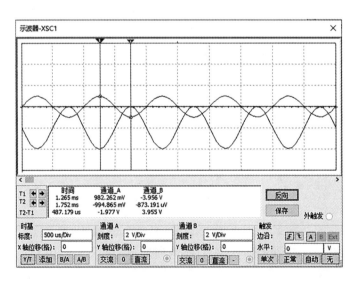

图 2.2.9　反相加法电路的输入、输出波形

3. 减法运算电路设计

减法运算电路的输出是两个输入信号的差，$u_o = k_1 u_{i1} - k_2 u_{i2}$。当调整比例系数使

$k_1 = k_2 = k$ 时，减法电路可以实现差分电路的功能，$u_o = k(u_{i1} - u_{i2})$，即可以实现输出与两个输入的差成比例，这在自动控制等领域有着广泛的应用。与加法电路的构成相同，减法电路也可以根据叠加原理，通过将两个输入信号分别加在比例运算电路的同相输入端和反相输入端上来实现。当然，也可以用多个运放通过反相比例电路和加法运算电路的组合来实现。

典型的减法（差分）运算电路如图 2.2.10 所示，其输入、输出关系为 $u_o = 2(V_1 - V_2)$，即输出是两个输入之差的 2 倍。

对上述电路进行仿真，并运行直流扫描分析，设置输入 V_1 从 0 V 到 6 V 时，扫描结果如图 2.2.11 所示。

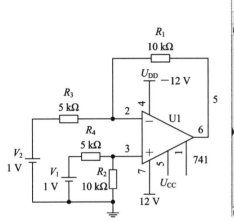

图 2.2.10　减法运算电路

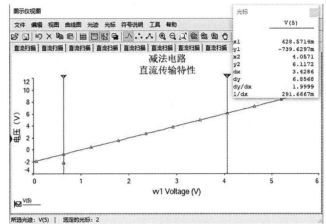

图 2.2.11　减法电路的直流扫描分析

可见，输出电压随输入电压差 $(V_1 - V_2)$ 的增加而线性增加。在自动控制系统中，若假设 V_1 为被控信号、V_2 为参考信号，则利用差分电路可获得一个与被控信号和参考信号之差成正比的控制信号。被控信号与参考信号相差越多，对应的控制信号就越强。

4. 比较运算电路设计

电压比较器是一种能利用不同的输出电平表示两个输入电压大小的电路。作为开关元件，电压比较器是矩形波、三角波等非正弦波形发生电路的基本单元，在模数转换、监测报警等系统中也有广泛的应用。常见的电压比较器有单限比较器、滞回比较器和窗口比较器等。

1）电压比较电路的设计

典型的电压比较电路如图 2.2.12 所示，其作用是比较输入电压和参考电压的大小。其中，同相端接地，作为参考电压，反相输入端施加有效值 10 V、频率为 1 Hz 的正弦电压信号。图中，运算放大器工作于开环状态，因为其开环放大倍数很高，所以即使输入端有一个非常微小的差值信号，也会使输出电压饱和。因此，运算放大器用作比较器时，工作在饱和区，即非线性区。当反相输入电压小于同相电压时，电压输出为负的稳压值；反之，当反相输入电压大于同相电压时，电压输出为正的稳压值。

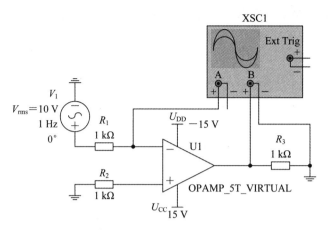

图 2.2.12 电压比较电路

运行仿真，其输入、输出信号的波形如图 2.2.13 所示。当 V_1 输入信号幅值大于零时，输出约为 $-14.9\,\mathrm{V}$（略小于运放负电源 $-15\,\mathrm{V}$）；而当 V_1 输入信号幅值小于零时，输出约为 $14.9\,\mathrm{V}$（略小于运放正电源 $+15\,\mathrm{V}$）。

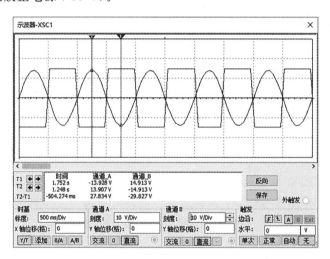

图 2.2.13 电压比较电路的输入、输出波形

2) 滞回电压比较电路

滞回电压比较电路将输入信号与参考信号进行比较，并输出一个相应的电平信号，通常为高电平或低电平。滞回电压比较电路通常用于模拟电路中，如振荡器、锁相环、计时器、触发器等电路中。

典型的滞回电压比较器如图 2.2.14 所示。其中，运放引入了正反馈，参考电压为零，输入信号是有效值为 5 V、频率为 1 kHz 的正弦波。正反馈使得滞回比较器的阈值不再是一个固定的常量，而是一个随输出状态变化的 U_{TH1} 和 U_{TH2}，其中 U_{TH1} 为上门限电压，U_{TH2} 为下门限电压，两者之差 $U_{TH1}-U_{TH2}$ 为回差。

设电路输出电压为 $\pm U_Z$，当输入电压 V_3 的值增大到大于上门限电压 U_{TH1} 时，输出电压 U_o 转变为 $-U_Z$，而当输入电压 V_3 的值减小到小于下门限电压 U_{TH2} 时，输出电压 U_o 转变为 $+U_Z$。

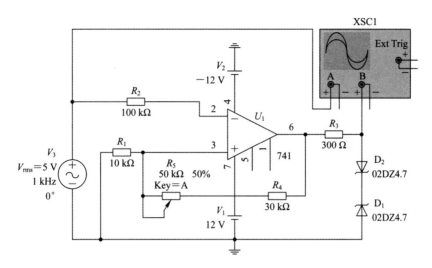

图 2.2.14　滞回电压比较电路

U_{TH1} 和 U_{TH2} 的表达式如下：

$$U_{TH1}=\frac{R_1}{R_5+R_4}U_Z, \quad U_{TH2}=-\frac{R_1}{R_5+R_4}U_Z$$

运行仿真，其输入、输出信号的波形如图 2.2.15 所示，通道 A 为输入信号，通道 B 为输出信号。当输入信号大于 U_{TH1} 时，输出为负的稳压值；而当输入信号小于 U_{TH2} 时，输出变为正的稳压值。如果 R_5 阻值变大，正反馈强度变小，即比较器同相输入端的回差电压 $U_{TH1}-U_{TH2}$ 变小，反之则变大。当同相输入端的回差电压大时，比较器的抗干扰能力强，反之则灵敏度高。工程上要根据实际问题综合评估，做出选择。

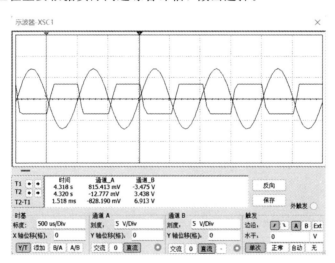

图 2.2.15　滞回电压比较电路的输入、输出波形

5. 积分运算电路设计

积分运算电路是一种用于对输入信号进行积分运算的电路，通常用于模拟电路中，如滤波器、放大器、控制系统等电路中。典型的反向积分运算电路如图 2.2.16 所示，反相端输入信号为幅值 $u_{im}=2$ V，周期为 1 ms，占空比为 50% 的矩形波。

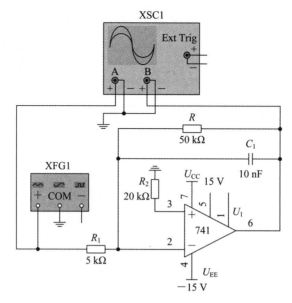

图 2.2.16 反向积分运算电路

由积分运算电路可计算得到输出电压与输入电压的关系为 $u_o = -\dfrac{u_i}{R_1 C_1}t$，因此，输出电压为

$$u_o = -\frac{u_i}{R_1 C_1}t = -\frac{2\ \text{V}}{5\ \text{k}\Omega \times 10\ \text{nF}} \times 50\ \mu\text{s} = -2\ \text{V}$$

对上述电路进行仿真，示波器所显示的输入、输出信号如图 2.2.17 所示。

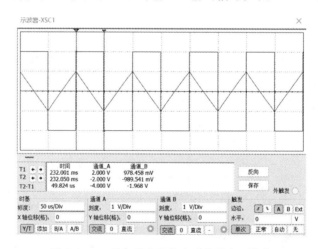

图 2.2.17 反向积分运算电路的输入、输出

从输入、输出信号的测量可以看到仿真结果与理论分析结果相符合。

2.2.3 专用集成运算放大器

1. 仪表放大器的原理

仪表放大器(Instrumentation Amplifier，IA)是一种高增益精密差分放大电路，通常用于放大微弱信号，并消除噪声和共模干扰。在实际应用中，仪表放大器广泛应用于数据采集系统、传感器信号处理、自动控制等领域。对它的要求一般是具有高增益、高共模抑制比、高精度（失调、漂移等很小）、高速（频带宽、压摆率大）等全面指标。仪表放大器有多种类型，其典型构成形式为三运放的仪表放大器，如图 2.2.18 所示。

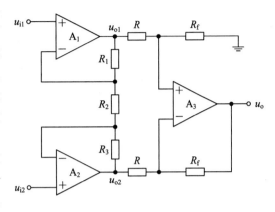

图 2.2.18　三运放的仪表放大器原理

　　该仪表放大器电路主要由两级差分放大器电路构成。在两个输入运放同相差分方式情况下，同相输入可以大幅度提高电路的输入阻抗，减小电路对微弱输入信号的衰减；差分输入可以使电路只对差模信号放大，而对共模输入信号只起跟随作用，使得送到后级的差模信号与共模信号的幅值之比（即共模抑制比）得到提高。

　　仪表放大电路的输出电压与输入电压之间的关系为

$$u_o = \frac{R_f}{R}(u_{o1} - u_{o2}) = \frac{R_f}{R}\left(1 + \frac{R_1 + R_3}{R_2}\right) \cdot (u_{i1} - u_{i2})$$

通过该电路可以实现很高的输入电阻，只需要通过调节一个电阻 R_2 即可实现增益的调节。

使用 Multisim 实现仪表放大电路的仿真验证，如图 2.2.19 所示。

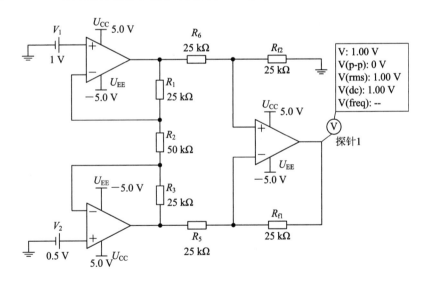

图 2.2.19　仪表放大电路的仿真

　　运放的供电采用 5 V 电源供电，电路输入电压 u_{i1} 为 1 V，u_{i2} 为 0.5 V，则增益倍数为

$$\frac{u_o}{u_{i1} - u_{i2}} = \frac{R_f}{R_5}\left(1 + \frac{R_1 + R_3}{R_2}\right) = 2$$

　　输出信号以 GND 为基准，此时输出电压应为 1 V，对此有探针 1 处的电压为 1 V，仿真与计算结果一致。

2. AD8422 仪表放大器

AD8422 是由美国 ADI(Analog Devices，Inc)公司生产的一款高精度、低功耗、低噪声、轨到轨的仪表放大器。作为仪表放大器 AD620 发展的第三代产品，AD8422 以超低失真性能处理信号，在整个输出范围内负载不影响性能，其典型特点包括如下几个。

（1）高精度：AD8422 采用差分放大器架构，具有极高的精度和稳定性。它具有 1 μV 的低偏置电流和 0.3 μV/℃的低漂移系数，以及±0.05％的非线性度和±0.01％的增益误差。

（2）低噪声：AD8422 具有极低的噪声电平，可以实现高精度、低噪声的信号放大。它的输入噪声为 1.2 nV/$\sqrt{\text{Hz}}$，输出噪声为 160 nV/$\sqrt{\text{Hz}}$。同时，AD8422 具有极低的偏置电流，高源阻抗时不会产生误差，允许多个传感器多路复用至输入端。低电压噪声和低电流噪声特性使得 AD8422 成为测量惠斯登电桥的理想选择。

（3）低功耗：AD8422 的低功耗(1.5 mA)和单电源供电特点使其适用于便携式测量仪器和微功耗应用领域。

（4）高带宽：AD8422 的高带宽(3 MHz)和快速的输出电流驱动能力(50 mA)可支持高速数据采集和处理，适用于要求高速响应的应用领域，同时配备了频率梯度补偿电路，可有效抵消不同频率下的衰减和相移，使得输出信号的波形更加平滑。

（5）高抗干扰性和热耐受性：AD8422 采用超过 2500 V 的电源抗干扰能力，其工作温度范围为−40℃至+80℃，可在高达 80℃时保证典型性能曲线，提供 8 引脚 MSOP 和 SOIC 两种封装。

AD8422 是基于传统的三运放仪表放大器拓扑结构设计的，这种拓扑结构由两级组成：一级是提供差分放大的前置放大器，另一级是一个消除共模电压的差动放大器，图 2.2.20 是 AD8422 的简化原理图。

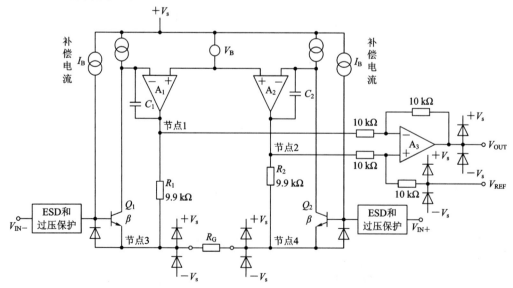

图 2.2.20　仪表放大器 AD8422 的等效原理图

就 AD8422 的拓扑结构而言，Q_1、A_1、R_1 以及 Q_2、A_2、R_2 可视作精密电流反馈放大器，反馈使 Q_1 和 Q_2 发射极保持固定电流。当输入信号发生改变时，A_1 和 A_2 的输出电压也会相应改变，以保持 Q_1 和 Q_2 的电流处于合适的数值。这样，从 V_{IN+} 到节点 4、V_{IN-} 到节点 3 分别有一个二极管的压降，从而使得输入端的差分信号可在 R_G 引脚上得到呈现。流过 R_G 的电流也必须经过 R_1 和 R_2，在节点 1 和节点 2 之间建立增益放大后的差分电压。经过前级放大器放大的差分信号和共模信号作用于差动放大器，AD8422 可以有效抑制共模电压，但保留放大后的差分电压。

在 AD8422 中，通过调整电阻 R_G 可实现增益误差小于 0.01% 以及共模抑制比 CMRR 超过 94 dB（$G=1$）。AD8422 的输出电压 V_{OUT} 的表达式为

$$V_{OUT} = G \times (V_{IN+} - V_{IN-}) + V_{REF}$$

其中，上式中的 G 为仪表放大器 AD8422 的增益，其表达式如下所示：

$$G = 1 + \frac{19.8 \text{ k}\Omega}{R_G}$$

将一个电阻跨接在 R_G 引脚上来设置 AD8422 的增益，其增益公式如下：

$$R_G = \frac{19.8 \text{ k}\Omega}{G-1}$$

电阻值的计算参考表如表 2.2.1 所示。

表 2.2.1　利用 1% 的增益电阻实现的增益

1% 标准值 R_G	增益 G	1% 标准值 R_G	增益 G
19.6 kΩ	2.010	200 Ω	100.0
4.99 kΩ	4.968	100 Ω	199.0
2.21 kΩ	9.959	39.2 Ω	506.1
1.05 kΩ	19.86	20 Ω	991.0
402 Ω	50.25		

AD8422 的输出电压是相对于基准引脚电位而言的，并可用于施加精确失调。REF 引脚受 ESD 二极管保护，其上的电压不得超出 $+V_s$ 或 $-V_s$ 的 0.3 V 以上，为获得最佳性能，REF 引脚的源阻抗应保持在 1 Ω 以下。

为了确保仪表放大器 AD8422 的正常工作，必须使用稳定的直流电压供电。由于电源引脚上的噪声会对器件性能产生不利影响，如图 2.2.21 所示，应尽可能靠近各电源引脚放置一个 0.1 μF 的电容。因为高频时旁路电容引线的长度至关重要，所以需要使用表面贴装电容。旁路接地走线中的寄生电感会对旁路电容的低阻抗产生不利影响，因此可以再使用一个 10 μF 的电容。

在有较强射频干扰信号的应用场合中使用放大器时，往往存在射频抑制的问题。这种干扰可能会表现为较小的直流失调电压，可以通过在仪表放大器的输入端放置低通 RC 网络来滤除高频干扰信号，如图 2.2.22 所示。

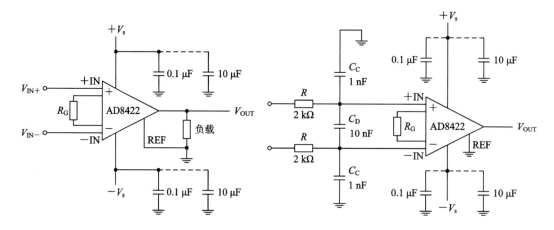

图 2.2.21 放大器 AD8422 的电源去耦电路　图 2.2.22 AD8422 的射频干扰抑制原理图

滤波器根据以下表达式对输入信号带宽进行限制：

$$滤波器频率_{DIFF} = \frac{1}{2\pi R(2C_D + C_C)}$$

$$滤波器频率_{CM} = \frac{1}{2\pi R C_C}$$

其中，$C_D \geqslant C_C$，C_D 影响差动信号，C_C 影响共模信号。选择电阻 R 和电容 C_C 的值，将射频干扰减至最小。同相输入端与反相输入端的不匹配会降低 AD8422 的共模抑制性能。使得 C_D 的值比 C_C 大一个数量级，可以降低不匹配的影响，从而改善性能。此外，选择较大的电阻会增加噪声。因此，需权衡考量高频时的噪声和输入阻抗与射频抗扰度，以便选择合适的电阻和电容值。

放大器 AD8422 的输入偏置电流必须有一个对地的返回路径，如图 2.2.23 所示，无电流返回路径时，使用浮动电流源（如热电偶等）需建立电流返回路径。

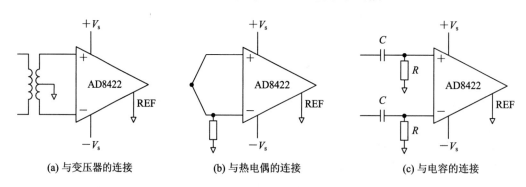

(a) 与变压器的连接　　　　(b) 与热电偶的连接　　　　(c) 与电容的连接

图 2.2.23 建立输入偏置电流返回路径

许多仪表放大器具有出色的共模抑制性能和输入阻抗特性，但在实际系统中，输入保护所需的外部元件存在会影响放大器的性能。AD8422 通常不需要额外的输入保护，如图 2.2.24 所示。即使输入电压与相反供电轨的差值达到 40 V，也不会造成损坏。例如，采用 +5 V 正电源和 0 V 负电源时，AD8422 可以安全地承受 −35 V 至 +40 V 的电压。与其他仪表放大器不同，该器件即使在处于高增益状态时也可以处理较大的差分输入电压。若电压与相反供电轨的差值不足 40 V，则不需要输入保护，但 AD8422 其他引脚应保持在电源电压范围内。

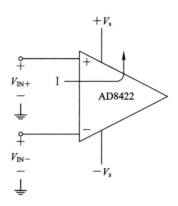

图 2.2.24　无外部元件的输入过压保护

2.2.4　功率放大电路

1. 功率放大电路的原理

功率放大电路是一种模拟电子电路，其主要功能是将输入信号的功率提升到足以驱动负载工作的水平。这种电路通常作为多级放大电路的输出级，旨在输出较大的功率。功率放大电路在各类电子设备中得到了广泛的应用，如音响系统、通信系统和控制系统等。在这些应用中，它主要用于放大音频信号、射频信号或其他类型的信号，从而能够驱动扬声器、天线、执行机构等负载，实现信号的有效传输和设备的正常工作。功率放大电路的设计需要综合考虑多种因素，如放大倍数、带宽、效率、失真等，以确保在放大信号的同时保持良好的信号质量和性能。

2. 功率放大电路的分类

根据工作原理和应用需求的差异，功率放大电路可以分为多种类型，如甲类放大、乙类放大、甲乙类放大、丙类放大和丁类放大等。其中，甲类放大、乙类放大、甲乙类放大属于低频功率放大器，而丁类和丙类功率放大电路则更多用于高频功率放大。每种类型都有其独特的优点和局限性，以及特定的适用场景。例如，甲类放大电路以其出色的线性度著称，但在效率方面稍显不足；而乙类放大电路则能实现较高的效率，但可能伴随交越失真等问题。因此，在选择功率放大电路类型时，必须根据实际的应用需求和性能指标进行权衡。下面主要聚焦于低频功率放大器，分析其设计原理、性能特点以及实际应用。

当静态工作点 Q 设在负载线性区域的中点时，即处在放大工作状态时，在整个信号周期内都有电流 i_C 通过，即在信号半个周期内电流 i_C 的导通角 φ 为 180°，称为甲类放大状态，其波形如图 2.2.25(a)所示。

若将静态工作点 Q 设在截止点，则 i_C 仅在半个信号周期内通过，即在信号半个周期内电流 i_C 的导通角 φ 为 90°，其输出波形被削掉一半，如图 2.2.25(b)所示，称为乙类放大状态。

若将静态工作点 Q 设在线性区的下部靠近截止点处，则其导通时间为多半个信号周期，即在信号半个周期内电流 i_C 的导通角为 $90°<\varphi<180°$，输出波形被削掉一部分，如图 2.2.25(c)所示，称为甲乙类放大状态。

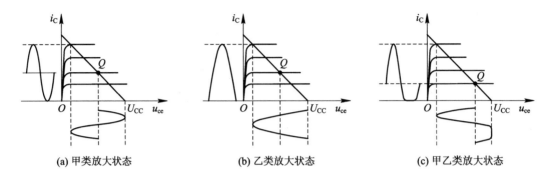

(a) 甲类放大状态　　　　**(b) 乙类放大状态**　　　　**(c) 甲乙类放大状态**

图 2.2.25　功率放大电路的分类

若在信号半个周期内电流 i_C 的导通角 $\varphi<90°$，输出波形为脉冲信号，则称为丙类放大状态。除了按电流导通角分类的工作状态外，丁类和戊类放大器还可以让电子元器件工作于开关状态。丁类放大器的效率比丙类放大器更高，理论上可达 100%，但受到开关瞬间功耗（集电极耗散功率）的限制，其最高工作频率受到限制。通过改进电路，减小元器件在开关瞬间的功耗，就可以提高工作频率，这就是戊类放大器。功率放大器的几种工作状态的特点见表 2.2.2。

表 2.2.2　不同状态时功率放大器的特点

工作状态	半导通角	理想效率	负载	应用
甲类	$\theta=180°$	50%	电阻	低频
乙类	$\theta=90°$	78.5%	推挽、回路	低频、高频
甲乙类	$90°<\theta<180°$	$50\%<\eta<78.5\%$	推挽	低频
丙类	$\theta<90°$	$\eta>78.5\%$	选频回路	高频
丁类	开关状态	$\eta>90\%$	选频回路	高频

根据电路结构分类，功率放大电路还可以分为变压器耦合功率放大电路、推挽功率放大电路、互补对称功率放大电路和集成功率放大电路，下面进行具体说明。

3. 变压器耦合推挽功率放大电路

变压器耦合推挽功率放大电路如图 2.2.26 所示。电路由放大器、输入变压器、输出变压器和直流通道组成。放大器由两个共射极放大器组成，两个功率三极管 T_1、T_2 的发射极接在一起。

变压器 T_{r1} 将输入信号分成大小相等且相位相反的两路信号，并分别传送至两个放大器的基极，以使 T_1、T_2 轮流导通。输出变压器 T_{r2} 则将两个集电极输出信号合并为一个信号，随后耦合到副边输出给负载 R_L。直流通道的作用在于建立适当的静态工作点。

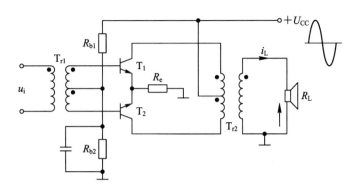

图 2.2.26　变压器耦合推挽功率放大电路

1）直流通道

变压器耦合推挽功率放大电路的直流通道如图 2.2.27(a)所示，单管直流通道如图 2.2.27(b)所示。变压器线圈对于直流来说相当于短路，使得任何一个三极管都表现为静态工作点稳定的共射极放大器。在这种设计中，两个三极管的静态工作点均设置在略微超出死区的位置，使得输入基极电流 I_b 和集电极电流 I_c 非常小。这意味着它们处于乙类放大状态，旨在降低直流功耗。

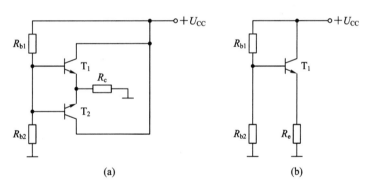

图 2.2.27　变压器耦合推挽功率放大电路的直流通道

2）工作原理

变压器耦合推挽功率放大电路的正半周交流通道如图 2.2.28 所示。输入信号为正半周时三极管 T_1 导通，三极管 T_2 截止。三极管集电极电流 i_{c1} 经过输出变压器 T_{r2}，产生正半周负载电流 i_L，波形如图 2.28 右上角处所示。

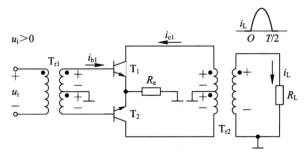

图 2.2.28　变压器耦合推挽功率放大电路的正半周交流通道

变压器耦合推挽功率放大电路的负半周交流通道如图 2.2.29 所示。输入信号为负半周时三极管 T_2 导通，三极管 T_1 截止。三极管集电极电流 i_{c2} 经过输出变压器 Tr_2，产生负半周负载电流 i_L，波形如图 2.2.29 右上角处所示。

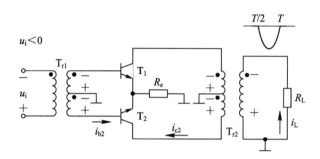

图 2.2.29　变压器耦合推挽功率放大电路的负半周交流通道

4. 乙类互补对称功率放大电路

从电路结构的角度来看，乙类互补对称功率放大电路可以分为双电源乙类互补对称功率放大电路和单电源乙类互补对称功率放大电路两种类型，这两种电路的组合还可以形成桥接式负载电路，本小节将展开介绍上述三种电路。

1) 双电源乙类互补对称功率放大电路

双电源乙类互补对称功率放大电路如图 2.2.30(a)所示。图中 T_1、T_2 是两个特性一致的 NPN 型和 PNP 型功率三极管。两管基极连接输入信号，发射极连接负载 R_L，两管均工作在乙类状态。这个电路可以看成由两个工作于乙类状态的射极输出器组成。

在图 2.2.30(a)所示的功率放大电路中，无信号输入时，由于 T_1、T_2 的特性一致及电路具有对称性，因此发射极电压为 0，R_L 中无静态电流。又由于功率管工作于乙类状态，基极电流和集电极电流都为 0，故电路中无静态损耗。

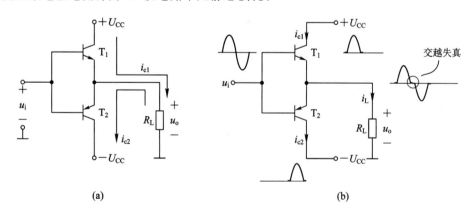

图 2.2.30　双电源乙类互补对称功率放大电路及其信息波形

有正弦信号 u_i 输入时，两管轮流工作。正半周时，T_1 因发射结正偏而导通，在负载 R_L 上输出电流 i_{c1}，如图 2.2.30(b)所示，T_2 因发射结反偏而截止。同理，在负半周时，T_2 因发射结正偏而导通，在负载 R_L 上输出电流 i_{c2}，T_1 因发射结反偏而截止。这样，在信号 u_i

的一个周期内，电流 i_{c1} 和 i_{c2} 以正、反两个不同的方向交替流过负载电阻 R_L，在 R_L 上合成为一个完整的略有点交越失真的正弦波电压信号，如图 2.2.30(b)所示。

由此可见，在输入电压的作用下，互补对称电路充分利用了两个不同类型晶体管发射结偏置极性正好相反的特点，实现了自动反相操作。这使得两个晶体管可以交替导通和截止，从而实现信号的反向放大。

此外，互补对称电路采用射极输出方式，具有高输入电阻和低输出电阻的特点，可以直接连接低阻负载至放大电路的输出端。双电源乙类互补对称功率放大电路无输出电容，简称为 OCL(Output Capacitor Less，无输出电容)电路。

2）单电源乙类互补对称功率放大电路

双电源乙类互补对称功率放大电路中需要正、负两个电源。然而，在实际电路应用中，如收音机、扩音机等设备中，通常为了简化电路结构，会采用单电源供电方式。为此，可采用图 2.2.31(a)所示的单电源供电的乙类互补对称功率放大电路。这种形式的电路无输出变压器，而有输出耦合电容，简称为 OTL(Output Transformer Less，无输出变压器)电路。

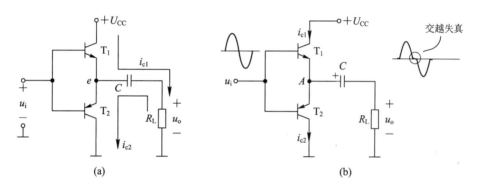

图 2.2.31　单电源乙类互补对称功率放大电路及其信号波形

单电源乙类互补对称功率放大电路如图 2.2.31(a)所示，由于电路具有对称性，因此两个晶体管的发射极 e 点电位为电源电压的一半，即 $U_{cc}/2$。在这种情况下，电容器 C 扮演着负电源的角色。为了确保输出波形对称，即 i_{c1} 和 i_{c2} 的大小相等，必须保持电容器 C 上的电压始终为 $U_{cc}/2$，这意味着电容器 C 在放电过程中其端电压不能有太大的下降。因此，为了满足这一要求，电容 C 的容量必须足够大。

单电源乙类互补对称功率放大电路的工作原理与双电源乙类互补对称功率放大电路相似。单电源乙类互补对称功率放大电路的输入、输出电压波形如图 2.2.31(b)所示。可以看到，单电源乙类互补对称功率放大电路的输出电压波形同样会出现交越失真。

3）BTL 电路

为了实现单电源供电且不使用变压器和大电容，可以采用平衡桥式推挽功率放大电路，简称 BTL(Balanced Transformer Less)电路。

BTL 电路是由两组对称的 OTL 或 OCL 电路组成，如图 2.2.32 所示，扬声器连接在这两组电路的输出端之间，即扬声器两端都不接地。BTL 电路的主要特点有：① 可采用单电源供电；② 两个输出端直流电位相等；③ 无直流电流通过扬声器；④ 与 OTL、OCL 电路相比，在相同电源电压和相同负载情况下，BTL 电路的输出电压可增大一倍，输出功率可增大四倍，这意味着即使在较低的电源电压下，也可以获得更大的输出功率。但是，扬声器没有接地端，会给检修工作带来不便。

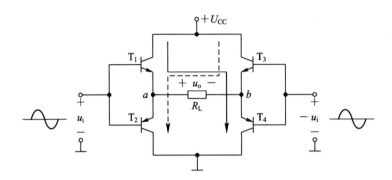

图 2.2.32　BTL 电路的原理

该电路的工作情况说明如下：静态时由于四个三极管对称，$U_a = U_b = U_{CC}/2$，因此 $u_o = 0$。当输入正弦信号 u_i 为正半周时，在两路反相输入信号 u_i、$-u_i$ 的作用下，T_1 和 T_4 同时导通，R_L 上获得正半周信号；u_i 为负半周时，T_2 和 T_3 同时导通，R_L 上获得负半周信号。

理想情况下，设功率管的 $U_{ces} = 0$，则 u_o 的峰值为 U_{CC}，输出的最大功率为

$$P_{om} = \frac{(U_{CC})^2}{2R_L}$$

当前，主流的功放电路包括 OCL、OTL 和 BTL 电路，它们在当代功放电路中占据主导地位。BTL 电路综合了 OTL 和 OCL 接法的优点，同时吸收了 OCL 无输出电容的长处，避免了电容对信号频率特性的影响。BTL 电路既可以使用单电源，也可以使用双电源。这些改进措施使得 BTL 电路逐渐成为当代功率放大电路的主流，并为功率放大电路的集成化创造了条件。

5. 甲乙互补对称功率放大电路

1）功率放大电路的交越失真问题

若将功率放大电路设置为乙类状态，则两个晶体管的静态工作点设定在晶体管输入特性曲线的截止点上，会导致没有基极偏流。在这种情况下，由于晶体管的输入特性曲线存在一个死区，并且该死区附近的非线性较为严重，因此当有信号输入引起两个晶体管交替工作时，在交替点前后会出现一段两个晶体管电流均为零或出现严重非线性的波形。相应地，在负载上就会产生图 2.2.33(a)所示的交越失真现象。

如果将功率放大电路的工作状态设置为甲乙类状态，就可以显著减少交越失真的发生。在这种情况下，两个晶体管的工作点略高于截止点，因此都有一个很小的静态工作电流 I_c，这有助于克服晶体管的死区电压，使得两个晶体管在交替工作时负载中的电流能够按照正弦规律变化。这样就能够克服交越失真，产生的波形如图 2.2.33 (b)所示。

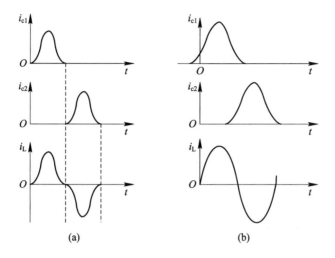

图 2.2.33 BTL 交越失真与克服交越失真的波形

2）甲乙类互补对称功率放大电路的工作原理

图 2.2.34 所示为双电源甲乙类互补对称功率放大电路，属于 OCL 电路；图 2.2.35 所示为单电源甲乙类互补对称功率放大电路，属于 OTL 电路。

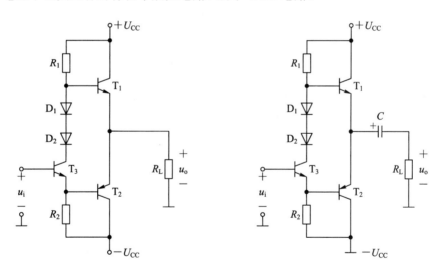

图 2.2.34 双电源甲乙类互补功率放大电路　　图 2.2.35 单电源甲乙类互补功率放大电路

在图 2.2.34 和图 2.2.35 的两个电路中，T_3 为推动级，T_3 的集电极电路中连接有两个二极管 D_1 和 D_2。通过利用集电极电流在 D_1 和 D_2 中产生的正向压降来为两个功放管 T_1 和 T_2 提供基极偏置，从而克服交越失真。

在输入信号时，由于 T_1 和 T_2 管路对称，两个管的静态电流相等，负载上没有静态电流输出，因此输出电压 $u_o = 0$ V。在有交流信号输入时，D_1 和 D_2 的交流电阻非常小，可以视为短路，确保了 T_1 和 T_2 两个管的基极输入信号幅度基本相等。由于二极管的正向压降具有负温度系数，因此这种偏置电路具有温度稳定性，能够自动稳定输出级功放管的静态电流。

由于甲乙类功率放大电路的静态电流通常很小，接近于乙类工作状态，因此对于甲乙类互补对称功率放大电路，可以使用乙类电路相关的计算方法来估算最大输出功率、效率以及管耗等参数。但是，甲乙类功率放大电路的最大效率会略低于乙类功率放大电路，这是因为甲乙类功率放大电路存在一定的静态电流。

6. 集成功率放大电路

近年来，随着集成技术的迅猛进步，集成功率放大电路产品日益普及，其中 TDA 2030A、TDA 7050T、5G37 和 LM386 等成为市场上最为常见的产品。这些集成功率放大电路以其低成本和易用性受到广泛青睐，因此在收音机、录音机、电视机以及直流伺服系统等设备的功率放大部分得到了广泛应用。在这里，以常用的 TDA 2030A 集成功率放大电路为例，说明其特点、应用及优势。

TDA 2030A 是一款性能优异的功率放大集成电路，其主要特点在于具有较高的上升速率和较低的瞬态互调失真。瞬态互调失真是评判放大器品质的关键因素之一，在众多功率放大集成电路中，只有少数几种（包括 TDA 2030A）规定了瞬态互调失真指标。

TDA 2030A 的另一个特点是其具有较大的输出功率，并且具备比较完善的保护性能。TDA 2030A 的输出功率可达 18 W，如果组成 BTL 电路，输出功率甚至可增加至 35 W。TDA 2030A 还设计了相对完善的保护电路，一旦输出电流过大或芯片过热，其能够自动减小电流或截断输出，从而实现自我保护。

TDA 2030A 的第三个显著特点是外围电路简单，易于使用。相比其他的功率集成电路，它的引脚数量较少，总共只有 5 个引脚，如图 2.2.36 所示，外形类似塑封大功率晶体管，这使得它的应用更加方便。

TDA 2030A 的管脚功能如下：

1——信号同相输入端；

2——信号反相输入端；

3——电源负端；

4——信号输出端；

5——电源正端。

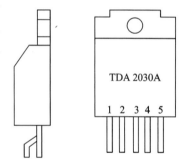

图 2.2.36　TDA 2030A 的封装

TDA 2030A 的主要技术参数见表 2.2.3 和表 2.2.4。

表 2.2.3　TDA 2030A 的极限参数

参量符号	参数	数值	单位
V_s	最大供电电压	± 22	V
V_i	输入	V_s	V
V_{i+}，V_{i-}	差分输入	± 15	V
I_o	最大输出电流	3.5	A
P_{TOT}	最大功耗	20	W
T_{STG}，T_J	存储和结点的温度	$-40 \sim +150$	℃

表 2.2.4　TDA 2030A 的主要电气参数(根据测试电路，$V_s = +16\ \text{V}$，$T_{amp} = 25℃$)

参量符号	参数	测试条件	最小值	标准	最大值	单位
V_S	供电电压范围		±6		±22 V	V
I_d	静态漏电流			50	80	mA
I_b	输入偏置电流	$V_s = ±22\ \text{V}$		0.2	2	μA
V_{os}	输入失调电压	$V_s = ±22\ \text{V}$		±2	±20	mA
I_{os}	输入失调电流			±20	200	nA
P_o	输出功率	在 $d = 0.5\%$，$G_v = 26\ \text{dB}$，$f = 40\ \text{Hz} \sim 1.5\ \text{kHz}$ 条件下； $R_L = 4\ \Omega$ $R_L = 8\ \Omega$ $R_L = 8\ \Omega (V_S = ±19\ \text{V})$	15 10 13	18 12 16		W W W
BW	功率带宽	$P_o = 15\ \text{W}$，$R_L = 4\ \Omega$		100		kHz
SR	转换速率			8		V/μs
G_v	开环增益	$f = 1\ \text{kHz}$		80		dB
G_{vL}	闭环增益	$f = 1\ \text{kHz}$	25.5	26	26.5	dB
THD	总谐波失真	$P_o = 0.1 \sim 14\ \text{W}$，$R_L = 4\ \Omega$ $f = 40\ \text{Hz} \sim 1.5\ \text{kHz}$ $f = 1\ \text{kHz}$，$P_o = 0.1 \sim 9\ \text{W}$ $f = 40\ \text{Hz} \sim 1.5\ \text{kHz}$，$R_L = 8\ \Omega$		0.08 0.03 0.5		% % %
D_2	二阶 CCIF 互调失真	$P_o = 4\ \text{W}$，$f_2 - f_1 = 1\ \text{kHz}$ $R_L = 4\ \Omega$		0.03		%
D_3	三阶 CCIF 互调失真	$f_1 = 14\ \text{kHz}$，$f_2 = 15\ \text{kHz}$		0.08		%
e_N	输入噪声电压	$B = 22\ \text{Hz} \sim 22\ \text{kHz}$		3	10	μA
i_N	输入噪声电流	$B = 22\ \text{Hz} \sim 22\ \text{kHz}$		80	200	pA
S/N	信噪比	$R_L = 4\ \Omega$，$Rg = 10\ \Omega$ 条件下： $P_o = 15\ \text{W}$ $P_o = 1\ \text{W}$		106 94		dB dB
R_i	输入电阻	(开环)$f = 1\ \text{kHz}$	0.5	5		MΩ
T_j	热切断结点温度			145		℃

基于功率放大电路的 TDA 2030，可设计 TDA 2030 音频功放模块，如图 2.2.37 所示。其输出功率可达 18 W，通过调节电阻大小可以调节输出功率的大小。

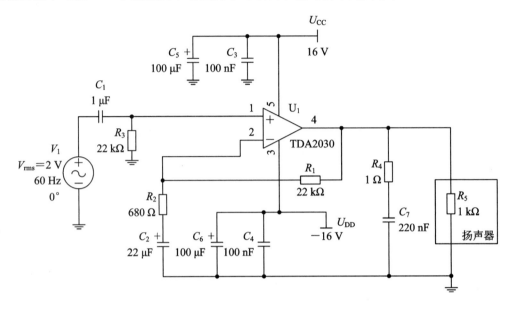

图 2.2.37　TDA2030 功率放大电路应用实例

7. 功率放大电路实例

乙类互补对称功率放大电路具有"两管交替工作""输出波形合成"和"零偏置"（静态电流为 0 A）的特点。因为 Q_1 和 Q_2 都存在死区电压，所以当输入电压 V_i 低于死区电压（硅管为 0.5 V，锗管为 0.2 V）时，Q_1 和 Q_2 均截止，负载电流基本为零，就会在输出电压正、负半周交界处产生失真。由于这种失真发生在两管交替工作的时刻，因此称为交越失真。

以乙类 OCL 功率放大电路为例，如图 2.2.38(a) 所示，其中 Q_1 为 NPN 型低频大功率管 2SC2001，其共射电流放大系数 β_F(BF)≈ 40，$V_{BE(on)}$（VJF）$=1.8$ V；Q_2 为 PNP 型低频大功率管 2SA952，其共射电流放大系数 β_F(BF)≈ 99，$V_{BE(on)}$（VJF）$=1.93$ V。

搭建如图 2.2.38(a) 所示的乙类 OCL 功率放大仿真实验电路，用双踪示波器仿真测量的输入、输出电压波形及数据如图 2.2.38(b) 所示。由于 Q_1 和 Q_2 是工作在乙类放大状态，因此输出电压信号存在明显的交越失真。

图 2.2.38 (a) 所示的乙类 OCL 功率放大仿真电路，在 Multisim 中进行瞬态分析：设置仿真开始时的初始条件为"计算直流工作点"；设置仿真起始时间和终止时间分别为 0 和 0.002Sec（2 个信号周期）。仿真即可得到电路输入(V_i)、输出(V_o)电压的瞬态分析波形和检测数据，分别如图 2.2.39(a) 和 (b) 所示。

同理，对输出电压 V_o 进行直流工作点分析，得到的结果如图 2.2.40 所示。静态时，Q_1 和 Q_2 的发射结电压 $V_{BEQ} \approx 0$、$I_{CQ} \approx 0$，Q_1 和 Q_2 工作在乙类放大状态。

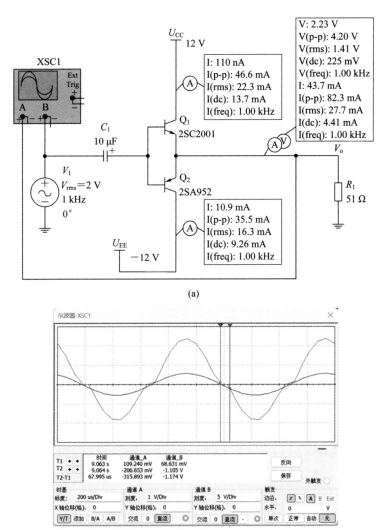

(a)

图 2.2.38　乙类 OCL 功率放大电路实例

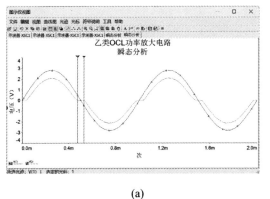

(a)　　　　　　　　　　　　　　　　　　　(b)

图 2.2.39　乙类 OCL 功率放大电路输入、输出电压瞬态仿真分析

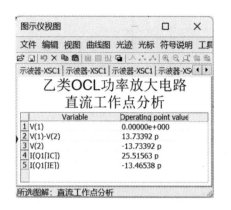

图 2.2.40　乙类 OCL 功率放大电路直流工作点的仿真分析

2.3　滤波电路设计

在智能制造系统中，传感器和执行器的信号往往包含大量噪声和干扰。滤波电路可以应用于这些信号的预处理阶段，通过滤除高频噪声和干扰，使得信号更加平滑和稳定，为后续的信号处理和控制提供高质量的输入。

2.3.1　滤波电路的基础

在实际的电子系统中，信号往往包含了一些不需要的频率成分，必须设法将不需要的频率成分信号衰减到足够小的程度，或者把有用信号挑选出来。滤波器就是实现使特定频率范围内的信号顺利通过，而阻止其他频率信号通过的电路。滤波器在通信、自动控制、计算技术和测量技术方面的应用十分广泛。

1. 滤波器的种类

一般来说，根据通带和阻带的频率范围，滤波器可分为四种基本类型，即低通滤波器、带通滤波器、高通滤波器和带阻滤波器，如图 2.3.1 所示。

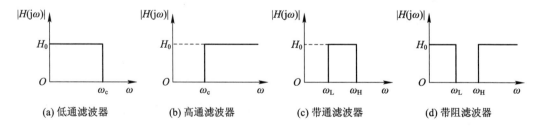

图 2.3.1　低通、高通、带通和带阻滤波器的理想幅频特性

具体地，以低通滤波器为例，其作用是通过低频信号，抑制高频信号。图 2.3.2 为一个低通滤波器的幅频特性，两个阴影区域分别是通带和阻带内给定的容许幅度波动范围，ω_c 为截止频率。通常称频率在 $0 < \omega \leqslant \omega_c$ 区间内为通带，频率在 $\omega \geqslant \omega_1$ 区间内为阻带，而频率在 $\omega_c < \omega < \omega_1$ 区间内为过渡带。

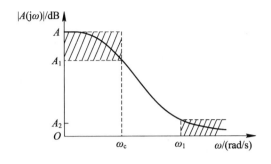

图 2.3.2　低通滤波器的典型幅频特性

而按照滤波器的实现形式，通常可以分为无源滤波器、RC 有源滤波器、开关电容滤波器、数字滤波器等。

（1）无源滤波器由无源元件 R、C 和 L 组成，它的缺点是在较低频率下工作时，电感 L 的体积和重量较大，而且滤波效果不理想。

（2）RC 有源滤波器由 R、C 和运算放大器构成，该种类型的滤波器在减小体积和减轻重量方面得到显著的改善，尤其是运放具有高输入阻抗和低输出阻抗的特点，使得有源滤波器能够提供一定的信号增益，正是此种优点使得 RC 有源滤波器得到了广泛的应用。

（3）开关电容滤波器（Switched Capacitor Filters，SCF）是一种由 MOS 开关、电容和运放构成的离散时间模拟滤波器。开关电容滤波器很容易与单片机或其他电路集成，因此可以有效提高电子系统的集成度。开关电容滤波器直接对连续模拟信号采样，不做量化处理，因此不需要 A/D 转换、D/A 转换等电路，这是开关电容滤波器与数字滤波器最明显的区别。开关电容滤波器处理的信号虽然在时间上是离散的，但幅值是连续的，所以开关电容滤波器仍属于模拟滤波器。

（4）数字滤波器。数字滤波器的功能是对输入离散信号的数字代码进行运算处理，以达到改变信号频谱的目的，数字滤波器一般由 FPGA 或单片机通过硬件或者软件的方法实现。

2. 滤波器的表示方法

滤波器的动态特性通常采用以下三种形式来描述：

（1）单位冲激响应，即输入为 $\delta(t)$ 时，滤波器的输出响应为

$$\begin{cases} x(t) = \delta(t) \\ y(t) = h(t) \end{cases}$$

（2）传递函数。理想滤波器的传递函数可以表示成两个多项式之比：

$$H(s) = \frac{Y(s)}{X(s)} = \frac{a_m s^m + a_{m-1} s^{m-1} + \cdots + a_1 s + a_0}{b_n s^n + b_{n-1} s^{n-1} + \cdots + b_1 s + b_0}$$

式中，a、b 为实数；m、$n = 1, 2, 3, \cdots$，且 $m = n$；s 为拉氏算子，分母多项式的最高幂次数为 n，n 即为滤波器的阶数，阶数越高，越接近理想情况。当除 a_0 以外，所有分子项系数均为零时，传递函数变为一个常数与多项式之比，这时只存在有限极点，而不存在零点，这种滤波器称为全极点滤波器。

（3）频率特性。

滤波器还可以表示为频率特性的形式：

$$H(\mathrm{j}\omega) = \frac{Y(\mathrm{j}\omega)}{X(\mathrm{j}\omega)}$$

其中，$X(\mathrm{j}\omega)$为滤波器输入信号的频率特性，$Y(\mathrm{j}\omega)$为滤波器输出信号的频率特性。图 2.3.3 所示为一理想低通滤波器的传递函数模型，其高频成分被滤波器滤除。

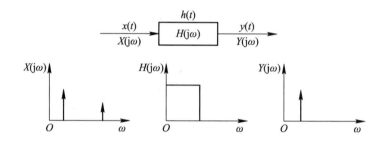

图 2.3.3　理想低通滤波器的传递函数模型

2.3.2　有源滤波器设计

当给定了 n 阶传递函数时，就可以进行滤波器电路的设计了。一种常用的方法是把传递函数分解成为 H_1，H_2，$\cdots$，H_n 等多个因式的连乘积，对应每一个因式可构成一个"滤波节"，最后把各"滤波节"电路级联起来，就可以构成整个滤波器电路，即

$$H_n(s) = \frac{a_0}{H_1 * H_2 \cdots * H_k} = H_1(s) * H_2(s) * H_k(s)$$

式中，$k=n$，将 k 个可实现低通传递函数的滤波电路级联起来就构成了 n 阶滤波器。由于基本滤波节由运放电路来构成，其输出阻抗很低，因此可以不用考虑级联时每个基本滤波节的负载效应，这样就保证了各基本滤波节传递函数设计时的相对独立性。

滤波节通常为一阶或二阶形式。对于一阶滤波电路，其传递函数可以表示为

$$H(s) = \frac{U_{\mathrm{o}}(s)}{U_{\mathrm{i}}(s)} = \frac{P(s)}{s + C}$$

式中，C 为常数，$P(s)$ 为一次或零次多项式。

对于二阶滤波电路，其传递函数的表达式为

$$H(s) = \frac{U_{\mathrm{o}}(s)}{U_{\mathrm{i}}(s)} = \frac{P(s)}{s^2 + Bs + C}$$

式中，B、C 为常数，$P(s)$ 为不高于二次的多项式。

一阶和二阶是构成 RC 有源滤波器电路的"滤波节"，其主要设计步骤和方法如下：

（1）传递函数设计：根据对滤波器特性的要求，如通带、阻带和过渡带的频率范围及其通带增益和衰减特性等，设计某种类型的 n 阶传递函数，分解为若干个低阶传递函数乘积的形式，即将其化成若干个一阶、二阶的基本"滤波节"的连乘积的形式。

（2）电路设计：按各个低阶传递函数的设计要求，设计和计算 RC 有源滤波器电路的基本"滤波节"。首先选择电路形式，然后根据电路的传递函数，设计和计算相应的元件参数值，由于元件的灵敏度会对所选元件的参数值的误差、稳定性等提出相应要求，因此在计

算获得元件参数值之后，还要结合所设计滤波器的性能要求优选滤波器元件参数。

（3）电路连接和调试：根据设计和计算结果选择相适应的元件参数值和运算放大器，组成各个低阶滤波器电路，然后将它们级联起来，并进行相应的调整和性能测试，检验设计结果，不断修改元件参数值，直到满足所设计滤波器的性能要求为止。

常用的有源滤波器主要有两种类型：一种是无限增益多重反馈型（Multi-Feedback，MFB）滤波器，另一种是压控电压源型（Voltage Controlled Voltage Source）滤波器，也称为 Sallen-Key 滤波器，这两种滤波器的基本电路分别如图 2.3.4 和图 2.3.5 所示。两种滤波器各有优缺点，MFB 滤波器是反相滤波器，含有一个以上的反馈路径，集成运放作为高增益有源器件使用，其优点是截止频率对元件改变的敏感度较低，缺点是滤波器增益精度不高。Sallen-Key 滤波器是同相滤波器，将集成运放当作有限增益有源器件使用，优点是具有高输入阻抗，增益设置与滤波器电阻电容元件无关，所以增益精度极高。

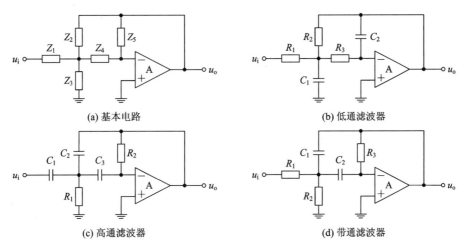

图 2.3.4 二阶无限增益多重反馈型滤波器电路

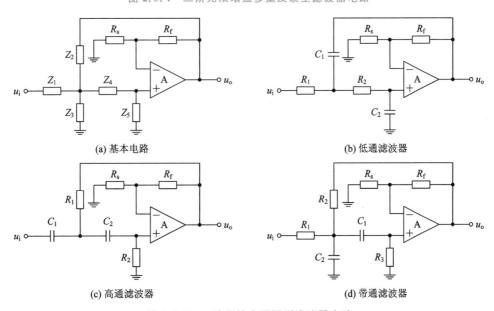

图 2.3.5 二阶压控电压源型滤波器电路

在各种阶次的滤波器中，二阶滤波器是最为重要的，这是因为二阶滤波器不仅是一种常用的滤波器，而且是构成高阶滤波器的重要组成部分，下面将主要介绍二阶滤波器的设计方法。对于有源滤波器的设计主要考虑三个方面，即滤波器的电路类型、阶数及对运放的要求。

（1）关于电路类型的选择。

无限增益多重反馈型（MFB）滤波器和压控电压源型（Sallen-Key）滤波器各有优缺点，应根据实际需求选用。在选择带通滤波器电路时，当要求带通滤波器的通带较宽时，可用低通滤波器和高通滤波器级联得到，比单纯采用带通滤波器的效果要好。

（2）阶数选择。

滤波器的阶数主要根据对通带之外的衰减特性的要求来确定。每一阶的低通或高通滤波器可获得 -20 dB 每十倍频程衰减。多级滤波器级联时，传输函数总特性的阶数等于各级阶数之和。

（3）运放的要求。

一般情况下可选用通用型运算放大器，为了获得足够深的反馈以保证所需滤波特性，运放的开环增益应在 80 dB 以上。如果滤波器输入信号较小，则应选用低漂移运放。运放的单位增益位宽（GBW）应大于 $A_0 f_0$，其中 A_0 为通道增益；压摆率 SR 应大于 $2\pi V_{om} f_e$，其中 V_{om} 为滤波器输出电压峰值。

以上述理论为基础，下面以二阶高通有源滤波器为例，说明实际的滤波器设计。二阶高通有源滤波器的电路如图 2.3.6 所示，阻容网络 C_1、R_1 和 C_2、R_2 组成二阶高通滤波器，R_f、R_3 确定电路放大倍数。

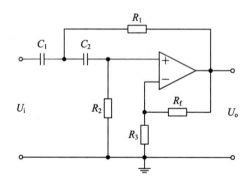

图 2.3.6　二阶高通有源滤波器设计

该高通滤波器要求系统增益 $k_p = 1$，$f_c = 1000$ Hz，阻尼比 $\xi = 1/\sqrt{2}$。先确定电容容值，对此初定电容容值 $C_1 = C_2 = 0.01$ μF。

然后确定电阻 R_1 与 R_2 的阻值：

$$R_1 = \frac{\xi + \sqrt{\xi^2 + 2(k_p - 1)}}{2\omega_0 C} = \frac{1/\sqrt{2} + \sqrt{\left(1/\sqrt{2}\right)^2 + 2(1-1)}}{2(2\pi \times 1000) \times 10^{-8}} = 11.25 \text{ k}\Omega$$

$$R_2 = \frac{1}{\omega_0^2 C R_1} = 22.5 \text{ k}\Omega$$

对此为方便电阻选型，选用 $R_1 = 11$ kΩ，$R_2 = 22$ kΩ，则有

$$R_3 = \frac{R_f}{k_p - 1}$$

由此可知分母为 0，所以电阻 R_3 为无穷大，即开路。

$$R_f = k_p(R_1 + R_2) = 33 \text{ k}\Omega$$

对上述设计的滤波器电路进行仿真，仿真电路和频率特性如图 2.3.7 所示，可见当频率为 1 kHz 时，输出与输入的幅值比为 0.723，测试结果与设计要求基本一致。

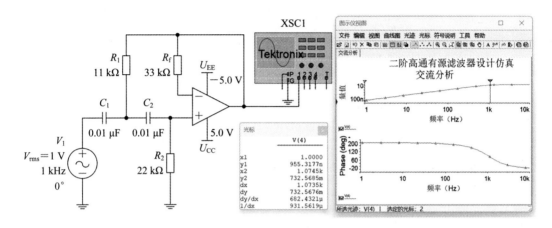

图 2.3.7　二阶高通有源滤波器设计仿真

再以一个具体设计实例来说明二阶 MFB 低通滤波电路的设计。该滤波器有以下设计要求：通带增益 $A_0 = 1$，截止频率 $f_c = 3.4$ kHz，品质因数 $Q = 0.707$。

对一般二阶 MFB 低通滤波器，其原理图如图 2.3.8 所示，需要计算各项参数。

首先，选取电容 C_2 的容值进行计算，先选

取 $C_2 = 2200$ pF，则基准电阻

$$R_0 = \frac{1}{2\pi f_c C_2} = 21.29 \text{ k}\Omega$$

C_1 的电容值为

$$C_1 = 4Q^2(1 + A_0)C_2 = 8797 \text{ pF}$$

R_1 的电阻值为

$$R_1 = \frac{R_0}{2QA_0} = 15.05 \text{ k}\Omega$$

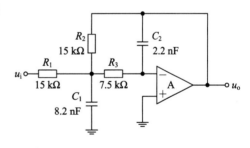

图 2.3.8　二阶 MFB 低通滤波电路设计

R_2 的电阻值为

$$R_2 = A_0 \times R_1 = 15.05 \text{ k}\Omega$$

R_3 的电阻值为

$$R_3 = \frac{R_0}{2Q(1 + A_0)} = 7.53 \text{ k}\Omega$$

将计算的电阻、电容值取标称值，最终得 $C_1 = 8200$ pF、$C_2 = 2200$ pF、$R_1 = 15$ kΩ、$R_2 = 15$ kΩ、$R_3 = 7.5$ kΩ。

将上述设计的二阶低通滤波器利用 Multisim 仿真，如图 2.3.9 所示，得到的幅频特性曲线如图 2.3.10 所示。仿真结果表明，该滤波器通带增益为 1，截止频率(−3 dB 处)约为 3.4 kHz，与设计要求相符。

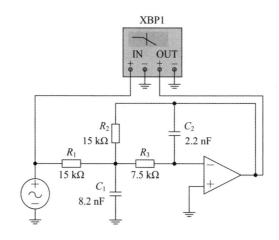

图 2.3.9　二阶 MFB 低通滤波电路仿真

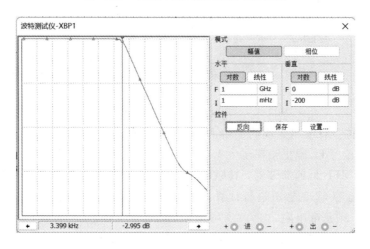

图 2.3.10　二阶 MFB 低通滤波电路的幅频特性

2.3.3　无源滤波器设计

无源滤波器是一种基于被动元件(如电容和电感)构建的滤波器,通常不需要外部电源来工作,因此被称为"无源"。无源滤波器一般基于 LC 网络设计,故无源滤波器也称为无源 LC 滤波器。LC 滤波器在实际使用中有前级电路和后级电路,其典型结构如图 2.3.11 所示。

图 2.3.11　LC 滤波器的示意图

图中的 R_S 和 R_L 分别为源端阻抗和负载阻抗。与 RC 有源滤波器不同的是,LC 滤波器设计时需要考虑源端阻抗 R_S 和负载阻抗 R_L。常见的 LC 滤波器有巴特沃思滤波器和椭圆滤波器两种类型,巴特沃思 LC 滤波器由 Ⅱ 形或 T 形滤波节级联而成,椭圆形 LC 滤波器则由并联或串联的 LC 节组成。

LC 滤波器主要有两种应用场合:一种是高频信号的滤波,例如应用在 DDS 信号发生器中的低通滤波器，由于其截止频率通常是几兆赫兹甚至几十兆赫兹，因此有源 RC 滤波器难以实现；另一种是工作电流比较大的应用场合，如 D 型功放的输出级滤波，DC/DC 开关电源中的滤波。

无源滤波器的常见设计方法主要有：

（1）归一化设计法：在归一化设计中，截止频率被定义为 1，"1"表示系统中所有元件值都被除以截止频率，因此所有元件的值都变成了一个标量。根据所需的截止频率和增益特性，可以计算出理论上所需的电容和电感元件值，并选择合适的元件值进行连接。

（2）频率转换法：利用频率转换技术把传输带宽移到某个较低频率范围内。具体实现过程包括将原始信号通过谐振电路或者混频器等元件进行频率转换，再通过低通滤波器进行滤波和放大。

（3）双 T 网络法：双 T 网络是一种常用的无源滤波器，它由两个 T 型结构的 RC 电路串联而成。可以根据应用场景确定所需的截止频率和增益特性，并选择合适的电阻和电容元件值来实现。

（4）级联结构法：级联结构是一种常见的无源滤波器结构，由多个滤波级联而成。可以根据应用场景确定所需的截止频率和增益特性，并选择合适的电容、电感和电阻元件值来实现。

下面具体介绍归一化 LC 低通滤波器的设计方法：

（1）归一化低通滤波器的设计数据，指的是特征阻抗为 $1\ \Omega$，且截止频率为如下值：

$$基准滤波器截止频率 = \frac{1}{2\pi}\ \mathrm{Hz} = 0.159\ \mathrm{Hz}$$

（2）选择电路结构。

图 2.3.12 所示为归一化巴特沃思滤波器的电路结构和参数。在 LC 滤波器的实际应用中有两种情况，一种是 $R_S = 0\ \Omega$ 的情况，另一种是 $R_S \neq 0\ \Omega$ 的情况。当 LC 滤波器的前级电路为运放构成的电路时，R_S 可认为是 $0\ \Omega$。其中，LC 滤波器的前级电路为 MOSFET H 桥，其 R_S 就是 MOSFET 管的导通电阻，也可近似认为 $R_S = 0\ \Omega$。如图 2.3.12 所示，根据所设计 LC 滤波器的阶数和 R_S 是否为 $0\ \Omega$ 来选择电路。

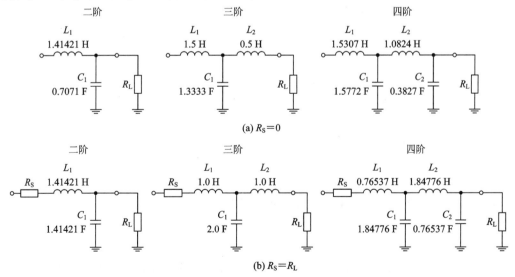

图 2.3.12　归一化巴特沃思低通滤波器参数

（3）以巴特沃思归一化 LPF 设计数据为基准滤波器，将它的截止频率和特征阻抗变换为待设计滤波器的相应值。待设计滤波器的截止频率为 f，待设计滤波器的特征阻抗为 Z，归一化滤波器的参数为 $L_{(OLD)}$ 和 $C_{(OLD)}$，待设计滤波器的参数为 $L_{(NEW)}$ 和 $C_{(NEW)}$，则

$$L_{(NEW)} = \frac{L_{(OLD)}}{2\pi f} Z, \quad C_{(NEW)} = \frac{C_{(OLD)}}{2\pi f} * \frac{1}{Z}$$

图 2.3.13 给出了两种 $R_S \neq 0$ 的滤波器使用情况。图 2.3.13(a) 为了阻抗匹配，在运放的输出端串联一电阻 R_S；图 2.3.13(b) 中，R_S 用于将高速 D/A 输出的电流转化成电压，因此 R_S 不可能等于 0 Ω。

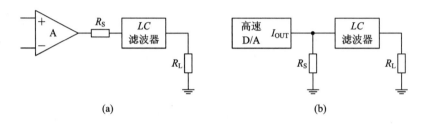

图 2.3.13 $R_S \neq 0$ 的两种情形

2.4 信号产生电路设计

信号产生电路的应用极为广泛，且形式多样。依据其产生的波形特征，可以将其划分为正弦波产生电路和非正弦波产生电路两大类。前者专门用于生成正弦波信号，而后者则能生成如矩形波（即方波）、三角波、锯齿波等非正弦波形。

2.4.1 振荡电路的基本原理

通常把那些具备信号生成功能的电路称作振荡器，或者称为振荡电路。振荡器本质上是一种能量转换电路，能够将直流电源的能量转化为特定波形的交变振荡信号能量。与放大器有所不同的是，振荡器无须依赖外部激励信号便能自主产生具有固定频率、特定波形以及一定振幅的交流信号。

常用的正弦波振荡电路主要由两部分构成：一是选频网络，它决定了振荡的频率；二是正反馈放大器，它维持了振荡的持续进行。常用的正弦波振荡电路的电路结构称为反馈振荡电路。根据选频网络所使用的元件不同，正弦波振荡器可以细分为多种类型，如 RC 振荡器、LC 振荡器以及石英晶体振荡器等。

1. 振荡原理

正弦波振荡电路的方框图如图 2.4.1 所示，图中标注了基本放大电路的电压放大倍数 $\dot{A}$ 和反馈电路的反馈系数 $\dot{F}$。由于振荡电路不需要依赖外部输入信号 $\dot{X}_S$，即 $\dot{X}_S$ 输入为 0，意味着反馈信号 $\dot{X}_f$ 将直接作为放大电路的输入信号 $\dot{X}_i$。因此，图 2.4.1(a) 中的电路可以简化为图 2.4.1(b) 的形式。对此 $\dot{X}_o$ 实际上是放大电路的输出信号，而信号"X"可以代表电压或电流。

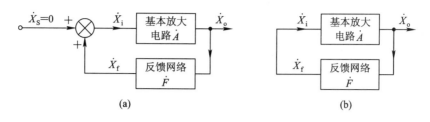

图 2.4.1　正弦波振荡电路的方框图

为了确保振荡器输出的信号 $\dot{X}_o$ 为固定频率的正弦波，图 2.4.1 所示的闭合环路内必须集成选频网络。这一网络的作用在于仅允许与选频网络中心频率相匹配的信号满足 $\dot{X}_f$ 与 $\dot{X}_i$ 相等的条件，进而引发自激振荡。对于其他频率的信号，由于不满足该条件，因此它们不会在电路中产生振荡。选频网络可以与放大器结合，形成选频放大器，或者与反馈网络结合，构成选频反馈网络。

反馈振荡器的工作基于将反馈电压作为输入电压，从而维持稳定的输出电压。在电源接通振荡器的瞬间，尽管没有外部输入信号，但电路中仍会存在微弱的电扰动，如晶体管电流的微小变化或电路中的热噪声。这些电扰动作为原始的输入信号，由于它们的频率范围广泛，因此经过振荡电路中的选频网络，仅有某一特定频率的信号会被选择并反馈至放大器的输入端，而其他频率的信号则被滤除。被选中的特定频率信号经过放大后再次反馈至输入端，其幅度将得到进一步增强。这一"反馈—放大"的过程是循环进行的，通过选频网络的筛选和放大器的放大作用，某一频率分量的信号逐渐增强，直至建立起稳定的振荡。当振荡稳定后，为了确保输出正弦波信号的幅值恒定，还需通过稳幅电路进行调控。

由上述分析可知，正弦波振荡电路是由基本放大电路、反馈网络、选频网络和稳幅电路四部分组成。

（1）基本放大电路。

基本放大电路是维持振荡器连续工作的主要环节，没有放大信号就会逐渐衰减，就不可能产生持续的振荡。因此要求放大器必须有能量供给，结构合理，静态工作点合适，具有放大作用。

（2）反馈网络。

反馈网络的作用是形成正反馈，它将输出信号的一部分或者全部反馈到输入端，通常把整个反馈系统称为反馈网络。

（3）选频网络。

选频网络的主要作用是产生单一频率的振荡信号，一般情况下这个频率就是振荡器的振荡频率。在很多振荡电路中，选频网络和反馈网络结合在一起。

（4）稳幅电路。

稳幅电路的作用主要是使振荡信号幅值稳定，以达到振荡器所要求的幅值，使振荡器持续工作。

2. 振荡平衡条件

当振荡稳定后，其幅度并不会无限增大。原因在于，随着振荡幅度的增加，放大器的动态范围将触及非线性区，进而导致放大器增益的减少。实际上，振荡幅度越显著，增益减少的程度就越大。最终，当反馈电压与原输入电压相等时，振荡幅度将达到一个稳定状态，不再继续增加。因此，振荡幅度的增大是有限制的，当达到某一平衡点时，系统将维持稳定状态。

放大器开环电压增益 $\dot{A}$ 和反馈系数 $\dot{F}$ 的表达式分别为

$$\dot{A} = \frac{\dot{X}_\mathrm{o}}{\dot{X}_\mathrm{i}}, \quad \dot{F} = \frac{\dot{X}_\mathrm{f}}{\dot{X}_\mathrm{o}}$$

且振荡器进入平衡状态后 $\dot{X}_\mathrm{f} = \dot{X}_\mathrm{i}$，此时可得反馈振荡器的平衡条件为

$$\dot{A}\dot{F} = AF\mathrm{e}^{\mathrm{j}(\varphi_A + \varphi_F)} = 1$$

式中，A、φ_A 分别为电压增益的模和相角；F、φ_F 分别为反馈系数的模和相角。对此平衡条件可拆分成两个条件：

$$AF = 1$$
$$\varphi_A + \varphi_F = 2n\pi \quad (n = 0, 1, 2\cdots)$$

上两式分别称为反馈振荡器的振幅平衡条件和相位平衡条件。振幅平衡条件的本质是反馈信号等于输入信号，相位平衡条件的本质是放大电路引入正反馈。

振幅平衡条件就是 $|\dot{A}\dot{F}| = 1$，即放大倍数与反馈系数 F 乘积的模为 1。在自激振荡开始时，$|\dot{A}\dot{F}| > 1$；随着振荡的建立，$|\dot{A}|$ 也随着降低；最后达到 $|\dot{A}\dot{F}| = 1$ 时，振荡幅度便不再增大，稳定在某一振荡振幅下工作。从 $|\dot{A}\dot{F}| > 1$ 到 $|\dot{A}\dot{F}| = 1$ 即是振荡建立的过程。

相位平衡条件就是反馈信号 $\dot{X}_\mathrm{f}$ 和输入信号 $\dot{X}_\mathrm{i}$ 要同相，即基本放大电路的相移 φ_A 与反馈网络的相移 φ_F 之和为 $2n\pi$，其中 n 是整数。

作为一个稳态振荡电路，振幅平衡条件和相位平衡条件必须同时得到满足，它们对任何类型的反馈振荡器都是适用的。平衡条件是研究振荡电路的理论基础，利用振幅平衡条件可以确定振荡幅度，利用相位平衡条件可以确定振荡频率。

3. 振荡电路的起振条件

维持振荡的平衡条件是针对振荡器进入稳态而言的。而为了使振荡器在接入直流电源后能够自动起振，则要求反馈信号在相位上与放大器输入信号同相，在幅度上则要求 $\dot{X}_\mathrm{f} > \dot{X}_\mathrm{i}$，即

$$A_0 F > 1$$
$$\varphi_A + \varphi_F = 2n\pi \quad (n = 0, 1, 2\cdots)$$

式中，A_0 为振荡器起振时放大器工作于放大状态时的电压放大倍数。为了确保振荡器能够起振，设计的电路参数必须满足 $A_0 F > 1$ 的条件。而后，随着振荡幅度的不断增大，A_0 就向 A 过渡，直到 $AF = 1$，振荡达到平衡状态。显然 $A_0 F$ 越大于 1，振荡器越容易起振，并且振荡幅度也较大。但当 $A_0 F$ 过大，放大管进入非线性区的程度就会加深，那么也就会引起放大管输出电流波形的严重失真。所以，当要求输出波形非线性失真很小时，应使 $A_0 F$ 的值略大于 1。

2.4.2 RC 正弦波振荡电路

RC 正弦波振荡电路分为 RC 移相振荡电路和 RC 桥式振荡电路两种类型。

RC 移相振荡电路是利用 RC 移相网络产生正弦波振荡的电路。这种电路通过电容和电

阻的组合,实现了对输入信号的相位移动。在特定的条件下,当移相网络的相位移动达到一定的值时,电路便能产生稳定的正弦波振荡。这种电路具有结构简单的优点,但同时也存在稳定性易受环境影响的缺点。

RC 桥式振荡电路则是另一种形式的 *RC* 正弦波振荡电路。它利用了桥式电路的结构特点,通过电容和电阻的桥式连接,实现了对输入信号的相位和幅度的调整。当桥式电路的参数设置得当时,电路便能产生稳定的正弦波振荡。这种电路具有稳定性好、频率范围宽等优点,因此在一些对稳定性要求较高的场合得到了广泛的应用。

1. *RC* 移相振荡电路

图 2.4.2 是采用三级 *RC* 超前移相电路组成的 *RC* 移相振荡器。C_1 和 R_1、C_2 和 R_2 构成两级 *RC* 移相网络,C_3 和 T 放大电路的输入电阻 R_i 构成第三级 *RC* 移相网络。通常选取 $C_1 = C_2 = C_3$,$R_1 = R_2$。

一级 *RC* 电路移相为 $0° \sim 90°$,不能满足相位平衡条件;两级 *RC* 移相最大相移可达 $180°$,但在接近 $180°$ 时,超前移相 *RC* 网络频率很低,并且输出电压接近于零,也不能满足相位平衡条件。所以,实际应用中至少要用三级 *RC* 移相电路才能满足相位平衡条件。三级 *RC* 移相电路对不同频率的信号所产生的相移也不同,但其中总有一个频率的信号所产生的相移刚好为 $180°$,此时满足相位平衡条件而产生振荡,这个频率即为振荡频率 f_0。

根据图 2.4.2 的电路和相位平衡条件,可以求得振荡频率为

$$f_0 \approx \frac{1}{2\pi\sqrt{6}RC}$$

由此可知振荡频率主要取决于网络参数 *RC*。图 2.4.3 是 *RC* 移相振荡电路的相频特性图。

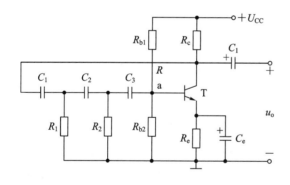
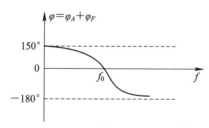

图 2.4.2　*RC* 移向振荡电路　　　　图 2.4.3　*RC* 移向振荡电路的相频特性

RC 移相电路具有结构简单、经济等优点;缺点是选频作用较差,频率调节不方便,一般用于振荡频率固定且稳定性要求不高的场合,其频率范围为几赫兹到几十千赫兹。

2. *RC* 桥式振荡电路

采用运算放大器的 *RC* 桥式振荡电路如图 2.4.4(a)所示,*RC* 串联电路与 *RC* 并联电路组成 *RC* 串并联选频网络。*RC* 串并联选频网络具有两个功能:形成正反馈和选频。R_f 为具有负温度系数的热敏电阻,R_1、R_f 与运算放大器构成负反馈,用以改善振荡波形和稳定振荡幅值。

在图 2.4.4(a)中，RC 串并联选频网络与 R_1、R_f 构成了文氏电桥电路，如图 2.4.4(b)所示，因此把这种电路称为 RC 桥式振荡电路。

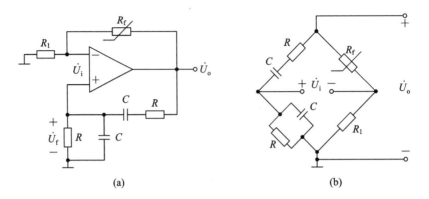

图 2.4.4　RC 桥式振荡电路

由于反馈信号 $\dot{U}_f$ 加在运算放大器的正输入端，作为振荡电路的输入信号 $\dot{U}_i$，即 $\dot{U}_i = \dot{U}_f$，因此输出信号 $\dot{U}_o$ 与 $\dot{U}_i$ 同相位，其闭环电压放大倍数为

$$\dot{A}_u = \frac{\dot{U}_o}{\dot{U}_i} = 1 + \frac{R_f}{R_1}$$

反馈系数为

$$\dot{F} = \frac{\dot{U}_f}{\dot{U}_o} = \frac{R \mathbin{/\mkern-5mu/} \dfrac{1}{j\omega C}}{R + \dfrac{1}{j\omega C} + R \mathbin{/\mkern-5mu/} \dfrac{1}{j\omega C}} = \frac{1}{3 + j\left(RC\omega - \dfrac{1}{RC\omega}\right)} = \frac{1}{3 + j\left(\dfrac{\omega}{\omega_0} - \dfrac{\omega_0}{\omega}\right)}$$

式中，$\omega_0 = 1/RC$。当 $\omega = \omega_0$ 时，$\dot{F} = 1/3$。由振幅平衡条件 $AF = 1$ 得 $A = 3$，即当电压放大倍数的模 $A > 3$ 或 $R_f > 2R_1$ 时，就满足起振幅值条件。

因为 RC 桥式振荡电路的 $\dot{U}_o$ 与 $\dot{U}_i$ 同相位，所以 $\varphi_A = 2n\pi(n = 0, 1, 2, \cdots)$；又因为当 $\omega = \omega_0$ 时，$\dot{F} = 1/3$，所以 $\varphi_F = 0$，这样就满足了相位条件。

电路的振荡频率为

$$f_0 = \frac{\omega_0}{2\pi} = \frac{1}{2\pi RC}$$

RC 正弦振荡电路的振荡频率与 R、C 的乘积成反比，如果要求频率较高，则 R、C 的值要小，这样制作起来比较困难，且对电路分布参数影响较大，因此 RC 振荡器主要用来产生低频振荡信号。而要产生更高频率的信号，可以采用 LC 正弦波振荡器。

3. RC 振荡电路实例

图 2.4.5 所示为 RC 桥式正弦波振荡电路。其中，RC 串、并联电路构成正反馈支路，同时兼作选频网络，R_1、R_2、R_P 及二极管等元件构成负反馈和稳幅环节。调节电位器 R_P 可以改变负反馈深度，以满足振荡的振幅条件并改善波形，然后利用两个反向并联二极管 VD_1、VD_2 的正向导通电压来实现限幅。VD_1、VD_2 采用硅管（温度稳定性好），且要求特性匹配，才能保证输出波形正、负半周对称。R_3 的接入是为了削弱二极管非线性的影响，以改善波形失真。

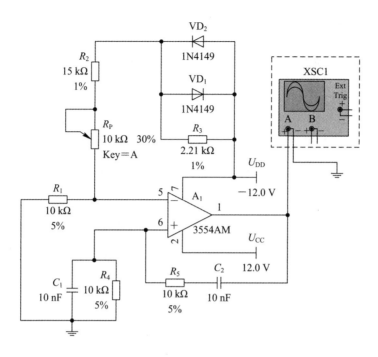

图 2.4.5　运算放大器组成的 *RC* 桥式正弦波振荡电路

电路的振荡频率 $f_0 = \dfrac{1}{2\pi RC}$，其中 $R = R_4 = R_5$，$C = C_1 = C_2$。

起振的幅值条件为 $\dfrac{R_f}{R_1} \geqslant 2$，其中 $R_f = R_P + R_2 + (R_3 /\!/ r_D)$，$r_D$ 为二极管正向导通电阻。

调整反馈电阻 R_f（调电位器 R_P）使电路起振，且波形失真最小。若不能起振，则说明负反馈太强，应适当加大 R_f；若波形失真严重，则应适当减小 R_f。改变选频网络的参数 C 或 R 即可调节振荡频率。一般采用改变电容 C 来作频率量程切换而调节 R 来作量程内的频率细调。

仿真运行后，可以看见 *RC* 桥式正弦波振荡器的输出波形，如图 2.4.6 所示。

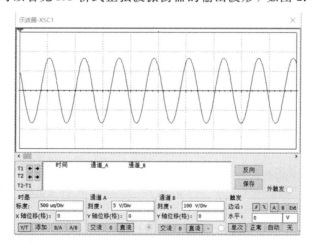

图 2.4.6　*RC* 桥式正弦波振荡电路波形图

2.4.3 *LC* 正弦波振荡电路

LC 正弦波振荡电路可分为变压器反馈式、电感三点式和电容三点式三种类型。

变压器反馈式振荡电路使用变压器作为反馈元件。变压器的一部分绕组作为振荡电路的一部分，另一部分绕组则用于提取反馈信号。通过调整变压器的匝数比和相位关系，可以实现正反馈，从而维持稳定的振荡。变压器反馈式振荡电路具有选频特性好、输出波形失真小等优点。然而，由于使用了变压器，这种电路的体积和重量相对较大，因此成本也较高。

在电感三点式振荡电路中，电感器不仅作为储能元件参与振荡，还起到反馈作用。这种电路通常包括三个接点：输入接点、输出接点和反馈接点。通过适当调整电感器的参数和接点之间的连接关系，可以实现正反馈。电感三点式振荡电路具有结构简单、调试方便等优点。然而，由于电感器具有频率响应特性，因此这种电路可能在某些频段内表现不佳。

电容三点式振荡电路与电感三点式类似，但使用电容器作为反馈元件。同样，这种电路包括三个接点：输入接点、输出接点和反馈接点。通过调整电容器的参数和接点连接，可以实现正反馈以维持振荡。电容三点式振荡电路在某些应用中具有优势，如在某些频段内可能具有更好的性能。但同样，其性能也受电容器本身特性的影响。

1. 变压器反馈式振荡电路

图 2.4.7 是一个变压器反馈式振荡电路，图中并联回路 L_1C 作为三极管 T 的集电极负载，是振荡电路的选频网络。变压器反馈式振荡电路由放大电路、变压器 T_r、反馈电路和 L_1C 选频网络四部分组成。图 2.4.7 所示的电路中，三个线圈作为变压器，线圈 L_1 与电容 C 组成选频电路，L_2 是反馈线圈，L_3 线圈与负载相联。

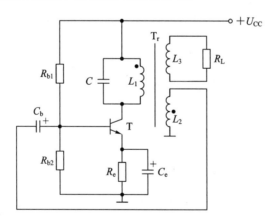

图 2.4.7 变压器反馈式振荡电路

由图 2.4.7 可以看出，集电极输出信号与基极相位差为 180°，通过变压器的适当连接使从 L_2 两端引回的交流电压又产生 180°的相移，所以满足相位条件。当产生并联谐振时，谐振频率为

$$f_0 = \frac{1}{2\pi\sqrt{L_1C}}$$

分析可得电路的起振振幅条件为

$$\beta > \frac{RCr_{be}}{M}$$

式中，β 和 r_{be} 分别为三极管的电流放大系数和输入电阻；M 为 L_1 和 L_2 两个绕组之间的等效互感；R 为二次侧绕组的参数折合到一次侧绕组后的等效电阻。

将振荡电路与电源接通时，在集电极选频电路中激起一个很小的电流变化信号，只有与谐振频率 f_0 相同的那部分电流变化信号能通过，其他分量都被阻止，通过的信号经正反馈放大，再通过选频电路，就可以产生振荡。当改变 LC 电路的参数 L 或 C 时，振荡频率也相应地改变。如果没有正反馈电路，反馈信号将很快衰减。

变压器反馈振荡电路的特点是，电路结构简单，容易起振，改变电容的大小可以方便地调节频率。其缺点是，由于变压器耦合的漏感等影响，这类振荡器工作频率不太高，输出正弦波形不理想。改进电路常应用电感反馈式振荡电路。

2. 电感三点式振荡电路

电感三点式和电容三点式振荡电路统称为 LC 三点式振荡电路。三点式振荡器是指 LC 回路的三个端点与晶体管的三个电极分别连接而组成的一种振荡器。三点式振荡器利用电容耦合或电感（自耦变压器）耦合代替互感耦合，可以克服互感耦合振荡器振荡频率低的缺点，是一种应用范围较广的振荡电路，其工作频率可达几百兆赫兹。

三点式振荡器的原理电路如图 2.4.8 所示。其中，X_{be}、X_{ce} 和 X_{bc} 均为电抗元件，构成了决定振荡频率的并联起振回路，同时也构成了正反馈所需的反馈网络。

下面分析在满足相位平衡条件时，LC 回路中三个电抗元件所具有的性质。假设 LC 回路由纯电抗元件组成，并令回路电流为 $\dot{I}$，则由图 2.4.8 可得：

$$\dot{U}_f = jIX_{be}, \dot{U}_c = -jIX_{ce}$$

为使 $\dot{U}_f$ 与 $\dot{U}_c$ 反相，必须要求 X_{be} 和 X_{ce} 为性质相同的电抗元件。另一方面，在不考虑晶体管电抗效应的情况下，振荡频率近似等于回路的谐振频率。那么，在回路处于谐振状态时，回路呈纯阻性，则有

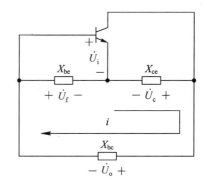

图 2.4.8 三点式振荡器的原理电路

$$X_{be} + X_{ce} + X_{bc} = 0$$

由上式可见，X_{bc} 必须与 $X_{be}(X_{ce})$ 为性质相反的电抗元件。

与发射极相连的两个电抗元件同为电容的三点式振荡器，称为电容三点式振荡器；而与发射极相连的两个电抗元件同为电感的三点式振荡器，则称为电感三点式振荡器。

电感三点式振荡电路如图 2.4.9(a)所示，交流等效电路如图 2.4.9(b)所示。从图 2.4.9(b)可以看出，X_{be} 和 X_{ce} 均为电感，X_{bc} 为电容，因此它符合 LC 三点式振荡电路构成的一般原则。反馈电压取自电感 L_1 的两端，并通过 C_e 的耦合加到三极管的 e、b 间，所以改变线圈抽头的位置，即改变 L_1 的大小，就可调节反馈电压的大小，当满足 $|AF| > 1$ 时，电路便可起振。

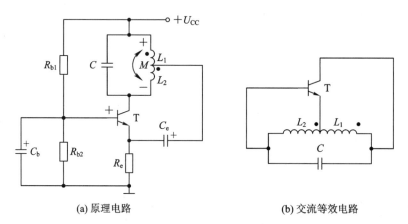

(a) 原理电路　　　　　　　　(b) 交流等效电路

图 2.4.9　三点式振荡器原理电路

L_1、L_2 和 C 组成振荡回路起到了选频和反馈作用，实际就是一个具有抽头的电感线圈，类似自耦变压器。电感线圈 L_1、L_2 和三个抽头分别与三极管的三个极连接，故称为电感三点式振荡电路。

相位条件的判断方法是采用瞬时极性法，如图 2.4.9 所示。电感 L_1 两端的反馈电压为 $\dot{U}_f$，正极在同名端，由交流等效电路可知，$\dot{U}_f$ 的正极连到三极管基极，$\dot{U}_f$ 与 $\dot{U}_i$ 同相，为正反馈，电路满足相位条件。通常反馈线圈 L_2 的匝数为线圈总匝数(L_1+L_2)的 $1/8\sim1/4$。

在分析振荡频率和起振条件时，可以认为 LC 回路的 Q 值很高，且电路产生并联谐振。根据谐振条件可知，电路的振荡频率为

$$f_0 = \frac{1}{2\pi\sqrt{(L_1+L_2+2M)C}} = \frac{1}{2\pi\sqrt{LC}}$$

式中，$L=L_1+L_2+2M$。其中，M 为线圈 L_1 与 L_2 之间的互感，$M=K\sqrt{L_1L_2}$；K 为耦合系数，当 K 等于 1 时，$M=\sqrt{L_1L_2}$。

电感三点式振荡电路的特点是，振荡电路的 L_1 和 L_2 是自耦变压器，耦合很紧，容易起振，改变抽头位置可获得较好的正弦波振荡，且输出幅度较大；频率的调节采用可变电容，调节方便。不足之处是，由于反馈电压取自 L_2，对高次谐波分量的阻抗大，输出波形中含较多的高次谐波，因此波形较差；另外，振荡频率的稳定性较差。一般电感反馈式振荡电路多用于收音机的本机振荡以及高频加热器等。

由运算放大器代替晶体管，可以组成运放振荡器。图 2.4.10 所示为电感三点式运放振荡器，其振荡频率也为

$$f_0 = \frac{1}{2\pi\sqrt{(L_1+L_2+2M)C}}$$

运放三点式电路的组成原理与晶体管三点式电路组成原理相似，即同相输入端与反相输入端、输出端之间是同性质电抗元件，反相输入端与输出端之间是异性质电抗元件。

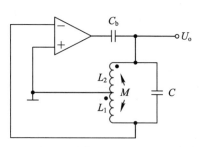

图 2.4.10　三点式振荡器的原理电路

3. 电容三点式振荡电路

电容三点式振荡电路与电感三点式振荡电路比较，只是把 LC 回路中的电感和电容的位置互换，如图 2.4.11(a) 所示，交流等效电路如图 2.4.11(b) 所示。从图 2.4.11(b) 可以看出，回路电容也有 3 个连接点，分别接到三极管的 3 个极，因此称为电容三点式振荡电路。从图 2.4.11(b) 还可以看出，X_{be} 和 X_{ce} 均为电容，X_{bc} 为电感，因此它符合 LC 三点式振荡电路构成的一般原则。

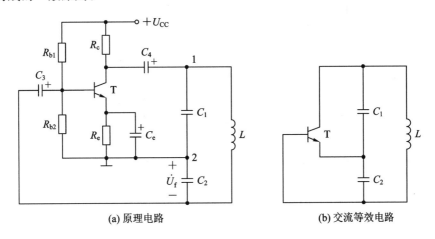

(a) 原理电路　　　　　　　　　　　(b) 交流等效电路

图 2.4.11　三点式振荡器原理电路

与电感三点式振荡电路的分析方法相同，同样用瞬时极性法。当 LC 回路谐振时，回路呈纯电阻性，U_o 与 $\dot{U}_i$ 反相；反馈信号取自 C_2，$\dot{U}_i$ 与 $\dot{U}_f$ 同相，电路为正反馈，满足相位条件。

电容三点式振荡电路的谐振频率为

$$f_0 = \frac{1}{2\pi \sqrt{L \dfrac{C_1 C_2}{C_1 + C_2}}} = \frac{1}{2\pi \sqrt{LC}}$$

式中，

$$C = \frac{C_1 C_2}{C_1 + C_2}$$

电容三点式振荡电路的特点是，由于反馈电压取自电容 C，对高次谐波分量的阻抗较小，因此振荡波形较好；与电感三点式振荡电路比较，电容三点式振荡电路受三极管极间电容的影响比较小，即频率稳定性较高。

LC 正弦波振荡电路中的电容三点式是一种常见的电路类型，然而它存在两个显著的不足。首先，其频率调节相对不便，且调节范围较为有限，因此它主要适用于高频振荡器的应用。其次，在高频振荡电路中，电容三点式振荡器的振荡频率不仅取决于谐振回路的 LC 元件值，还受到晶体管极间电容的影响。当工作环境发生变化或需要更换晶体管时，振荡频率及其稳定性都可能受到影响。

为了克服晶体管极间电容对频率稳定性的影响，可以考虑增加回路电容 C_1 和 C_2 的电容量。然而，这样做会导致需要大幅度减小电感 L 的值，以维持振荡频率不变。但减小电感 L 的

值会导致回路 Q 值下降，振荡幅度减弱，甚至可能使振荡器停振。因此，这种方法并不实际。

为了改进电容三点式振荡电路，提高其调节范围和频率稳定性，可以采用多种改进电路，其中克拉泼振荡电路是一种常用的设计，其电路如图 2.4.12 所示。这种电路在基本电容三点式振荡电路的 L 支路中串联了一个容量较小的可调电容，用于调节振荡频率。通过这种方式，不仅可以方便地调节频率，而且能够进一步提高频率的稳定性。

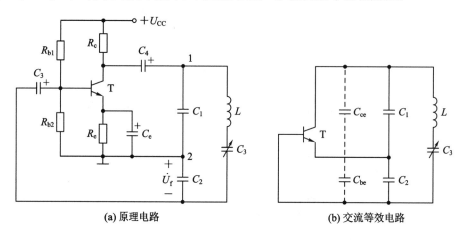

图 2.4.12　克拉泼振荡电路

图 2.4.12(a)为克拉泼振荡器的原理电路，图 2.4.12(b)为其交流等效电路。它的特点是在前述的电容三点式振荡电路的谐振回路电感支路中增加了一个电容 C_3，其取值比较小，要求 $C_3 \ll C_2$，$C_3 \ll C_1$。

在图 2.4.12(b)所示的电路中，先不考虑晶体管极间电容 C_{ce} 和 C_{be} 的影响，这时谐振回路的总电容量 C 为 C_1、C_2 和 C_3 的串联，即

$$C = \frac{1}{\dfrac{1}{C_1} + \dfrac{1}{C_2} + \dfrac{1}{C_3}} \approx C_3$$

于是，振荡频率为

$$f_0 = \frac{1}{2\pi \sqrt{LC}} \approx \frac{1}{2\pi \sqrt{LC_3}}$$

由此可见，C_1、C_2 对振荡频率的影响显著减小，那么与 C_1、C_2 并接的晶体管极间电容 C_{ce} 和 C_{be} 的影响也就更小了，从而提高了振荡频率的稳定度。不过，要使等式成立，条件 C_1、C_2 都要选得比较大。但 C_1、C_2 如果过大，则振荡幅度就会很低。

由运算放大器代替晶体管可以组成运放振荡器，图 2.4.13 是电容电感三点式运放振荡器。

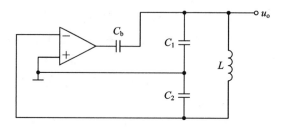

图 2.4.13　电容电感三点式运放振荡器

4. 电容反馈三点式振荡电路实例

　　如图 2.4.14 所示的电容反馈三点式振荡电路，在设计时要注意电路中的参数设置，特别是电位器 R_{P1} 和 R_{P2} 要调节合适，否则电路将不起振。

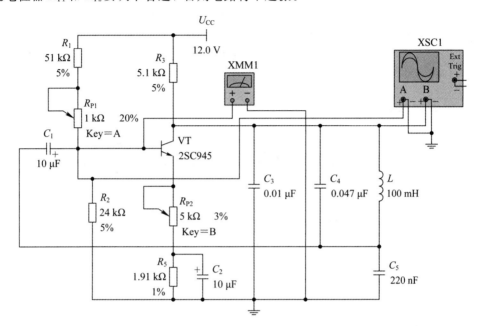

图 2.4.14　电容反馈三点式振荡电路

由上节内容可知，电路振荡频率为

$$f = \frac{1}{2\pi\sqrt{L\dfrac{C_4 C_5}{C_4 + C_5}}}$$

输出波形如图 2.4.15 所示，与理论一致。

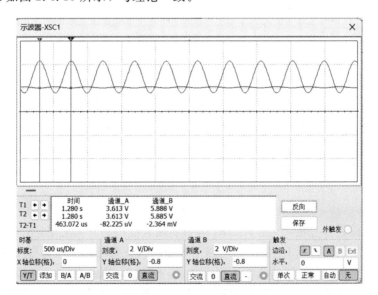

图 2.4.15　电容反馈三点式振荡电路的输出波形图

2.5 模拟信号的变换与处理

系统对信号的处理，从数学上来说就是对信号实施一系列的运算。一个复杂的运算总可看成一些最基本运算的组合，如加、减、乘、除、时移、微分、积分、卷积等。本节以小信号放大电路和方波—三角波发生器等为例，来说明模拟电路系统中的信号变换与处理方法。

2.5.1 小信号放大电路

设计一个小信号集成运放电路，采用 10 mV/1 kHz 的交流电源来模拟小信号源。要求放大电路的电压增益 $A_o=120$，并在频率 20 Hz$\leqslant f\leqslant$100 kHz 中实现有效传输。

1. 电路设计与原理分析

电路采用集成运放实现，选用通用型集成运算放大器 741。因为输出电压是输入电压的 120 倍，故采用两级放大电路，且每级放大倍数为 11。为了降低输出电阻值，输出级采用电压负反馈放大电路模式。根据以上设计要求构建的电路如图 2.5.1 所示。

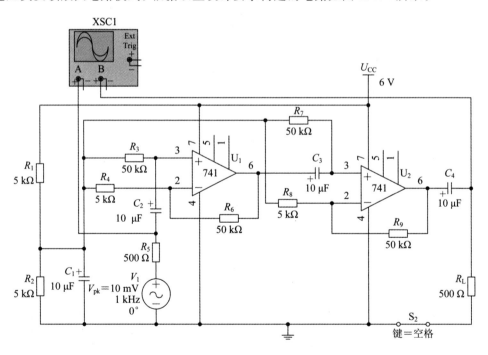

图 2.5.1 基于双运放的小信号放大电路

下面对该电路进行分析：其中 R_1、R_2 为直流输入电源的分流电阻，$R_1=R_2=5$ kΩ，经过分压后直流偏置的电压为 $U_{CC}/2$；由电路图可知两级放大电路采用的均为同相放大电路，深度负反馈，由同相放大电路的基本原理可知 $A_{o1}\approx 1+R_6/R_4$、$A_{o2}\approx 1+R_9/R_8$，要求放大倍数为 120 倍，可得每级放大倍数为 11 倍，所以取 $R_4=R_8=5$ kΩ、$R_6=R_9=50$ kΩ。C_2、

C_3、C_4 为耦合电容，由基本有源滤波电路可知，$R_3 C_2$、$R_7 C_3$、$R_L C_4$ 的大小决定了电路的下限频率和截止频率。由 $f \geqslant (3 \sim 10)/(2\pi R_L C_4)$ 可知，$C_1 = C_2 = C_3 = C_4 = 10\ \mu\text{F}$。此外，为了使交流输入信号不被 C_1 短路，还接入了隔离电阻 R_3、R_7。

2. 电路仿真分析

1）电压增益

对上述电路图进行仿真，得到输出与输入信号波形如图 2.5.2 所示。

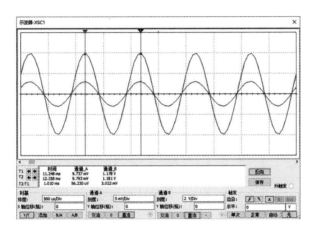

图 2.5.2　基于双运放的小信号放大电路的输入、输出信号波形

由示波器上的数据可得电压增益 $A_o = V_o/V_i = 1.181\ \text{V}/9.793\ \text{mV} = 120.6$，因此 A_o 与理论设计数据一致，符合设计要求。

2）截止频率

在图 2.5.1 电路基础上，对其在 Multisim 中进行交流扫描。在分析参数中设置起始频率为 1 Hz、停止频率为 1 MHz，扫描类型为十倍频程、每十倍频程点数为 10、纵坐标刻度为 dB。得如图 2.5.3 所示的交流分析。

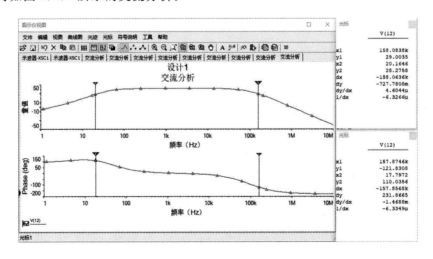

图 2.5.3　基于双运放的小信号放大电路的交流分析

2.5.2 方波—三角波发生器

方波信号发生器是其他非正弦波信号发生器的基础。例如，将方波信号加在积分运算器的输入端，即可获得三角波信号输出。若改变积分运算器正向积分和反向积分时间常数，使某一方向的积分常数趋于零，则可获得锯齿波信号。

本例通过方波—三角波发生器的仿真设计，来讨论非正弦信号发生器的一般分析、设计与调试的技术和方法。设计一个输出频率 f_o 可调的方波—三角波信号发生器，要求 $50\ \text{Hz} \leqslant f_o \leqslant 500\ \text{Hz}$。依据设计要求，设计如图 2.5.4 所示的方波—三角波信号发生器电路。

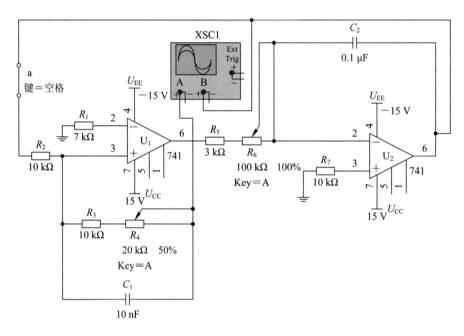

图 2.5.4 方波—三角波信号发生器电路

1. 工作原理

如图 2.5.4 所示，示波器 A 通道测量的为方波信号 V_{o1}，B 通道测量的为三角波信号 V_o。若将图中 a 点断开则可看到，信号由 R_1 输入、由运放 U_1(741)第 6 脚输出(V_{o1})，运放 U_1 与 R_1、R_2、R_3、R_4 及 C_1 构成了一个输出方波信号的同向输入滞回电压比较器。其中，R_1 为平衡电阻[$R_1 = R_2 // (R_3 + R_4)$]；C_1 为加速电容，经可加速比较器的翻转、改善输出方波信号的波形，常取 $0.01\ \mu\text{F}$；R_4 为阈值电压调整电位器；U_1 输出信号的高、低电平约为 $\pm U_{CC}$($|+U_{CC}| = |-U_{EE}|$)。由滞回电压比较电路的工作原理，得 U_1 的阈值电压

$$\pm V_T = \pm \frac{U_{CC} R_2}{R_3 + R_4}$$

门限宽度或回差电压

$$\Delta V_T = \frac{2 U_{CC} R_2}{R_3 + R_4}$$

开关 a 断开后，运放 U_2 与 R_5、R_6、R_7 及 C_2 构成了一个反向积分器，其输入信号幅值约为 U_{CC} 的方波信号 V_{o1}，积分输出信号

$$V_o = \frac{1}{(R_5 + R_6)C_2}\int V_{o1}\,\mathrm{d}t = \mp \frac{U_{CC}}{(R_5 + R_6)C_2}t$$

开关 a 闭合后，滞回电压比较器 U_1 与反向积分器 U_2 首尾相连，形成闭环，产生自激振荡，V_{o1} 和 V_o 分别为输出的方波信号和三角波信号，其中，三角波的幅值

$$V_{om} = \pm V_T = \frac{\pm U_{CC}R_2}{R_3 + R_4}$$

方波—三角波信号的频率

$$f_o = \frac{R_3 + R_4}{4R_2C_2(R_5 + R_6)}$$

工程上一般通过调整 R_6 的大小来改变输出方波—三角波信号的频率，通过调整 R_2、R_3、R_4 的大小来改变三角波信号的幅值。

2. 电路参数的分析、计算

根据设计要求，输出频率 f_o 可调，且 $50\ \mathrm{Hz} \leqslant f_o \leqslant 500\ \mathrm{Hz}$，取 $C_2 = 0.1\ \mu\mathrm{F}$，$(R_3 + R_4) = 20\ \mathrm{k\Omega}$，$R_2 = 10\ \mathrm{k\Omega}$，$|+U_{CC}| = |-U_{EE}| = 15\ \mathrm{V}$，则有

三角波幅值

$$V_{om} = \pm \frac{U_{CC}R_2}{R_3 + R_4} = \pm \frac{15 \times 10}{20} = \pm 7.5\ \mathrm{V}$$

方波的幅值

$$V_{o1m} \approx \pm U_{CC} \approx \pm 15\ \mathrm{V}$$

$$(R_5 + R_6)_{max} = \frac{R_3 + R_4}{4R_2C_2 f_{omin}} = \frac{20 \times 10^3}{4 \times 10 \times 10^3 \times 0.1 \times 10^{-6} \times 50} = 100\ \mathrm{k\Omega}$$

$$(R_5 + R_6)_{min} = \frac{R_3 + R_4}{4R_2C_2 f_{omax}} = \frac{20 \times 10^3}{4 \times 10 \times 10^3 \times 0.1 \times 10^{-6} \times 500} = 10\ \mathrm{k\Omega}$$

为高于设计要求指标，上限频率更高、下限频率更低，取 E24 系列（$\pm 5\%$）标称值，$R_5 = 3\ \mathrm{k\Omega}$，$R_6 = 100\ \mathrm{k\Omega}$，则有

$$\begin{aligned} f_{omin} &= \frac{R_3 + R_4}{4R_2C_2(R_5 + R_6)_{max}} \\ &= \frac{20 \times 10^3}{4 \times 10 \times 10^3 \times 0.1 \times 10^{-6} \times 3 \times 10^3} \\ &\approx 48.5\ \mathrm{Hz} \end{aligned}$$

$$\begin{aligned} f_{omax} &= \frac{R_3 + R_4}{4R_2C_2(R_5 + R_6)_{min}} \\ &= \frac{20 \times 10^3}{4 \times 10 \times 10^3 \times 0.1 \times 10^{-6} \times 3 \times 10^3} \\ &\approx 1.67\ \mathrm{kHz} \end{aligned}$$

3. 仿真分析

对图 2.5.4 的电路运行仿真，用示波器检测 V_{o1} 和 V_o 输出的方波信号和三角波信号，

如图 2.5.5 所示，并将检测数据及得出的相关参量填入表 2.5.1 中。

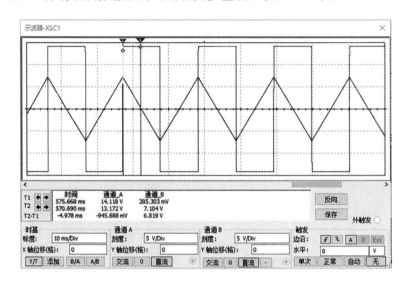

图 2.5.5　方波—三角波信号发生器电路的输入、输出波形

4. 分析、讨论

检测数据基本满足设计技术指标要求，下面对电路的优化设计进行分析说明。

（1）为了获得质量较好、频率较高的振荡波形，应尽量选择转换速率大的运算放大器。

（2）图 2.5.4 所示的电路选用的运放 741，其转换速率 $S_R = 0.5\ \text{V}/\mu\text{s}$，数值偏小，故振荡频率不高，高频时输出波形质量较差，且仿真检测输出信号最高频率数值与理论计算数值偏差较大。换言之，转换速率较小的通用型运算放大器仅适用于振荡频率较低的振荡器电路。

（3）从表 2.5.1 检测的数据可以看出，在振荡频率合适的范围内，调整 R_6 的大小改变输出方波—三角波信号频率的时候，一般不会影响输出波形的幅值；但调整 R_4 的大小改变三角波信号幅值大小的时候，会改变输出信号的频率。

（4）由于运放 U_2 反向积分器引入了深度电压负反馈，因此可以预计在负载电阻变化相当大的范围内三角波输出电压几乎不变。

表 2.5.1　输出的方波信号和三角波信号的仿真数据

振荡频率调整电阻 $(R_5 + R_6)/\text{k}\Omega$	阈值电压调整电阻 $(R_3 + R_4)/\text{k}\Omega$	振荡频率 f_0/Hz	三角波幅值 V_{om}/V	方波幅值 V_{olm}/V	波形质量
3		922	10.3	14.1	边沿较差
43	20	100	7.3	14.1	一般
103		47.9	6.9	14.6	较好
3		774.6	12.4	14.1	边沿较差
43	15	83.6	9.4	14.1	较好
103		35.7	9.3	14.1	较好

2.5.3　小型功率放大器设计

在电子工程中，集成功率运放是一种广泛应用的电路元件，它能够将微弱的输入信号放大为足够驱动负载的强大输出信号。其中，LM386 作为集成功率运放的典型代表，因其高效、稳定且易于使用的特点，在音频放大、信号处理等领域发挥着重要作用。

本节将以 LM386 为例，说明集成功率运放的工作原理、应用方法以及在实际电路设计中的注意事项。LM386 内部电路原理图如图 2.5.6 所示，与通用型集成运放相类似，它是一个三级放大电路。

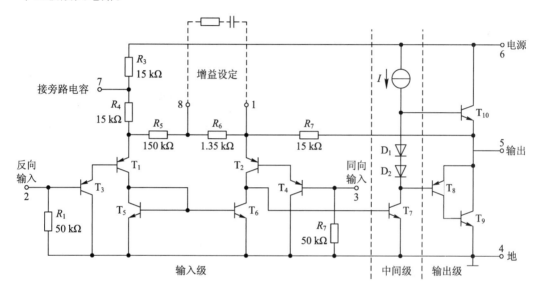

图 2.5.6　LM386 集成功率运放原理

第一级为差分放大电路，T_1 和 T_2、T_3 和 T_4 分别构成复合管，作为差分放大电路的放大管；T_5 和 T_6 组成的镜像电流源作为 T_1 和 T_2 的有源负载；信号从 T_3 和 T_4 管的基极输入，从 T_2 管的集电极输出，为双端输入单端输出差分电路。镜像电流源作为差分放大电路有源负载，使单端输出电路的增益近似等于双端输出电路的增益。第二级为共射放大电路，T_7 为放大管，恒流源为有源负载，以增大放大倍数。第三级中的 T_8 和 T_9 管复合成 PNP 型管，与 NPN 型管 T_{10} 构成准互补输出级。二极管 D_1 和 D_2 为输出级提供合适的偏置电压，可以消除交越失真。

利用瞬时极性法可以判断出，引脚 2 为反相输入端，引脚 3 为同相输入端。电路由单电源供电，固为 OTL 电路。输出端(引脚 5)应外接输出电容后再接负载。

电阻 R_7 从输出端连接到 T_2 的发射极，形成反馈通路，并与 R_5 和 R_6 构成反馈网络，从而引入了深度电压负反馈，使整个电路具有稳定的电压增益。

在引脚 1 和 8(或者 1 和 5)外接电阻时，应只改变交流通路，所以必须在外接电阻回路中串联一个大容量电容，如图 2.5.6 所示。外接不同容值的电容时，电压放大倍数的调节范围为 20～ 200，即电压增益的调节范围为 26～46 dB。

LM386 双列直插排列如图 2.5.7 所示。引脚 2 为反相输入端，引脚 3 为同相输入端，引脚 5 为输出端，引脚 6 和 4 分别为电源和地，引脚 1 和 8 为电压增益设定端；使用时在引脚 7 和地之间接旁路电容,通常取 $10\ \mu\mathrm{F}$。

图 2.5.8 所示为 LM386 的一种基本用法,也是外接元件最少的一种用法,C_1 为输出电容。由于引脚 1 和 8 开路,集成功放的电压增益为 26 dB,即电压放大倍数为 20。利用 R_ω 可调节扬声器的音量,R 和 C_2 串联构成校正网络用来进行相位补偿。

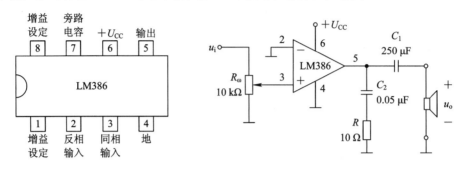

图 2.5.7　LM386 引脚图　　　　图 2.5.8　LM386 外接元件最少的用法

静态时输出电容上的电压为 $U_{\mathrm{CC}}/2$,LM386 的最大不失真输出电压的峰峰值约为电源电压 U_{CC}。设负载电阻为 R_{L},则最大输出功率表达式为

$$P_{\mathrm{om}} \approx \frac{\left(\dfrac{U_{\mathrm{CC}}}{2\sqrt{2}}\right)^2}{R_{\mathrm{L}}} = \frac{U_{\mathrm{CC}}{}^2}{8R_{\mathrm{L}}}$$

此时的输入电压有效值的表达式为

$$U_{\mathrm{im}} = \frac{\dfrac{U_{\mathrm{CC}}}{2\sqrt{2}}}{A_{\mathrm{u}}}$$

当 $U_{\mathrm{CC}} = 16$ V、$R_{\mathrm{L}} = 32\ \Omega$ 时,$P_{\mathrm{om}} \approx 1$ W,$U_{\mathrm{im}} \approx 283$ mV。

图 2.5.9 所示为 LM386 电压增益最大时的用法,C_3 使引脚 1 和 8 在交流通路中短路,使 $A_{\mathrm{u}} \approx 200$;$C_4$ 为旁路电容;C_5 为去耦电容,滤掉电源的高频交流成分。当 $U_{\mathrm{CC}} = 16$ V、$R_{\mathrm{L}} = 32\ \Omega$ 时,与图 2.5.8 所示电路相同,P_{om} 仍约为 1 W;但输入电压的有效值 U_{im} 却仅需 28.3 mV。

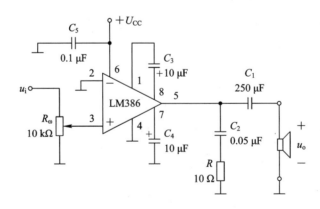

图 2.5.9　LM386 电压增益最大时的用法

图 2.5.10 所示为 LM386 的一般用法,可利用 R_2 调节 LM386 的电压增益。

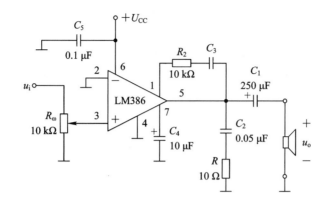

图 2.5.10 LM386 的一般用法

思 考 题

2-1 简述模拟电子系统的设计流程。

2-2 以运放构成的放大电路有哪些基本形式？

2-3 LC 滤波器与 RC 滤波器的主要区别是什么？如何选择 LC 滤波器中的电感？

2-4 简述常见的有源滤波器种类及拓扑结构。

2-5 某运放的单位增益带宽（GBW）为 12 MHz，SR 为 24 V/μs，用该运放设计反相放大器，将峰峰值为 2 V、频率为 1 MHz 的正弦信号放大 5 倍，是否可行？并说明理由。

2-6 设计一个 $f_0 = 1$ kHz、$Q = 10$ 和 $A_0 = 1$ 的二阶 MFB 带通滤波器。

2-7 四阶滤波器通常是由二阶滤波器级联而成，其结构如题图 2-1 所示。试设计一个四阶低通滤波器，使 $f_c = 3.4$ kHz，通带增益 $A_0 = 1$。

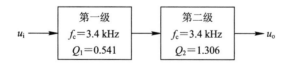

题图 2-1

2-8 电路如题图 2-2 所示，已知 $U_{CC} = 5$ V，$U_{ref} = 5$ V。要求电路 $u_i = 0.01$ V 时，$u_o = 1$ V；$u_i = 1$ V 时，$u_o = 4.5$ V。试确定 $R_1 \sim R_4$ 的阻值。

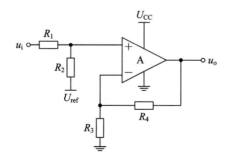

题图 2-2

2-9　设计一个运算电路，其中 x 和 y 分别为电路的输入电压和输出电压，单位都是 V。输入电压 x 为 0.6 V 时，输出电压 y 为 0 V，输入电压 x 每下降 2 mV，输出电压 y 会上升 10 mV。输入电压 x 由题图 2-3 左边虚线框中的电路提供。

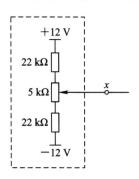

题图 2-3

2-10　设计 RC 正弦波振荡电路，要求频率 $f=10$ kHz，幅值 $U=10$ V，并进行仿真分析。

2-11　运放反相输入信号为幅值 3 V、频率 1 kHz、占空比为 50% 的矩形波，利用积分运算电路来设计实现矩形波—三角波转换功能，并进行仿真分析。

2-12　设计一个电流电源转换电路，要求将 4~20 mA 的电流信号转换成 ±10 V 的电压信号，并进行仿真分析。

第3章　数字电子系统设计

3.1　数字系统的设计方法

3.1.1　数字系统设计概述

随着人工智能和机器学习技术的发展，智能制造系统越来越注重智能化决策和优化。而数字电路具有强大的逻辑运算和控制能力，能够实现对智能制造系统中各种设备和过程的精确控制。通过设计复杂的逻辑电路，可以实现复杂的控制逻辑，满足智能制造系统对高精度、高可靠性的要求。

数字技术的理论基础是逻辑代数，数字电路的基本单元是实现基本逻辑运算的门电路，由基本门电路可以组成复合门电路，以及基本的记忆元件——触发器，进而构成更为复杂的组合电路模块和时序电路模块，如数据选择器、译码器、计数器、移位寄存器等。但数据选择器等电路都只能实现某种单一的特定功能，它们称为功能部件级电路。由若干这样的数字电路和逻辑部件构成的，按一定顺序传输和处理数字信号的设备，称为数字系统。电子计算机、数字照相机、数字电视等就是常见的数字系统。

当数字系统比较复杂，内部状态数目很大时，若采用经典的状态图、状态表等方法进行设计，则设计过程过于复杂，不利于完成设计任务。通常，采用层次化设计方法时必须首先对其功能进行分解，即先将一个规模很大的数字系统划分为几个子系统，再将每个子系统分解为几个模块，每个模块再分解为几个功能块，然后再采用适当的方式描述出各子功能的工作次序及相互之间的关系。因此，数字系统设计需要解决三个问题：一是如何对功能进行分解，并将子功能的工作次序及相互之间的关系描述出来；二是如何实现各项子功能；三是如何实现对各子功能块的控制。

数字系统设计的第一项工作就是建立系统的描述模型，一般可采用算法流程图，或称为算法设计；第二项工作是设计实现各种子运算的单元电路，这些单元电路合称为数据处理单元；第三项工作是设计能控制数据处理单元的控制电路，控制电路又称为控制单元或控制器。

数字系统的结构可以用图3.1.1来描述。控制单元根据外部控制信号和反映数据处理单元工作及运算状态的反馈信号，向数据处理单元发出内部控制信号，并产生一些反映系统工作情况的输出信号。数据处理单元根据控制单元发来的控制信号，对输入数据进行所需的处理，产生表示运算结果的输出数据和表示工作及运算状态的反馈信号。

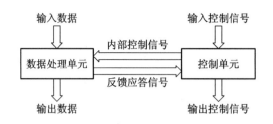

图 3.1.1 数字系统的一般结构

由于输入数据通过数据处理单元实现所需的处理，因此数据处理单元又被称为数据通路(Data Path)。控制单元由若干状态构成，在每一个状态下，根据算法规定的运算(操作)和数据处理单元的控制输出。因此，控制单元实际上就是一个同步时序电路，又称为有限状态机(Finite State Machine，FSM)。

数字系统的设计方法可分为两大类，即自下而上的设计方法和自上而下的设计方法，现分别介绍如下。

1. 自下而上的设计方法

数字系统自下而上的设计是一种试探法。设计人员根据经验将规模大、功能复杂的数字系统按逻辑功能划分成若干子模块，一直分到这些子模块可以用经典的方法和标准的逻辑功能部件进行设计，最后将整个系统组装、调试，来达到设计要求。自下而上的设计方法通常按照下列步骤进行。

(1) 分析设计要求，确定系统总体方案。

设计任务常用文字描述整个数字系统的逻辑要求，当系统较大或逻辑关系较复杂时，理解文字描述的含义到抽象出逻辑表述通常较为困难。因此，必须仔细全面分析系统的任务，以防出现疏漏和偏差。

(2) 划分逻辑单元，确定系统的初始结构，建立总体逻辑图。

逻辑单元的划分可以采用由粗到细的方法，先将系统分为处理单元和控制单元，明确处理任务或控制功能，如果某一部分的规模仍比较大，则需进一步划分。划分后的各部分应逻辑功能清楚明了，规模大小合适。

(3) 选择逻辑功能部件，构成逻辑电路。

此步需要将划分的逻辑单元进一步分解成若干相对独立的模块，以便选用通用集成电路芯片实现。

(4) 将各个功能部件组装成数字系统。

组装数字系统需要连接各个模块，绘制总体电路图。此时要考虑各模块之间的配合问题，如时序协调、负载匹配电路启动等。

(5) 设计 PCB，进行物理实现。

物理实现是指用实际的器件实现数字系统，并对实际电路进行测试，确定是否满足设计要求。

自下而上的设计方法没有明显的规律可循，主要依靠设计人员的实践经验和设计技巧，用逐步试探的方法最后设计出一个完整的数字系统。系统的各项性能指标只有在系统构成后才能分析测试，如果系统设计存在比较大的问题，也有可能要重新设计，因此使得设计周期长、资源浪费大。

尽管自下而上的硬件设计方法在实际运用的一定范围内解决了不少问题，而且目前个别设计还在使用这种方法。但随着计算机技术及电子技术的发展，这种设计方法被日益淘汰，取而代之的是自上而下的设计方法。

2. 自上而下的设计方法

自上而下的设计方法是针对数字系统层次化结构的特点，将系统的设计分层次、分模块进行。通常将整个系统从逻辑上划分成控制器和处理器两大部分，如果控制器和处理器仍比较复杂，可以在控制器和处理器内部多重地进行逻辑划分，分解成几个子模块进行逻辑设计，给出实现系统的硬件和软件描述，最后得到所要求的数字系统。自上而下的设计方法一般要遵循下列几个步骤。

(1) 明确所要设计系统的功能，进行逻辑抽象。

设计题目通常是比较简单的文字叙述，缺乏细节说明，设计人员需要理解设计要求，逐步明确并抽象出系统要完成的逻辑功能。

(2) 确定实现系统功能的算法，画出系统方框图。

算法设计实质上是将系统要实现的复杂功能进行分解，分成若干子功能模块，并确定各功能模块的操作顺序和相互联系，画出系统的方框图。确定数字系统的算法是设计的关键步骤，也是最困难、最具有创造性的一步。但由于数字系统逻辑功能具有多样性，因此至今仍没有一种通用合理的方法可以导出算法。

(3) 设计数据处理单元。

设计数据处理单元是明确数据处理单元的基本运算和操作，它们可以是算术和逻辑运算，数据的存储、变换和传送等。通常选用通用集成电路芯片实现其功能，或用硬件描述其逻辑功能，并利用可编程逻辑器件实现。

(4) 设计控制单元。

设计控制单元为明确根据数据处理单元进行的操作及操作顺序，确定控制单元的逻辑功能。在绝大多数数字系统中，控制单元是同步时序电路，因此采用设计同步时序电路的方法来设计控制单元电路。

(5) 仿真验证。

仿真验证为将整个系统连在一起，通过 EDA 软件在计算机上进行仿真验证，当验证所设计的系统正确后，再进行实际电路的实现与测试。

数字系统自上而下的分层次设计方法，使得在不同阶段对电路或系统进行描述的方法不同。

随着集成电路技术的发展和计算机的应用，数字系统的实现方法也经历了由分立元件、小规模、中规模到大规模、超大规模，直至今天的专用集成电路(ASIC)。数字系统的实现大致有以下几种方法。

(1) 采用通用的集成逻辑器件组成。该方法是传统的方法，曾经得到广泛应用，目前在设计较为简单的电路时还有使用。

(2) 采用单片微处理器作为核心实现。该方法所用器件少，使用灵活，也得到了广泛应用，但工作速度相对后面两种方法要低些。

（3）采用可编程逻辑器件 PLD。该方法设计的系统具有体积小、功耗低、可靠性高、易于修改等特点，已成为当今实现数字系统设计的首选方案。

（4）设计功能完整的数字系统芯片。该方法是将一个完整的系统集成在一个芯片上，称为芯片系统（System on Chip，SoC）。

3.1.2　算法流程图与算法设计

1. 算法流程图

数字系统经过功能分解后的各子功能及其工作顺序与相互关系是通过算法流程图进行描述的。算法流程图由工作块、判别块、条件块及指向线组成。

（1）工作块。工作块用矩形框表示，如图 3.1.2 所示。框内一般标明一个或一组运算和操作，或者是需要产生的输出信号，工作块中的运算和操作需要占用一定的时间。图 3.1.2 中的工作块表示将 CNT（计数器状态）置零。

图 3.1.2　流程图的工作块

（2）判别块。判别块用菱形框表示，如图 3.1.3 所示。框内一般标明判别条件或判别信号。图 3.1.3 中根据 CNT 是否为 7 确定下一步的操作。若 CNT＝7，则将 CNT 清零；否则，使 CNT 增大 1。因此该图描述的是一个模 8 计数器的状态变化。

（3）条件块。条件块用带横杠的矩形框表示，如图 3.1.4 所示。条件块总是紧跟在判别块之后。条件块中尽管也标出了一个或一组操作，但这些操作不占用独立的时段，而是附属于判别块之后的工作块。图 3.14 中在执行工作块 A 操作的同时，若 CNT＝7，则立即执行条件块 B 中的操作。也就是说，条件块 B 中的操作要么不执行，要么只能与工作块 A 中的操作同时执行。

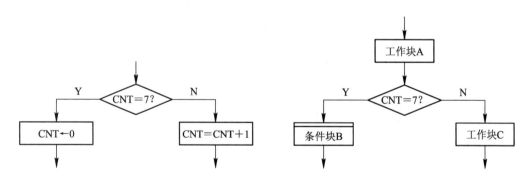

图 3.1.3　流程图的判别块　　　　　　图 3.1.4　流程图的条件块

（4）指向线。指向线的作用主要是表示各个运算与操作的执行次序。

描述数字系统工作过程的算法流程图与软件设计中描述程序运行步骤的流程图在形式上非常相似，但两者却有着质的区别。软件设计中的流程图是以一个特定的处理器为基础，描述一段指令（软件）作用到硬件处理器后所实现的运算。而数字系统（硬件）设计中的流程图恰恰是描述待设计硬件的可实现性。如图 3.1.2 所示，通过对计数器加清零的信号，可以很容易使计数器状态回零。

此外，算法流程图中的运算与操作可以用多种不同的硬件方案加以实现。例如，图 3.1.2 中将 CNT 置 0 的操作，既可以采用使计数器复位端有效的方法，也可以采用使计数器预置端有效且预置数据为 0 的方法来实现。即使是采用复位方法实现清零，也有同步复位和异步复位两种方式。因此，数字系统的设计具有多样性和灵活性，设计时应从多种方案中选择最优方案。

2. 算法设计

算法设计是在明确系统功能的基础上，将复杂的系统功能分解成一组子运算（操作），并确定它们的执行顺序与规律，然后用流程图的形式描述出来，为后续的电路设计提供依据。如果分解出的子运算还比较复杂，则可以继续分解，直至分解成一系列较为简单的子运算。由于待设计系统功能千变万化，因此尚无推导算法的通用方法与步骤，而且目前的 EDA 工具一般也无法根据功能自动推导系统的算法。

系统的算法描述通常具有两大特征：一是含有若干子运算，包括数据的存储、变换、计算等；二是各子运算间相互关联，必须按一定的顺序执行才能实现预定的系统功能。

下面通过一个典型的例子说明算法设计的过程以及算法流程图的使用方法。

【例 3.1】 试设计一个四位乘法器，被乘数为 $A = A_4 A_3 A_2 A_1$，乘数为 $B = B_4 B_3 B_2 B_1$。乘积为 $M = M_8 M_7 M_6 M_5 M_4 M_3 M_2 M_1$，共 8 位。为与系统外部的电路相配合，给该乘法器设置了两个外部控制信号，一个是输入 START，另一个是输出 DONE，如图 3.1.5(a)所示。当控制输入 START＝1 时，表示输入数据 A、B 有效，可以开始运算；运算结束时，控制输出 DONE＝1，表示运算结果有效。

二进制乘法运算规则如下：

$$M = A \times B = A \times B_1 + A \times B_2 \times 2^1 + A \times B_3 \times 2^2 + A \times B_4 \times 2^3$$

式中：一位二进制数 $B_i (i = 1 \sim 4)$ 与 A 相乘，若 $B_i = 0$，则结果为 0；若 $B_i = 1$，则结果就是 A。而二进制数乘以 2^i 可以通过左移 i 位来实现。例如：

```
          1 1 0 1
  ×       1 0 0 1
  ─────────────────
          1 1 0 1
        0 0 0 0
      0 0 0 0
  +   1 1 0 1
  ─────────────────
    1 1 1 0 1 0 1
```

因此，乘法器的运算可以分解成多次位移与相加运算，也就是说，通过若干次移位运算和加法运算的循环，就可以实现乘法器的功能。据此，可设计出图 3.1.5(b)所示的算法。

图 3.1.5(b)中，第一个工作块的操作只是令 DONE＝1，表示上一次运算操作只是令 DONE＝1，即表示上一次运算已结束，结束有效，又表示新一次运算尚未开始。当 START＝1 以后，开始运算：首先将 i（记录循环次数）和乘积 M 清零，并输入 A、B；然后每次循环时，处理乘数 B_i 的一位；将 i 加 1，根据 B_i 是否为 0 确定是否进行加法运算；若 $B_i = 1$，则 $A \times B_i$ 为 A，要将 A 累加到 M 中；若 $A \times B_i$ 为 0，则不必累加。每处理一位都要进行移位，该算法中并未将被乘数 A 左移，而是将乘积 M 右移，并使 A 与 M 的高 4 位相加，其效果相同。

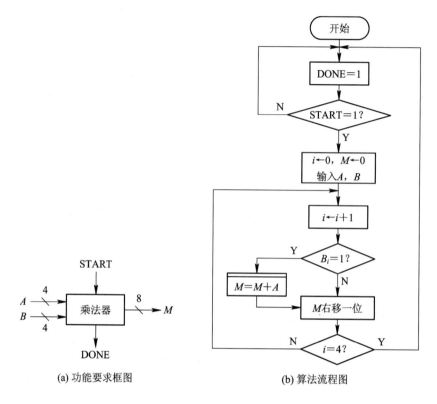

(a) 功能要求框图   (b) 算法流程图

图 3.1.5 乘法器的流程

图 3.1.5(b)所示的算法中，加法运算 $M \leftarrow M+A$ 是在条件块中执行的。这是因为每次循环时，是否执行这一操作是不确定的，如果将该运算放在工作块中，那么 B_i 为 0 或为 1 时，运算时间就不相同，也就是整个乘法器的运算时间不确定，与乘数 B 有关。而按图 3.1.5(b)的算法，当 B_i 为 1 时，$M \leftarrow M+A$ 的运算并不占用额外时间(与 $i \leftarrow i+1$ 运算同时进行)，因此整个乘法运算的时间就是确定的，与 B 无关。

实际上，实现系统功能的算法并不是唯一的，即同一系统可以有多个不同的算法。例如，可以将上述算法中的 M 右移改为 A 左移，还可以不判断 B_i 是否为 0，而将 A 同 B_i 相"与"，然后累加到 M 上。在进行算法设计时可以多考虑几种方案，然后从中筛选出较优的方案。

3.1.3 数据处理单元设计

通过算法设计已经将系统功能分解成了一系列的子运算。数据处理单元设计就是设计实现各子运算的电路及相互之间的连接关系。

由于数据处理单元中电路必须按照算法流程图所规定的方式进行工作，因此它们是受系统控制单元控制的受控电路。在数据处理单元设计出来以后，还必须整理出各运算电路所需的控制信号与控制时序。数据处理单元设计的方法就是根据算法流程图中所包含的子运算选择适当的器件(或模块)，其原则是：① 器件的功能与性能(如速度、功耗等)满足系统的要求；② 器件易于控制，控制时序简单。当算法确定后，数据处理单元并不是唯一的。通过比较，可以从多个实现方案中选择一个最佳方案。

【**例 3.2**】　试设计【例 3.1】中四位乘法器的数据处理单元。

按照图 3.1.5(b)的算法，该系统需要 3 个寄存器 R_A、R_B 和 R_M，分别用来保存被乘数 A、乘数 B 和乘积 M，循环次数 i 可由计数器的状态来表示。为提高运算速度，加法器需要一个 4 位并行式快速进位加法器。M 的右移操作只需在选择 R_M 时选用具有右移功能的移位寄存器即可。

算法中需要逐次判断乘数各位 $B_1 \sim B_4$ 的操作。从四位数中按序逐位输出的方法有两种：一是采用数据选择器；二是采用移位寄存器，将并行输入转换为串行输出。由于移位寄存器还具有数据存储功能，故本例中采用该方法。

四位乘法器的数据处理单元如图 3.1.6 所示，需要说明的是：

(1) 四位加法器和模 5 计数器分别选择 7483 和 74161。

(2) 尽管 R_A 只需普通的四位寄存器，但考虑到电路中器件的品种越少越好(便于制作与维护)，所以 R_A 与 R_B 一样采用了四位移位寄存器 74194。

(3) 由于在循环过程中乘数 B 的各位判别过以后就没有用了，可以丢掉。因此 R_B 具有双重作用，运算一开始保存 B，以后逐步保存 M 的低位，所以 R_B 是一个复用的寄存器，需要与 R_M 级联起来一起进行移位。

(4) 四位乘法器的运算结果为 8 位，考虑到 M 要移位，所以 R_M 至少需要 9 位。由于 R_B 以复用的方式作为乘积的低 4 位，因此 R_M 实际需要 5 位，所以选择了 8 位移位寄存器 74198，其工作模式与 74194 完全一样。

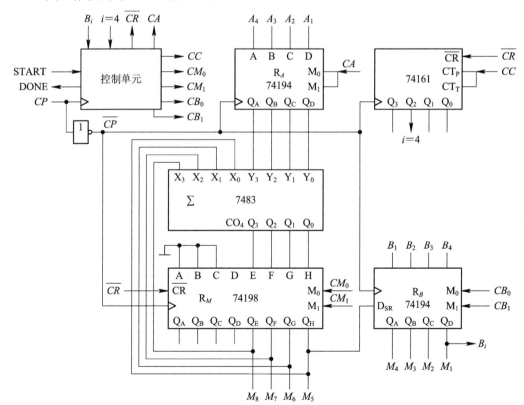

图 3.1.6　乘法器的数据处理单元

（5）数据处理单元的时钟信号可以由控制单元产生，也可以采用系统时钟。采用系统时钟有利于降低控制单元的复杂性，但由于控制单元也是在系统时钟的作用下工作，因此一定要注意两者之间的时序关系。考虑到控制单元产生的控制信号在触发时钟作用一段时间之后才能稳定，因此为保证数据处理单元在控制信号作用下能可靠工作，其时钟触发沿一般要与控制单元的时钟触发沿分开。为此，图 3.1.6 中加至数据处理单元的 CP 经过了一个非门，从而使数据处理单元响应 CP 的下降沿，而控制单元响应 CP 的上升沿。

图中，START 和 DONE 分别为外部控制输入与输出信号，A、B 为输入数据，M 为反馈信号。$\overline{CR}$、CA、CC、CB_1、CB_0、CM_1 和 CM_0 均为内部控制信号，而 B_i 和 $i = 4$ 为状态反馈信号。

从图 3.1.6 中可以看出，数据处理单元主要由寄存器组成（计数器内含一组触发器，也属于寄存器类），而待处理数据在寄存器之间传输，因此数据处理单元属于寄存器传输级电路（Register Transfer Level，RTL）。

为保证系统功能的实现，数据处理单元中的各寄存器和计数器要在控制单元控制下按照算法的要求进行工作。为便于控制单元的设计，将数据处理单元所需的控制信号及时序列于表 3.1.1 中。表中，控制信号一栏仅列出了各步骤下有效的信号。如步骤 1 时，仅 DONE 有效，其他信号均无效。$\overline{CR}$ 为负极性信号，有效时为 0，无效时为 1，同正极性信号正好相反。

表 3.1.1　数据处理单元所需的控制信号及时序

步骤	运算（操作）	控制信号
1	等待	DONE $=1$
2	$i \leftarrow 0$，$M \leftarrow 0$ 输入 A、B	$\overline{CR} = 0$ $CA = CB_1 = CB_0 = 1$
3	$i \leftarrow i+1$ $M \leftarrow M+A$	$CC = 1$ $CM_1 = CM_0 = 1$
4	M 右移	$CM_0 = CB_0 = 1$

3.1.4　ASM 图与控制单元设计

控制单元为实现系统功能服务主要承担控制数据处理单元的任务，输入/输出信号较多。设计控制单元的第一步是建立描述模型，其描述模型与一般时序电路所用的状态表有所不同。

在用算法流程图描述系统时，只规定了完成各个子运算（操作）的顺序，并未严格规定各操作所需的时间。而采用同步时序电路结构的控制单元要在系统时钟信号的作用下产生一系列的控制信号，使数据处理单元完成各种操作，因此必须对各操作间的时间关系进行严格的描述。在此采用一种描述时钟驱动的控制器工作流程的方法——算法状态机图（Algorithmic State Machine，ASM），ASM 图以算法为基础，所描述的控制器是一个状态机（同步时序电路）。

ASM 图与算法流程图之间存在对应关系，它描述了控制器应包含的状态、状态随输入信号转换的规律以及在各种状态下产生的输出。若系统功能比较简单，算法流程图中各工作块和条件块中的操作可以在一个系统时钟周期内完成，则 ASM 图与算法流程图之间可以一一对应起来。

1. ASM 图的符号

ASM 图主要由状态块、判别块、条件输出块和指向线组成。

（1）状态块。状态块用矩形框表示，如图 3.1.7 所示。一个状态块对应控制器的一个状态。状态块内应标出该状态下产生的具体的输出信号，也可以标出该状态所要进行的操作。状态块顶部可以标注状态名称和状态编码。图 3.1.7 中给出的状态块需要进行清零操作，产生 $\overline{CR}=0$ 的控制信号（使数据处理单元中对应的受控电路清零）。该状态为 S_1，编码为 01。

（2）判别块。判别块用菱形框表示，如图 3.1.8 所示。判别块的作用是提供状态转换的分支条件。判别块内需要标出判别信号（控制器的输入信号）。判别块的出口处应标明该出口所满足的条件。图 3.1.8 中，START 为判别信号，当它为 1 时，电路的下一个状态由左边出口确定；当它为 0 时，电路的下一个状态由右边出口确定。

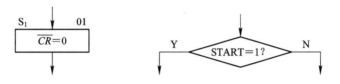

图 3.1.7　ASM 图的状态块　　　　图 3.1.8　ASM 图的判别块

（3）条件输出块。条件输出块用椭圆框表示，总是紧跟在判别块之后，如图 3.1.9 所示。条件输出块本身不是独立的状态，条件输出块中所标的输出是条件输出，由判别块之前的状态和判别条件共同决定。如果判别条件满足，则条件输出块中的信号与该状态块中的信号同时输出。图 3.1.9 中，状态块中的输出仅与状态信号有关（设状态信号为 Q_1、Q_0）

$$\text{OUT1} = \overline{Q_1} Q_0$$

而条件输出

$$\text{OUT2} = \overline{Q_1} Q_0 X$$

显然状态块的输出相当于穆尔型输出，而条件输出相当于米利型输出。

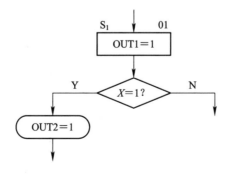

图 3.1.9　ASM 图的条件输出块

（4）指向线。指向线（也称为箭头线）用于将状态块、判别块、条件输出块有机地连接起来，构成完整的 ASM 图。指向线表示系统状态的流向，即在时钟脉冲触发沿的触发下，系统从一个状态进入另一个状态。

2. ASM 图的推导

算法流程图详细规定了系统的工作进程，数据处理单元具体地给出了实现这些进程所需的控制信号，将两者结合起来即可导出控制器的 ASM 图。

若算法流程图中各工作块和条件块中的操作可以在一个系统时钟周期内完成，则 ASM 图的状态块、判别块和条件输出块与算法流程图中的工作块、判别块和条件块一一对应。算法流程图规定了系统包含的操作及其顺序，因此图框中填入的是抽象的运算和操作以及判别条件。而 ASM 图规定了为实现这些操作及其顺序所需的时间和控制器应提供的控制信号，因此图框中填入的是具体的输出控制信号和输入判别信号。

【例 3.3】 根据例 3.1 和例 3.2 的设计结果推导乘法器控制单元的 ASM 图。

图 3.1.5(b) 的算法流程图中共有 4 个工作块、1 个条件块和 3 个判别块。由于工作块和条件块中的运算较简单，均可在控制器的一个状态下完成，因此按前述对应关系可得到 ASM 图，其结构与算法流程图完全一样。根据算法流程图各工作块和条件块内规定的操作和表 3.1 列出的数据处理单元所需的控制时序，可以在 ASM 图的各状态块和条件输出块中填出具体的输出信号。再根据算法流程图各判别块的判别条件和图 3.1.6 的数据处理单元，在 ASM 图的判别块中填出具体的判别信号，完整的 ASM 如图 3.1.10 所示。

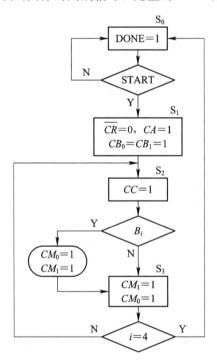

图 3.1.10 ASM 图

由于控制单元的输入、输出信号较多，因此在 ASM 图的判别块中只给出相关的输入信号，而在状态块和条件输出块中只给出有效的输出信号。如在图 3.1.10 的 S_1 状态块中，

CA 有效为 1，$\overline{CR}$ 有效为 0，而在其他状态块和条件输出块中未标出这两个信号，表示 $\overline{CR}$ 无效为 1。

3. 控制单元设计的实现

由于控制单元属于同步时序电路，因此同步时序电路的设计方法基本上也适用于控制单元的设计，不同之处在于以下两方面。

(1) 描述模型。前述的同步时序电路以状态表为模型，而控制单元则以 ASM 图为模型。

(2) 状态化简。控制单元是系统设计的最后一个步骤，在这之前算法和数据处理单元已设计完成，并由此推出了 ASM 图。因此，不宜对 ASM 图进行化简，而且在 ASM 图中一般也不存在等价状态。

同步时序电路所用的核心器件同样也适用于控制单元，设计的过程主要是状态分配、激励方程(卡诺图)推导和输出方程推导。

【例 3.4】 试以 D 触发器为核心设计四位乘法器的控制单元。

(1) 对 ASM 图中的状态块进行状态分配(编码)。由于总共只有 4 个状态，因此需要 2 个触发器($Q_1 Q_0$)。令

$$S_0 = 00，S_1 = 01，S_2 = 10，S_3 = 11$$

分配结果如图 3.1.11(a)所示。

(2) 推导触发器的激励函数卡诺图。触发器的激励信号是为了使电路状态发生正确转换，它既与电路的现态有关，又与输入信号(判别块中的信号)有关。图 3.1.11(b)画出了两个激励函数 D_1 和 D_0 的卡诺图图框，卡诺图的每个小格都对应电路的一个状态(现态)。

第一个小格代表电路状态 $Q_1 Q_0$ 为 00(即 S_0)。由 ASM 图知，在此状态下，电路状态的转换只与 START 信号有关。若 START 为 0，则电路状态保持不变，次态仍为 00，因此要求 $D_1 D_0 = 00$；若 START 为 1，则电路次态将为 01(S_1)，为此要求 $D_1 D_0 = 01$。显然在现态为 00 时，无论 START 是否为 1，D_1 均为 0，而 D_0 需根据 START 确定，正好等于 START，所以在图 3.1.11(c)的第一个小格中分别填上"0"和"START"。

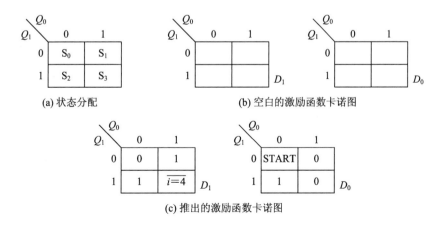

(a) 状态分配　　　(b) 空白的激励函数卡诺图

(c) 推出的激励函数卡诺图

图 3.1.11　状态分配与激励函数推导

第二个小格代表电路状态 01(即 S_1)。由 ASM 图知，在此状态下，电路的次态恒为 10，与任何输入信号都无关，因此只要在格子中分别填上"1"和"0"即可。

第三个小格代表电路状态 10(即 S_2)。需要注意的是，在此状态下，尽管条件输出 CM_1 和 CM_0 与输入信号 B_i 有关，但电路的次态总是 $11(S_3)$，与 B_1 无关。因此只要在格子中分别填上"1"和"1"即可。

第四个小格中激励函数的填法与上面类似。

（3）推导输出方程。输出方程的推导较为简单，状态块中的输出信号仅与电路状态有关。而条件输出块中的输出信号则既与电路状态有关，又与输入信号有关。当同一个信号出现在多个状态块和条件输出块中时，该信号的输出方程中将呈现多个"与"和"或"的关系。

根据 ASM 图与状态分配，控制单元各输出信号的逻辑方程如下：

$$DONE = \overline{Q_1 Q_0}$$
$$\overline{CR} = Q_1 \overline{Q_0}$$
$$CA = CB_1 = \overline{Q_1} Q_0$$
$$CB_0 = \overline{Q_1} Q_0 + Q_1 Q_0 = Q_0$$
$$CC = Q_1 \overline{Q_0}$$
$$CM_1 = Q_1 \overline{Q_0} B_i$$
$$CM_0 = Q_1 Q_0 B_i + Q_1 Q_0$$

上述逻辑函数表明，仅当控制单元处于状态 S_0($Q_1 = Q_0 = 0$)时，DONE 输出 1；其他状态下，DONE 输出 0。仅当控制单元处于状态 S_1($Q_1 = 0$，$Q_0 = 1$)时，$\overline{CR}$输出 0；其他状态下，$\overline{CR}$输出 1。其余输出信号与状态及输入的关系与此类似。

（4）画逻辑电路图，图 3.1.11 推导出的激励函数卡诺图实际上是一个降维卡诺图，因此用数据选择器实现较为方便。而输出方程中，许多"与"项中均有由 Q_1、Q_0 构成的最小项，因此用 2-4 译码器辅以少量门电路实现，核心器件采用双 D 触发器 7474。控制单元的逻辑电路如图 3.1.12 所示。

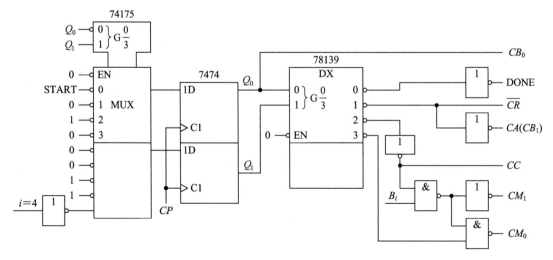

图 3.1.12 以 D 触发器为核心的乘法器控制单元

【例 3.5】 试以多 D 触发器为核心按"一对一"的分配方法设计四位乘法器的控制单元。

(1) 对 ASM 图中的状态块进行状态分配(编码)。由于以多 D 触发器为核心,因此按"一对一"的方法进行状态分配。因 ASM 图包含 4 个状态,故需 4 个 D 触发器($Q_0 Q_1 Q_2 Q_3$)。令 $S_0 = Q_0$(即 0000),$S_1 = Q_1$(即 1100),$S_2 = Q_2$(即 1010),$S_3 = Q_3$(即 1001)。

(2) 推导触发器的激励方程。由于一个触发器对应电路的一个状态,仅当该状态将成为次态时,才需要使该触发器的激励信号有效。因此,先根据 ASM 图列出电路的次态表,如表 3.1.2 所示,表中列出了每个状态将成为电路次态的条件。根据该次态表,可直接写出触发器的激励方程为

$$D_0 = \overline{\overline{Q_0} \ \overline{\text{START}}} + Q_3 \, (i = 4)$$

$$D_1 = \overline{Q_0} \text{START}$$

$$D_2 = Q_1 + Q_3 \, \overline{i = 4}$$

$$D_3 = Q_2$$

在写方程时,要注意 S_0 是与 $\overline{Q_0}$ 相对应。因此次态表中现态为 S_0,方程中要写成 $\overline{Q_0}$。同样,S_1 的激励方程 D_0 上也要加一个非号。

表 3.1.2 控制单元的次态表

次态	现态	输入	现态	输入
S_0	S_0	START	S_3	$i = 4$
S_1	S_0	START		
S_2	S_1		S_3	$\overline{i = 4}$
S_3	S_2			

(3) 推导输出方程。由于电路的每个状态只与单个触发器对应,因此输出方程更为简单。根据 ASM 图与状态分配,控制单元各输出信号的逻辑方程如下:

$$\text{DONE} = \overline{Q_0}$$

$$\overline{CR} = \overline{Q_1}$$

$$CA = CB_1 = Q_1$$

$$CB_0 = Q_1 + Q_3$$

$$CC = Q_2$$

$$CM_1 = Q_2 B_i$$

$$CM_0 = Q_2 B_i + Q_3$$

上述逻辑函数表明,仅当控制单元处于状态 S_0($Q_1 = 0$)时,DONE 输出 1;其他状态下,DONE 输出 0。仅当控制单元处于状态 S_1($Q_1 = 1$)时,$\overline{CR}$输出 0;其他状态下,$\overline{CR}$输出 1。其余输出信号同状态及输入的关系与此类似。

(4) 画逻辑电路图。核心器件采用四 D 触发器 74175。激励方程和输出方程均采用门电路实现。控制单元的逻辑电路如图 3.1.13 所示。

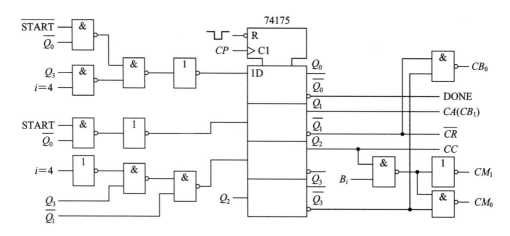

图 3.1.13 以多 D 触发器为核心的乘法器控制单元的逻辑电路

3.2 组合逻辑电路设计

3.2.1 组合逻辑电路分析与设计概述

组合逻辑电路是一种数字电路，其输出只取决于输入信号的状态，而与其他时间因素无关。组合逻辑电路通常由逻辑门、信号传输线和信号源构成，其主要功能是将输入的信号进行逻辑运算，经过传输和处理后得出计算结果。组合逻辑电路广泛应用于数字电路控制、算术运算、编码转换、多路选择等方面。

组合逻辑电路的基本构成要素是逻辑门，常用的逻辑门有与门、或门、非门、异或门等。需要根据逻辑表达式确定部件数量和电路结构，以实现特定的逻辑功能。组合逻辑电路可以根据逻辑表达式所需的逻辑门类型选择不同的逻辑门进行设计，此外也可使用多路选择器、解码器、编码器等部件进行设计。

在组合逻辑电路设计中，需要进行逻辑方程的设计、电路原理图的绘制、逻辑门连接方式的确定、电路仿真调试和优化设计等多个步骤。其中，逻辑方程的设计是关键的一步，通过逻辑方程可以明确输入和输出之间的关系，在此基础上进行逻辑门的设计。电路原理图绘制则是将逻辑方程表达的逻辑实现为逻辑门和信号传输线的具体布局。在电路仿真调试中，可以使用电子设计自动化 EDA 软件或实际电路调试工具进行模拟和实际测试，以确定电路设计是否满足要求。最后，通过优化电路设计提高性能和稳定性，以便可以批量生产。

总之，组合逻辑电路是以逻辑门为核心，通过逻辑运算实现特定逻辑功能的数字电路。它具有灵活性强、可靠性高、扩展性强等优点，是数字电路设计中不可或缺的一部分，广泛应用于现代电子技术领域。

1. 组合逻辑电路的分析

组合逻辑电路的分析主要是通过基本逻辑门的真值表和逻辑方程式来推导电路的输入

和输出关系，从而得到电路的逻辑功能和工作原理。组合逻辑电路的分析方法一般包括以下几个步骤。

（1）确定逻辑功能需求、输入和输出位数：在进行组合逻辑电路分析之前，需要先明确需要实现的逻辑功能、输入和输出信号的位数、编码方式等相关信息。

（2）推导逻辑方程：通过真值表可以将逻辑门的功能表达为逻辑方程，按照布尔代数规则对输出结果进行化简，得到最小项和最大项。

（3）确定逻辑输入的组合情形：确定逻辑输入信号的所有可能组合情况，这需要根据输入信号的位数来确定。例如，如果有 2 个输入信号 A 和 B，则它们的输入组合情况有 4 种：00、01、10 和 11。

（4）绘制逻辑门的真值表：根据组合情形的确定，分别按照 0 或 1 来计算逻辑门的输出，并记录在逻辑门的真值表中。如图 3.2.1 所示，一个逻辑电路需要分析其逻辑功能，要先绘制逻辑函数表达式。

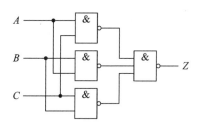

图 3.2.1　逻辑电路示例示意图

根据门电路可写出表达式如下：

$$Z = \overline{\overline{AC}\ \overline{AB}\ \overline{BC}} = AC + AB + BC$$

通过表达式列写真值表如表 3.2.1 所示。

表 3.2.1　逻辑电路示例真值表

输入			输出
A	B	C	Z
0	0	0	0
0	0	1	0
0	1	0	0
0	1	1	1
1	0	0	0
1	0	1	1
1	1	0	1
1	1	1	1

根据该真值表可得到该电路的功能，其功能为当 3 个输入变量中有两个或两个以上为 1 时，输出为 1，否则为 0。对于其应用可以看作：当有三人进行无弃票投票时，可利用该电路设计投票器，输出结果为少数服从多数，能实现多数表决功能。

2. 组合逻辑电路的设计

组合逻辑电路往往用于需要通过逻辑运算实现特定逻辑功能的场景，组合逻辑电路的设计方法一般包括以下几个步骤：

(1) 确定逻辑功能和格式：确定需要实现的逻辑功能和格式，包括输入和输出的位数、输入和输出的编码方案、逻辑运算的方式等。

(2) 组合逻辑电路的逻辑表达式：用分式化简法或者卡诺图化简法将逻辑表达式化为最简式。

(3) 列真值表：将逻辑功能转化为逻辑方程式或真值表。

(4) 描述逻辑功能：根据逻辑表达式设计逻辑门的连接方式和信号线的排列方式，对电路进行分析，最后确定电路的功能。

对此以一个具体案例介绍组合逻辑电路的设计。

对于交通信号灯而言，每一组信号灯都由红、黄、绿三盏灯构成，在同一时刻只能有一盏灯亮，并且对于任意时刻而言必有一盏灯亮，当出现其他情况时，则表明交通灯控制电路发生故障，对此要求设计一个监视电路，要求在电路发生故障时能输出故障信号（输出 1）。

对此先列出输入变量和输出变量，进行逻辑抽象。分析要求可知输入信号有三个，分别设为 A、B 和 C，灯亮为 1，灯灭为 0；输出变量有一个，即故障信号，设为 Z，正常为 0，发生故障为 1。对此可列出真值表如表 3.2.2。

表 3.2.2　交通信号灯逻辑电路真值表

输入			输出
A	B	C	Z
0	0	0	1
0	0	1	0
0	1	0	0
0	1	1	1
1	0	0	0
1	0	1	1
1	1	0	1
1	1	1	1

对于上述真值表写出全部的最小项表达式如下：
$$Z = \overline{ABC} + \overline{A}BC + A\overline{B}C + AB\overline{C} + ABC$$

如果根据该最小项进行电路设计，则需要使用大量的电子元件，且设计出来的电路较为复杂，因此需要进行表达式的化简，对于该表达式采用卡诺图化简，对此先画出卡诺图，如图 3.2.2 所示。

根据卡诺图可化简得：
$$Z = \overline{ABC} + AB + AC + BC$$

对于上述表达式画逻辑电路图如图 3.2.3 所示。

A	BC			
	00	01	11	10
0	1		1	
1		1	1	1

图 3.2.2　交通信号灯逻辑电路表达式卡诺图

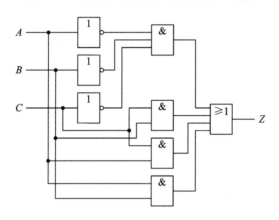

图 3.2.3　交通信号灯逻辑电路示意图

通过该组合逻辑电路即可实现本例所要求的功能。

3.2.2　几种常用的组合逻辑电路

复杂组合逻辑电路是由多个逻辑门和逻辑模块组合而成的，能够实现复杂逻辑功能的数字电路。与简单组合逻辑电路只有少数几个逻辑门和逻辑模块不同，复杂组合逻辑电路可以包含大量逻辑门、时钟信号、计数器、多路选择器、存储器等部件，可以实现更加复杂的逻辑运算和控制。复杂组合逻辑电路通常在数字芯片设计中应用广泛，用于构建数字信号处理器、计算机等各种应用系统。这些系统需要实现大量的数据处理、存储和控制任务，因此需要使用大量的逻辑模块和逻辑门来构建复杂的组合逻辑电路。这些逻辑模块和逻辑门可以根据需要进行组合，形成不同的逻辑电路结构，来满足系统的不同要求。

复杂组合逻辑电路的设计需要考虑的因素较多，包括时序控制、电路结构、数据通路、时钟信号、缓冲电路等方面。因此，复杂组合逻辑电路的设计需要经验丰富的工程师和复杂的设计工具支持，以确保电路的正确性、稳定性和可靠性。下面介绍几种常见的复杂组合逻辑电路。

1. 译码器和编码器

译码器和编码器是用于数字信号的转换和处理的复杂组合逻辑电路。译码器把二进制编码的输入信号转换成对应的输出信号，常用于地址译码、控制信号处理等方面。编码器则是把多个输入信号转换为对应的二进制编码输出信号，常用于模拟信号到数字信号的转换等方面。

图 3.2.4 所示为常用的 3-8 线译码器 74LS138 的原理图，真值表如表 3.2.3 所示。由

逻辑功能图可知，该译码器有三个输入 A、B、C，它们共有 8 种状态的组合，对此可译出 8 个输出信号 $Y_0 \sim Y_7$，故该译码器称为 3 - 8 线译码器。该译码器设置了 G_1、G_{2A}、G_{2B} 三个使能输入端。由逻辑功能可知，当 G_1 为 1，且 G_{2A} 和 G_{2B} 均为 0 时，译码器处于工作状态。

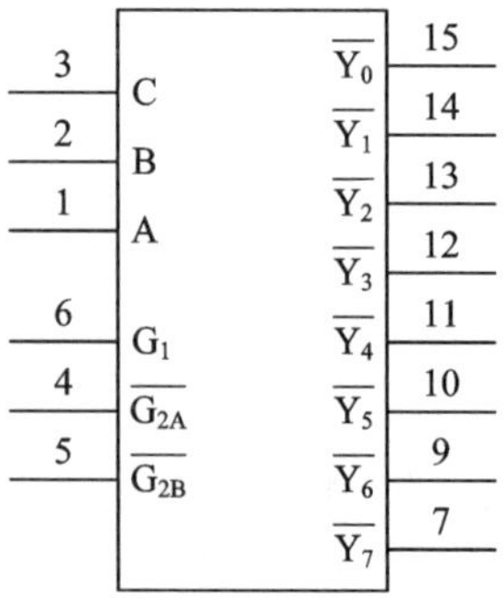

图 3.2.4　译码器 74LS138 原理图

表 3.2.3　译码器 74LS138 真值表

控制			输入			输　　出							
G_1	G_{2A}	G_{2B}	C	B	A	Y_0	Y_1	Y_2	Y_3	Y_4	Y_5	Y_6	Y_7
×	1	×	×	×	×	1	1	1	1	1	1	1	1
×	×	1	×	×	×	1	1	1	1	1	1	1	1
0	×	×	×	×	×	1	1	1	1	1	1	1	1
1	0	0	0	0	0	0	1	1	1	1	1	1	1
1	0	0	0	0	1	1	0	1	1	1	1	1	1
1	0	0	0	1	0	1	1	0	1	1	1	1	1
1	0	0	0	1	1	1	1	1	0	1	1	1	1
1	0	0	1	0	0	1	1	1	1	0	1	1	1
1	0	0	1	0	1	1	1	1	1	1	0	1	1
1	0	0	1	1	0	1	1	1	1	1	1	0	1
1	0	0	1	1	1	1	1	1	1	1	1	1	0

用两片 3 - 8 译码器 74LS138 串联可组成 4 - 16 线译码器，如图 3.2.5 所示，将两片 74LS138 的 C、B、A 端连接到一起作为 4 - 16 线译码器的 C、B、A 输入信号，将低位 74LS138(U1)的 G_{2A} 和高位 74LS138(U2)的 G_1 端连接作为 4 - 16 线译码器的 D 信号。当 $D=0$ 时，选中 74LS138(U1)；当 $D=1$ 时，选中 74LS138(U2)。将低位 74LS138(U1)的 G_{2A} 和高位 74LS138(U2)的 G_{2A} 和 G_{2B} 端连接到使能信号 EN，当 $EN=0$ 时，译码器正常工作；当 $EN=1$ 时，译码器禁止工作。

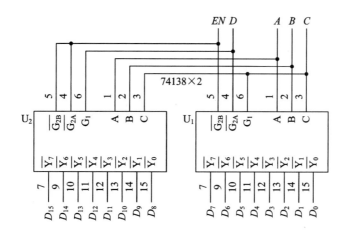

图 3.2.5　4 - 16 线译码器原理图

　　常见的编码器有两种，分别为二进制编码器和二—十进制编码器。二进制编码器是指用 n 位二进制代码对 2^n 个信号进行编码的电路，称为二进制编码器，因其有 8 个输入、3 个输出，故也称为 8 - 3 线编码器；而将十进制 0~9 这 10 个数字编成二进制代码的电路则称为二—十进制编码器。两种编码器在原理上是一样的，区别只是输入和输出端口的抽象定义，对此仅以二进制编码器为例介绍编码器的原理。

　　二进制编码器也有两种类型，一种是普通编码器，另一种是优先编码器。对于普通编码器而言，其特点是任何时刻只允许输入一个编码信号，其真值表如表 3.2.4 所示，表达式如下：

$$Y_0 = I_1 + I_3 + I_5 + I_7$$
$$Y_1 = I_2 + I_3 + I_6 + I_7$$
$$Y_2 = I_4 + I_5 + I_6 + I_7$$

表 3.2.4　普通编码器真值表

输　　入								输　　出		
I_0	I_1	I_2	I_3	I_4	I_5	I_6	I_7	Y_0	Y_1	Y_2
1	0	0	0	0	0	0	0	0	0	0
0	1	0	0	0	0	0	0	0	0	1
0	0	1	0	0	0	0	0	0	1	0
0	0	0	1	0	0	0	0	0	1	1
0	0	0	0	1	0	0	0	1	0	0
0	0	0	0	0	1	0	0	1	0	1
0	0	0	0	0	0	1	0	1	1	0
0	0	0	0	0	0	0	1	1	1	1

　　若有多个输入，则输出编码器将出现混乱。例如，若输入 I_1 和 I_2 都为 1，则由表达式可知输出为 011，而这与 I_3 为 1 时相冲突。另外如果没有输入，那么输出结果与输入 I_0 时

一致，也为 000。为克服上述缺点，集成编码器中通常采用优先编码的方式。74LS148 芯片是一种常用的二进制集成优先编码器，图 3.2.6 所示为该集成编码器的原理图。

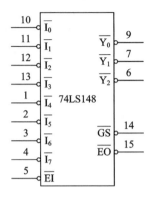

图 3.2.6　编码器 74LS148 原理图

该编码器有 $\overline{I_0}$、$\overline{I_1}$、$\overline{I_2}$、…、$\overline{I_7}$共 8 个输入端，有 3 位输出，从高位到低位分别为 $\overline{Y_0}$、$\overline{Y_1}$ 和 $\overline{Y_2}$。$\overline{EI}$ 为使能输入端，当该管脚输入 0 时（有效），编码器正常作用；当该管脚输入 1 时，编码器禁止工作。输入、输出均为低电平有效，即 0 表示信号有效，1 表示信号无效。与普通编码器不同的是优先编码器的逻辑表达式如下：

$$Y_0 = I_1 \, \overline{I_2} \, \overline{I_4} \, \overline{I_6} + I_3 \, \overline{I_4} \, \overline{I_6} + I_5 \, \overline{I_6} + I_7$$
$$Y_1 = I_2 \, \overline{I_4} \, \overline{I_5} + I_3 \, \overline{I_4} \, \overline{I_5} + I_6 + I_7$$
$$Y_2 = I_4 + I_5 + I_6 + I_7$$

对此则有其真值表，如表 3.2.5 所示。

表 3.2.5　优先编码器 74LS148 真值表

使能	输入								输出				
$\overline{EI}$	$\overline{I_0}$	$\overline{I_1}$	$\overline{I_2}$	$\overline{I_3}$	$\overline{I_4}$	$\overline{I_5}$	$\overline{I_6}$	$\overline{I_7}$	$\overline{Y_2}$	$\overline{Y_1}$	$\overline{Y_0}$	$\overline{EO}$	$\overline{GS}$
1	×	×	×	×	×	×	×	×	1	1	1	1	1
0	1	1	1	1	1	1	1	1	1	1	1	0	1
0	×	×	×	×	×	×	×	0	0	0	0	1	0
0	×	×	×	×	×	×	0	1	0	0	1	1	0
0	×	×	×	×	×	0	1	1	0	1	0	1	0
0	×	×	×	×	0	1	1	1	0	1	1	1	0
0	×	×	×	0	1	1	1	1	1	0	0	1	0
0	×	×	0	1	1	1	1	1	1	0	1	1	0
0	×	0	1	1	1	1	1	1	1	1	0	1	0
0	0	1	1	1	1	1	1	1	1	1	1	1	0

如表 3.2.5 所示，表中×表示可取任意值，即该输入的取值不影响输出状态，由此可以判定各输入的优先级别，$\overline{I_7}$ 为最高，$\overline{I_0}$ 为最低。

2. 数据选择器

数据选择器是一种常见的逻辑电路，它有多个数据输入和一个数据输出，根据控制信号的不同，从中选择其中一个数据输入，并输出到选通输出端或数据输出端。数据选择器通常由多个双输入端口的逻辑门或复杂逻辑电路组成，可以实现多个数据输入的选通和输出。

数据选择器的作用是将多个输入信号中的某一个信号输出到特定的输出端口，以实现数据的选择、切换、控制等功能。常见的数据选择器有 $2:1$、$4:1$、$8:1$ 等不同的类型，即有两个、四个、八个数据输入和一个数据输出。数据选择器通常用于数字电路、计算机、嵌入式系统和通信系统等方面，实现数据和控制信号的选择、切换、处理和控制等任务。

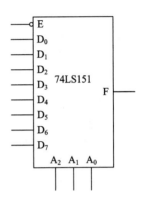

图 3.2.7　数据选择器 74LS151 原理图

常见的数据选择器（如 74LS151）为互补输出的 8 选 1 数据选择器，其引脚排列如图 3.2.7 所示，其中 D_0、D_1、D_2、$\cdots$、D_7 为数据输入端，I_0、I_1 和 I_2 为地址选择端，$\overline{E}$ 为使能端，只有当它输入 0 时，数据选择器才可以工作，否则两个输出端将输出 0。Y 为数据输出端，经过选择后的数据会从 F 端输出。

数据选择器 74LS151 的真值表如表 3.2.6 所示。

表 3.2.6　数据选择器 74LS151 真值表

输入				输出
$\overline{E}$	I_0	I_1	I_2	Y
1	×	×	×	0
0	0	0	0	D_0
0	0	0	1	D_1
0	0	1	0	D_2
0	0	1	1	D_3
0	1	0	0	D_4
0	1	0	1	D_5
0	1	1	0	D_6
0	1	1	1	D_7

8 选 1 数据选择器的逻辑表达式可写为

$$Y = (\overline{I_0}\,\overline{I_1}\,\overline{I_2}D_0 + I_0\,\overline{I_1}\,\overline{I_2}D_1 + \overline{I_0}I_1\,\overline{I_2}D_2 + I_0 I_1\,\overline{I_2}D_3 +$$
$$\overline{I_0}\,\overline{I_1}I_2 D_4 + I_0\,\overline{I_1}I_2 D_5 + \overline{I_0}I_1 I_2 D_6 + I_0 I_1 I_2 D_7)E$$

数据选择器在电路中主要用于数据处理,例如在存储器中,所存储的数据需要能够快速地访问和检索。存储器地址多路选择器(MUX)是一种数据选择器,用于从输入地址中选择一个地址信号作为存储器中要访问的地址。在32位计算机中,地址多路选择器可以将32个地址输入选择器连接起来,根据CPU提供的地址控制信号选中存储器中相应的数据。

3. 复杂组合逻辑电路设计实例

当在数字电路设计中需要实现更加复杂的逻辑功能时,简单的逻辑门和数据选择器一般无法满足需求,这时候就需要用到复杂组合逻辑电路。复杂组合逻辑电路是由多个逻辑门和数据选择器等数字电路组成的,可以实现比较复杂的逻辑功能。复杂组合逻辑电路的设计和实现,在数字电路的应用和发展中扮演着非常重要的角色。下面以比较电路及其应用来介绍复杂组合逻辑电路。

设 $A=A_3A_2A_1A_0$、$B=B_3B_2B_1B_0$ 是两个四位的二进制数,从最高位 A_3、B_3 开始逐位比较,输出的 OAGTB、OAEQB 和 OALTB 分别表示比较结果 $A>B$、$A=B$ 和 $A<B$,故可得真值表如表 3.2.7 所示。

表 3.2.7　四位数值比较逻辑电路真值表

输　　入				输　　出		
A_3B_3	A_2B_2	A_1B_1	A_0B_0	OAGTB	OAEQB	OALTB
$A_3>B_3$	$\times$	$\times$	$\times$	1	0	0
$A_3<B_3$	$\times$	$\times$	$\times$	0	0	1
$A_3=B_3$	$A_2>B_2$	$\times$	$\times$	1	0	0
$A_3=B_3$	$A_2<B_2$	$\times$	$\times$	0	0	1
$A_3=B_3$	$A_2=B_2$	$A_1>B_1$	$\times$	1	0	0
$A_3=B_3$	$A_2=B_2$	$A_1<B_1$	$\times$	0	0	1
$A_3=B_3$	$A_2=B_2$	$A_1=B_1$	$A_0>B_0$	1	0	0
$A_3=B_3$	$A_2=B_2$	$A_1=B_1$	$A_0<B_0$	0	0	1
$A_3=B_3$	$A_2=B_2$	$A_1=B_1$	$A_0=B_0$	0	1	0

由上述真值表可得到输出的逻辑函数:

$$\text{OAGTB} = A_3\,\overline{B_3} + (\overline{A_3 \oplus B_3})A_2\,\overline{B_2} + (\overline{A_3 \oplus B_3})(\overline{A_2 \oplus B_2})A_1\,\overline{B_1} + (\overline{A_3 \oplus B_3})(\overline{A_2 \oplus B_2})(\overline{A_1 \oplus B_1})A_0\,\overline{B_0}$$

$$\text{OAEQB} = (\overline{A_3 \oplus B_3})(\overline{A_2 \oplus B_2})(\overline{A_1 \oplus B_1})(\overline{A_0 \oplus B_0})$$

$$\text{OALTB} = \overline{A_3}B_3 + (\overline{A_3 \oplus B_3})\overline{A_2}B_2 + (\overline{A_3 \oplus B_3})(\overline{A_2 \oplus B_2})\overline{A_1}B_1 + (\overline{A_3 \oplus B_3})(\overline{A_2 \oplus B_2})(\overline{A_1 \oplus B_1})\overline{A_0}B_0$$

对此可有如图 3.2.8 所示的四位数值比较电路。图中,两个二进制数分别为 $A=1101$、$B=1111$。电路的输出为 OAGTB$=0$、OAEQB$=0$、OQLTB$=1$,这说明 $A<B$。

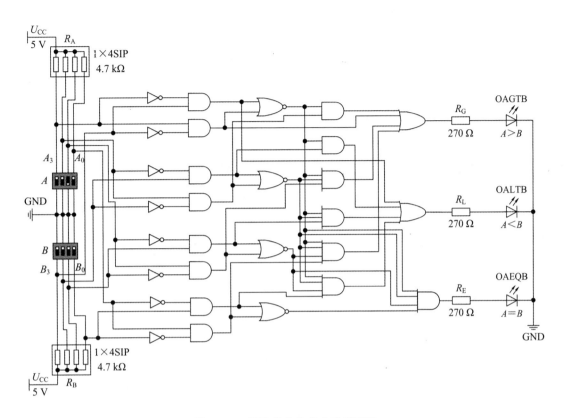

图 3.2.8　四位数值比较电路原理图

　　对于这种复杂逻辑电路，在使用时往往会集成化，在 TTL 系列集成电路中，7485 就是集成四位数值比较电路的集成芯片，同时为了增强其使用的灵活性，7485 增加了 3 条输入控制端，分别是 ALTB、AGTB、AEQB，可用于多片的级联。7458 的逻辑符号以及管脚分配如图 3.2.9 所示。

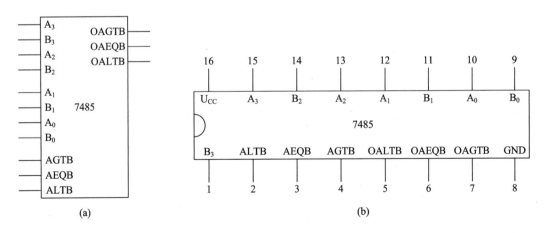

图 3.2.9　7485 逻辑符号及原理图

　　由于电路具有集成化和便于级联的设计，因此其可以在原有功能的基础上实现更多的功能，例如对于两个 8 位二进制的大小比较可以利用两片 7485 芯片级联实现。低 4 位的

7485 的输出 OAGTB、OAEQB 和 QALTB 分别接到高 4 位 7485 的输入控制端 ALTB、AGTB、AEQB。其电路如图 3.2.10 所示。

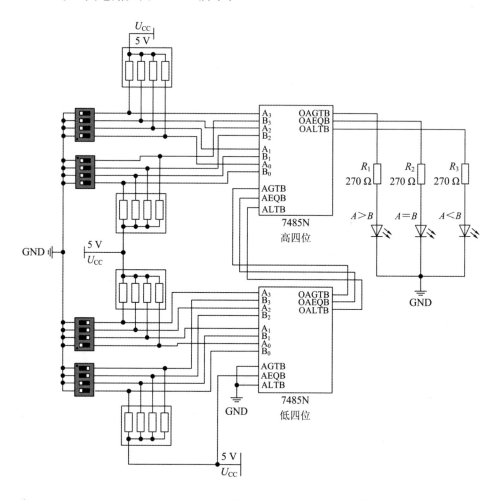

图 3.2.10　使用 7458 实现两个二进制数的大小比较电路

图 3.2.10 中，两个数分别是 $A=00001110$、$B=00001100$，比较结果显示 $A>B$。

3.3　时序逻辑电路设计

3.3.1　时序逻辑电路分析与设计概述

时序逻辑电路和组合逻辑电路共同构成数字电路，与组合逻辑电路相区别，时序逻辑电路在逻辑功能上的特点是任意时刻的输出不仅取决于当前的输入信号，还取决于电路原来的状态。

1. 时序逻辑电路的基本结构与分类

时序逻辑电路的基本结构如图 3.3.1 所示，它由完成逻辑运算的组合电路和起记忆作

用的存储电路两部分构成，其中存储电路由触
发器或锁存器组成。图中 $I=(I_1, I_2, \cdots, I_i)$
为输入信号，$O=(O_1, O_2, \cdots, O_j)$ 为输出信
号，$E=(E_1, E_2, \cdots, E_k)$ 为驱动存储电路转
换为下一状态的激励信号，而 $S=(S_1, S_2, \cdots, S_m)$ 为存储电路状态，称为状态信号，它表

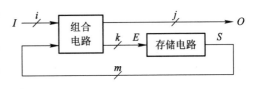

图 3.3.1　时序逻辑电路基本结构

示时序电路当时的状态，称为现态。状态变量 S 被反馈到组合电路的输入端，与输入信号 I 一起决定时序电路的输出信号 O，并产生对存储电路的激励信号 E，从而确定电路的下一状态，即次态。

　　上述四组变量间的逻辑关系可用下列三个函数形式的方程来表达：$E=f(I, S)$，$S^{n+1}=g(E, S^n)$，$O=h(I, S)$。其中，$E=f(I, S)$ 表达了激励信号与输入信号、状态变量的关系，称为时序电路的激励方程；$S^{n+1}=g(E, S^n)$ 表达了存储电路从现态到次态的转换，故称为状态转换方程，简称转换方程，S^n 和 S^{n+1} 分别表示存储电路的现态和次态；$O=h(I, S)$ 表达了时序电路的输出信号与输入信号、状态变量的关系，称为输出方程。

　　如上所述，时序电路是状态依赖的，故而又称为状态机（State Machine，SM），有限数量的存储单元构成的状态机的状态数是有限的，称为有限状态机（Finite State Machine，FSM）。

　　根据上述时序电路的结构和方程可见，时序电路具有以下特征：

　　(1) 时序电路由组合电路和存储电路构成。

　　(2) 时序电路的状态与时间因素相关，即时序电路在任一时刻的状态变量不仅是输入信号的函数，还是电路以前状态的函数，并由当前输入变量和状态决定电路的下一状态。

　　(3) 时序电路的输出信号由输入信号和电路状态共同决定。

　　存储电路中根据存储单元改变的特点，可以将时序电路分为同步时序电路和异步时序电路两大类。在同步时序电路中，所有存储单元的状态改变是在统一的时钟脉冲控制下同时发生的。在异步时序电路中，各存储单元的状态改变不是同时发生的，时钟脉冲只控制存储电路中的部分存储单元，其他则靠输入信号或时序电路内部信号来控制，甚至还有些异步时序电路（如 SR 锁存器）没有时钟脉冲，只靠输入信号经过内部电路传递去控制存储单元。而根据电路是对脉冲边沿敏感还是对电平敏感，异步时序电路又分为脉冲异步时序电路（由触发器构成）和电平异步时序电路（由锁存器构成）两种。

　　不同于异步时序电路，同步时序电路中存储电路状态的转换是在同一时钟脉冲源的同一边沿作用下同步进行的，它也称作时钟同步状态机（Clocked Synchronous SM），结构如图 3.3.2 所示。

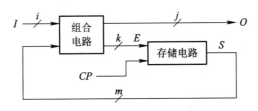

图 3.3.2　时钟同步状态机的基本结构

同步时序电路的存储电路一般用触发器实现，所有触发器的时钟输入都应该接在同一个时钟脉冲源上，而且它们的时钟脉冲触发沿也都应一致。因此，所有触发器的状态更新在同一时刻，其输出状态变换的时间差异很小。在时钟脉冲两次作用的间隔期间，从触发器输入到状态输出的通路被切断，即使此时输入信号发生变化，也不会改变单个触发器的输出状态，所以较少发生因状态转换不同步而引起的输出状态不稳定的现象。更重要的是，同步时序电路的状态很容易用固定周期的时钟脉冲沿清楚地分离为序列步进。其中，每一个步进都可以通过输入信号和所有触发器的现态单独进行分析，从而有一套较系统、易掌握的分析与设计方法，电路行为也很容易用 HDL 来描述。所以，目前结构较复杂、运行速度较高的时序电路广泛采用同步方法来实现。很多大规模可编程逻辑器件的应用电路和专用集成电路的设计，也都采用同步时序电路的结构。

根据输出信号的特点，时序电路分为穆尔(Moore)型和米利(Mealy)型两种。在穆尔型时序电路中，输出信号仅仅取决于存储电路的状态；在米利型时序电路中，输出信号不仅取决于存储电路的状态，还取决于外部输入信号。

米利型时序电路基本结构如图 3.3.3 所示，实际上是将时序逻辑的基本结构图中的组合电路拆解成激励组合电路和输出组合电路两部分。米利型时序电路的输出信号 O 是状态变量 S 和输入信号 I 二者的函数，即 $O=h(I,S)$。这种时序电路在时钟脉冲的两个触发沿之间，输出信号随时可能受到非时钟同步的输入信号作用而发生变化，从而影响电路输出的同步性。

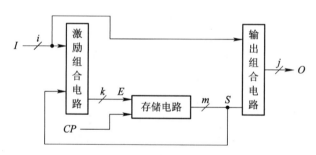

图 3.3.3　米利型时序电路基本结构

穆尔型时序电路是米利型时序电路的一种特例，它的输出信号 O 仅仅是状态变量的函数，即 $O=h(S)$，基本结构如图 3.3.4 所示。穆尔型时序电路的输出仅取决于时钟同步的各触发器的状态，在时钟脉冲沿触发的间隔期间不受非同步的输入信号影响。实际上，米利型时序电路中有时也有一个或多个输出可能是穆尔型的，即它们的输出只取决于触发器的状态。

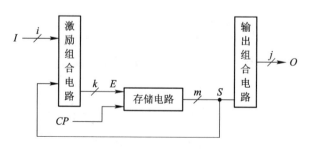

图 3.3.4　穆尔型时序电路基本结构

在现代高速时序电路设计中，一般尽量采用穆尔型时序电路结构，以利于后续高速电路的同步。在米利型时序电路的输出端增加一级存储电路，构成流水线输出形式，是将其转化为穆尔型电路的最简单的方法，米利型时序电路转化为穆尔型时序电路如图 3.3.5 所示。需要注意的是，流水线存储电路将输出信号延迟一个时钟周期。虽然流水线输出电路增加了一些逻辑元件，但它的输出信号同步特性更好，具有更好的稳定性和抗干扰性能。

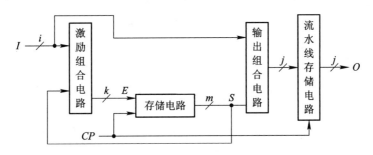

图 3.3.5　米利型时序电路转化为穆尔型时序电路

2. 时序逻辑电路功能的表达

时序逻辑电路的功能可用逻辑方程组、转换表、状态图和时序图等形式来表达，也可以用 HDL 语言描述。理论上讲，有了激励方程组、转换方程和输出方程组，时序电路的功能就被唯一地确定了。但是，对于许多时序电路而言，仅从这三组方程还不易判断其逻辑功能，在设计时序电路时，也往往很难根据所给出的逻辑需求直接写出这三组方程。因此，还需要借助能够直观反应电路状态变化序列全过程的转换表、状态表和状态图实现。

以图 3.3.6 中的同步时序电路为例，它由组合电路和存储电路两大部分组成。其中，存储部分由两个 D 触发器 FF_0、FF_1 构成，两者共用一个时钟信号 CP，从而构成一个同步时序电路。

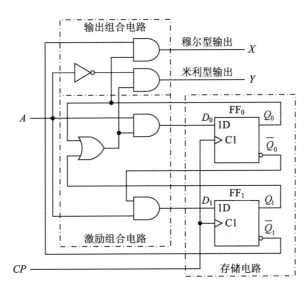

图 3.3.6　同步时序电路基本结构示例

从图中可以看出，输出信号 Y 是状态变量 Q_1、Q_0 和输入信号 A 的函数，所以从总体上看，这是一个米利型时序电路；但是，输出信号 X 纯粹由状态变量 Q_1 和 Q_0 决定，电路中又存在一个穆尔型输出 X。

1）逻辑方程组

根据上述组合电路，写出对两个 D 触发器的激励方程组 $D_0 = (Q_1 + Q_0) \cdot A$，$D_0 = \overline{Q_1} \cdot A$。

将上述两个 D 触发器的激励方程组分别代入 D 触发器的特性方程 $Q^{n+1} = D$，于是得到转换方程组 $Q_0^{n+1} = (Q_1^n + Q_0^n) \cdot A$，$Q_1^{n+1} = \overline{Q_1^n} \cdot A$。触发器的次态 Q_0^{n+1} 和 Q_1^{n+1} 是输入变量 A 和触发器现态 Q_1^n 和 Q_0^n 的函数。

由逻辑图中两个输出变量和组合电路得到输出方程组 $X = \overline{Q_1} \cdot Q_0$，$Y = (Q_1 + Q_0) \cdot \overline{A}$。显然，$X$ 是穆尔型输出，Y 是米利型输出。

上述三组方程中，激励方程组和输出方程组表达了时序电路中全部组合电路的特性，而转换方程组则表达了存储电路从现态到次态的状态转换特性。转换方程两边的状态变量分别以上标 n 表示现态，以上标 $n+1$ 表示次态，以区别这种不同的状态。

2）转换表

根据逻辑方程组中的转换方程组和输出方程组列出真值表，如表 3.3.1 所示。真值表的输入变量为 Q_1^n、Q_0^n 和 A，输出变量为 Q_1^{n+1}、Q_0^{n+1} 和 X、Y。由于该真值表反应了触发器从现态到次态的转换，故称为状态转换真值表。一般来说，有 m 位状态变量和 i 位输入信号，就存在 2^{m+i} 种状态—输出组合，真值表就有 2^{m+i} 行。

表 3.3.1　同步时序电路示例真值表

Q_1^n	Q_0^n	A	Q_1^{n+1}	Q_0^{n+1}	X	Y
0	0	0	0	0	0	0
0	0	1	1	0	0	0
0	1	0	0	0	1	1
0	1	1	0	1	1	0
1	0	0	0	0	0	1
1	0	1	1	1	0	0
1	1	0	0	0	0	1
1	1	1	0	1	0	0

在分析和设计时序电路时，更常用的是转换表，如表 3.3.2 所示。它与上面的真值表完全等效，但形式更紧凑明了。表 3.3.2 用矩阵形式表达出在不同现态和输入条件下，电路的状态转换和输出逻辑值。表中，输出信号 X 是穆尔型输出，故将其与现态 $Q_1^n Q_0^n$ 对应的逻辑值单列一栏；输出信号的逻辑值不仅取决于 Q_0^n 和 Q_1^n，且还会跟随 A 变化，所以表示在 $A=0$ 和 $A=1$ 两栏的斜线后面。需要注意的是，虽然它与斜线前的次态 $Q_1^{n+1} Q_0^{n+1}$ 列在一起，但仍是现态 $Q_1^n Q_0^n$ 和输入 A 的函数。

表 3.3.2　同步时序电路示例转换表

$Q_1^n Q_0^n$	$Q_1^{n+1} Q_0^{n+1}/Y$		X
	$A=0$	$A=1$	
00	00/0	10/0	0
01	00/1	01/0	1
10	00/1	11/0	0
11	00/1	01/0	0

注：穆尔型输出由于不受输入 A 的影响，仅受现态 $Q_1^n Q_0^n$ 影响，因此将其单独写在一列。

3）状态表

转换表以各触发器逻辑值的编码表示时序电路的状态。在分析一个电路时，给每个编码状态分别赋予一个具体名称，有时便于与实际问题结合进行分析与记忆；时序电路设计过程中，在尚未进行状态分配前，也必须首先给各个状态命名，以表达状态之间的转换关系。简单地给本例中的 4 个状态分别命名为 $00=a$，$01=b$，$10=c$，$11=d$。当然，也可以用意义更明显的中、英文单词或数字对状态命名。将转换表中 $Q_1^n Q_0^n$ 的状态用状态名替代，得到状态表 3.3.3（表中，S^n 表示现态，S^{n+1} 表示次态，斜线后的逻辑值为输出变量 Y 的值）。

表 3.3.3　同步时序电路示例状态表

S^n	S^{n+1}/Y		X
	$A=0$	$A=1$	
a	$a/0$	$c/0$	0
b	$a/1$	$b/0$	1
c	$a/1$	$d/0$	0
d	$a/1$	$b/0$	0

相比于转换表，使用状态表更容易理解时序电路的行为和结果。如果状态命名合理，即使较复杂的时序电路，也可以直接通过状态名得到各状态的实际意义和转换关系（以投币机为例，用"已投币 0 元"代表状态 00，用"已投币 1 元"代表状态 01，用"已投币 2 元"代表状态 10，用"已投币 3 元"代表状态 11。这里仅为示意，对状态命名可以更加清晰地明白各个状态转换之间的逻辑关系）。但是，状态表中的状态变量没有标明编码，与时序电路的 3 个逻辑方程组及实际电路图难以联系，这方面的信息少于转换表。转换表和状态表虽然形式和内容相似，然而在应用上是有差别的。

4）状态图

将状态表转换为如图 3.3.7 所示的状态图，可以更直观地表示出时序电路运行中的全部状态、各状态间相互转换的关系以及转换的条件与结果。图中，每一个圆圈都对应着一个状态，圆圈中标出状态名；每一个带箭头的方向线都表示一个转换，箭头指示出状态转换的方向。当方向线的起点和终点都在同一个圆圈上时，表示状态不变。引起该状态转换的输入变量逻辑值在方向线旁的斜线左侧，如图中 A 值。米利型输出变量的逻辑值标在方向线旁的斜线右侧，是本次状态转换前的逻辑值，如图中 Y 值，它由方向线起点的状态和斜线前的输入变量共同决定。而穆尔型输出变量的逻辑值则标在圆圈内的状态名后，因为状态一旦确定，其输出值也随之确定，如图中 X 值。设计时序电路时，首先需要画出这种形式的状态图，以明确状态的数目、状态转换的方向以及状态转换的条件和相应的输出信号。

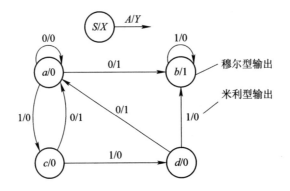

图 3.3.7　同步时序电路示例状态图

状态图也可以与状态表相对应，如图 3.3.8 所示，圆圈中以二进制编码表示状态，在分析时序电路时可先得到这种形式的状态图，再进一步研究其功能。

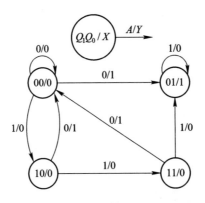

图 3.3.8　同步时序电路基本结构示例状态图(二进制编码表示)

需要强调的是，上述两图中状态转换的方向取决于电路中下一个时钟脉冲触发沿到来前瞬间的输入信号。如果在此之前输入信号发生改变，则状态转换的方向也会立即改变。如图 3.3.7 中，当处于状态 c 时，如果输入 A 保持为 1，则输出 Y 为 0，下一状态将转换为 d；若在下一个时钟脉冲触发沿到来前，A 由 1 变化为 0，则 Y 立即变化为 1，则下一状态将转换为 a。

5）时序图

与组合电路一样，波形图能直观地表达时序电路中各信号在时间上的对应关系，通常把时序电路的状态、输出对输入信号(包括时钟信号)响应的波形图称为时序图。它不仅便于电路调试时检查逻辑功能、排查故障或差错，而且在运用 HDL 设计电路时可用于电路的仿真。从逻辑方程组、转换表或状态图都可以导出时序图。时序图如图 3.3.9 所示(假设 $Q_1 Q_0$ 初态为 00)。

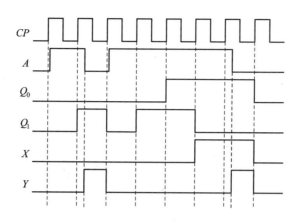

图 3.3.9　同步时序电路示例时序图

使用时序图时需要注意的是，时序图有时并不能完全表达出电路状态转换的全部过程，而是根据需要仅画出部分典型的波形图。例如，图 3.3.9 就没有表达出当状态 Q_1Q_0 为 11 时而输出 A 为 0 时的状态转换波形和输出波形。

3. 同步时序电路的分析

1）分析步骤

同步时序电路的分析实际上是一个读图、识图的过程，按照给定的时序电路，通过分析其状态和输出信号在输入信号和时钟作用下的转换规律，理解其逻辑功能和工作特性。分析同步时序逻辑电路的一般步骤如下：

（1）根据给定的同步时序电路导出下列逻辑方程组：

① 对每个触发器导出激励方程，组成激励方程组；

② 将各触发器的激励方程代入相应触发器的特性方程，得到各触发器的转换方程，组成转换方程组；

③ 对应每个输出变量导出输出方程，组成输出方程组。

（2）根据转换方程组和输出方程组，列出电路的转换表或状态表，画出状态图和时序图。

（3）确定电路的逻辑功能，必要时可用文字详细描述。

2）穆尔型电路分析

下面以如图 3.3.10 所示的穆尔型电路为例，来介绍同步时序电路的分析。

观察上述电路图可以发现，该同步时序电路没有输入信号，输出为三个触发器的状态，是穆尔型时序电路。

（1）根据电路列出逻辑方程组。

① 激励方程组：$D_0 = \overline{Q_0 Q_1}$，$D_1 = Q_0$，$D_2 = Q_1$。

② 转换方程组：由于使用触发器，因此其特性方程为 $Q^{n+1} = D$，$Q_0^{n+1} = D_0 = \overline{Q_1^n} \cdot \overline{Q_0^n}$，$Q_1^{n+1} = D_1 = Q_0^n$，$Q_2^{n+1} = D_2 = Q_1^n$。

③ 输出方程组：$Z_0 = Q_0$，$Z_1 = Q_1$，$Z_2 = Q_2$。

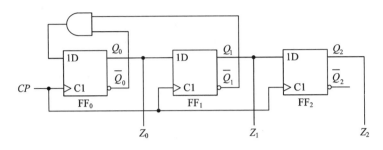

图 3.3.10 穆尔型电路示例基本结构

（2）列出转换表。

由于该电路的输出 Z_2、Z_1、Z_0 就是各触发器的状态，因此转换表中可不再单列输出，并且电路中没有输入信号，故转换表如表 3.3.4 所示。

表 3.3.4 穆尔型电路示例转换表

Q_2^n	Q_1^n	Q_0^n	Q_2^{n+1}	Q_1^{n+1}	Q_0^{n+1}
0	0	0	0	0	1
0	0	1	0	1	0
0	1	0	1	0	0
0	1	1	1	1	0
1	0	0	0	0	1
1	0	1	0	1	0
1	1	0	1	0	0
1	1	1	1	1	0

（3）画出状态图。

如图 3.3.11 所示，001、010、100 三个状态形成闭合回路，电路正常工作时，其状态总是按照回路中的箭头方向变化。这三个状态构成了有效序列，称它们为有效状态，其余的五个状态则称为无效状态。

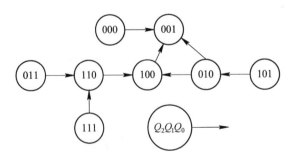

图 3.3.11 穆尔型电路示例状态图

从状态图还可以看出,无论电路的初始状态如何,经过若干个 CP 脉冲之后,总能进入有效状态。若电路能从无效状态经一定过程自动进入有效状态,则称其具有自校正能力。因此,该电路是具有自校正能力的同步时序电路。

(4)画出时序图。

电路的初始状态为 $Q_2Q_1Q_0=000$,根据转换表或状态图,可画出时序图如图 3.3.12 所示。

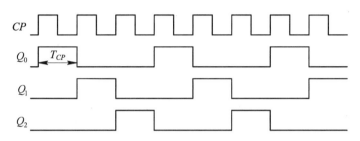

图 3.3.12　穆尔型电路示例时序图

(5)逻辑功能分析。

仅从转换表不太容易观察到该电路的逻辑功能,而由状态图可见,电路的有效状态是三位循环码。从时序图可以看出,电路正常工作时,各触发器的 Q 端轮流出现一个脉冲信号,其宽度为一个周期,即 $1T_{CP}$,循环周期为 $3T_{CP}$,这个动作可以看作在脉冲 CP 作用下,电路把宽度为 $1T_{CP}$ 的脉冲一次分配给 Q_0、Q_1、Q_2 各端,因此电路的功能为脉冲分配器或节拍脉冲产生器。

3)米利型电路分析

下面通过一个米利型电路,来介绍同步时序电路的分析,图 3.3.13 即是一个标准的米利型电路。

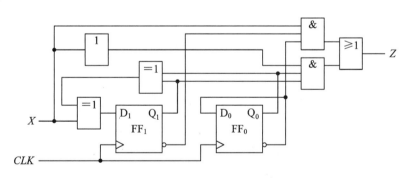

图 3.3.13　米利型电路示例基本结构

(1)根据电路列出逻辑方程组。

① 激励方程组:$D_1=X\oplus Q_1\oplus Q_0$,$D_0=\overline{Q_0}$。

② 转换方程组:由于使用触发器,因此其特性方程为 $Q^{n+1}=D$,$Q_1^{n+1}=D_1=X\oplus Q_1^n\oplus Q_0^n$,$Q_0^{n+1}=D_0=\overline{Q_0^n}$。

③ 输出方程组:$Z=X\cdot\overline{Q_1^n}\cdot\overline{Q_0^n}+\overline{X}\cdot Q_1^n\cdot Q_0^n$。

（2）列出转换表。

根据逻辑方程组列出真值表如表 3.3.5 所示。

表 3.3.5　米利型电路示例转换表

X	Q_0	Q_1	Q_0^{n+1}	Q_1^{n+1}	Z
0	0	0	1	0	0
0	1	0	0	1	0
0	0	1	1	1	0
0	1	1	0	0	1
1	0	0	0	1	0
1	1	0	0	0	0
1	0	1	1	0	0
1	1	1	0	1	0

（3）画出状态图。

画出状态图如图 3.3.14 所示。

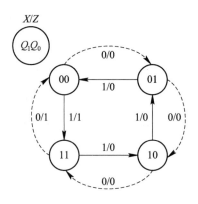

图 3.3.14　米利型电路示例状态图

（4）逻辑功能分析。

通过状态图可以看出，当外部输入 X 等于 0 时，状态转移按 00→01→10→11→00 循环变化，可以实现加法计数器功能。当外部输入 X 等于 1 时，状态转移按 00→11→10→01→00 循环变化，可以实现减法计数器功能。因此，该电路是一个同步可逆计数器。

3.3.2　几种常用的时序逻辑电路

本节通过两个综合案例来具体说明时序逻辑电路的设计。

1. 触发器构成的数字流水灯电路设计

根据所述 D 触发器工作原理，设计制作一种 8 位流水灯电路，所用主要元器件为双 D 触发器 74HC74N、3 线—8 线译码器 74LS138 和非门 74LS05。其中，74LS138 是一种 3 线—8 线译码器，有 3 个数据输入端，经译码产生 8 种状态，其引脚如图 3.3.15 所示，译码功能如表 3.3.6 所示。当译码器的输入为某一个编码时，其输出就有一固定的引脚为低电平，其余引脚为高电平。

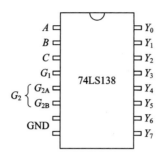

图 3.3.15　74LS138 3 线—8 线译码器引脚图

表 3.3.6　74LS138 3 线—8 线译码器真值表

输入					输出							
允许		选择										
G_1	G_2	C	B	A	Y_0	Y_1	Y_2	Y_3	Y_4	Y_5	Y_6	Y_7
×	1	×	×	×	1	1	1	1	1	1	1	1
0	×	×	×	×	1	1	1	1	1	1	1	1
1	0	0	0	0	0	1	1	1	1	1	1	1
1	0	0	0	1	1	0	1	1	1	1	1	1
1	0	0	1	0	1	1	0	1	1	1	1	1
1	0	0	1	1	1	1	1	0	1	1	1	1
1	0	1	0	0	1	1	1	1	0	1	1	1
1	0	1	0	1	1	1	1	1	1	0	1	1
1	0	1	1	0	1	1	1	1	1	1	0	1
1	0	1	1	1	1	1	1	1	1	1	1	0

　　8 位流水灯有 8 个状态，由所述触发器和译码器工作原理可知：利用一个 D 触发器 Q 输出端与另一个 D 信号输入端连接，构成的 3 个触发器（$Q_{n+1}=Q_n$）级联后，经 3 次二分频后，三个 D 触发器的输出端可作为 74LS138 译码器的三个选择输入信号（C、B、A）。由 3 线—8 线译码器的真值表，可得出该电路可以组成设计要求的 8 位流水灯。

　　设八进制计数器 CBA 的初始状态为 000，随着 CP 信号的输入，74LS138 译码输出的信号依次循环点亮 8 个流水灯 X0～X7，使用两片双 D 触发器 74HC74 和 74LS138 设计制作的 8 位流水灯电路如图 3.3.16 所示，用逻辑分析仪检测的对应信号波形如图 3.3.17 所示。

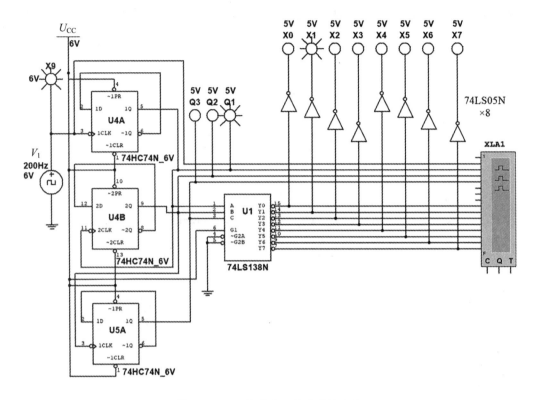

图 3.3.16　8 位流水灯仿真设计电路

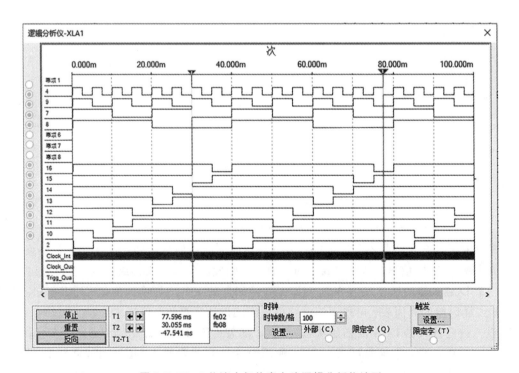

图 3.3.17　8 位流水灯仿真电路逻辑分析仪波形

2. 数字电子时钟的设计

设计一个 24 小时制数字时钟电路，具有时、分、秒的十进制数字显示计数器，且可调节为二进制或二十四进制；该数字时钟电路具有手动校时、校分功能和整点报时功能。

1）数字电子时钟电路的基本组成

数字电子时钟由振荡器、分频器、计数器、译码显示、报时等电路组成。其中，振荡器和分频器组成标准秒信号发生器，由不同进制的计数器、译码器和显示器组成计时系统。秒信号送入计数器进行计数，把累加的结果以秒、分、时的数字显示出来。分、秒显示分别由六十进制计数器、译码器、显示器构成，时显示由二十四进制计数器、译码器、显示器构成。可进行整点报时，计时出现误差时，可以用校时电路校时、校分。下面对数字时钟电路的各模块电路进行设计，并进行仿真。

2）数字电子时钟电路各模块电路的创建及仿真

（1）秒脉冲产生电路：秒脉冲产生电路在本设计中的功能有两种，一是产生标准的秒脉冲信号，二是给整点报时提供所需的频率信号。能实现此功能的电路有很多种，这里不再一一介绍。为了简化电路，本设计中采用 1 Hz 的方波信号代替秒脉冲产生电路。

（2）计数电路：根据时钟的性质可知，计数电路可分为秒计数器、分计数器、时计数器，且这三个计数器串联而接。即秒计数器进位输出口与分计数器信号输入端相连，分计数器进位输出口与时计数器信号输入端相连。其中，秒计数器和分计数器为六十进制，时计数器为二十四进制。

（3）六十进制计数器电路：设计六十进制计数器，由一个十进制计数器和一个六进制计数器串接而成。个位计数器为模 10 计数器；十位计数器采用异步清零法，取 $Q_B Q_C$ 作为反馈数，经与非门连接至控制清零端 CLR，计数至 0110 时清零，这样就可以组成六进制的计数器。然后将个位计数器的进位输出端 RCO 连接至十位计数器的时钟信号输入端 CLR，完成个位对十位的进位控制。并将十位计数器的反馈清零信号经非门端输出，作为六十进制的进位输出脉冲信号。即当计数器计数至六十时，反馈清零的低电平信号输入 CLR 端，同时经非门变为高电平，在同步级连接的控制下给高位计数器提供输入信号。搭建的六十进制计数器电路如图 3.3.18 所示。

时计数器需要的是一个二十四/十二进制转换的递增计数电路。个位和十位计数器均连接成十进制计数形式，并将个位计数器的进位输出端 RCO 接至十位。

计数器的时钟信号输入端为 CLK，用于完成个位对十位计数器的进位控制。若选用二十四进制，则十位计数器的输出端 Q_B 和个位计数器的输出端 Q_C 通过与非门控制两片计数器的清零端 CLR，当计数器的输出状态为 00100100 时，即异步反馈清零，从而实现二十四进制计数。若选用十二进制，则十位计数器的输出端 Q_A 和个位计数器的输出端 Q_B 通过与非门控制两片计数器的清零端，当计数器的输出状态为 00010010 时，立即异步反馈清零，从而实现十二进制计数。两个与非门通过一个单刀双掷开关接至两片计数器的清零端 CLR，单击开关就可选择与非门的输出，实现二十四进制或十二进制的转换。在 Multisim 中搭建的计数电路如图 3.3.19 所示。

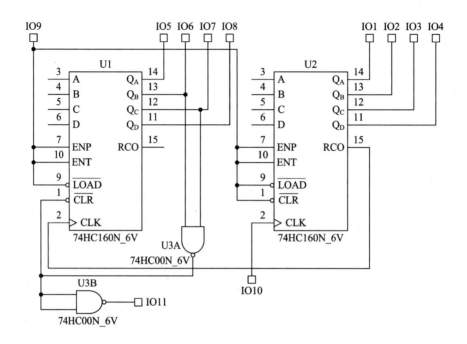

图 3.3.18　六十进制计数器电路

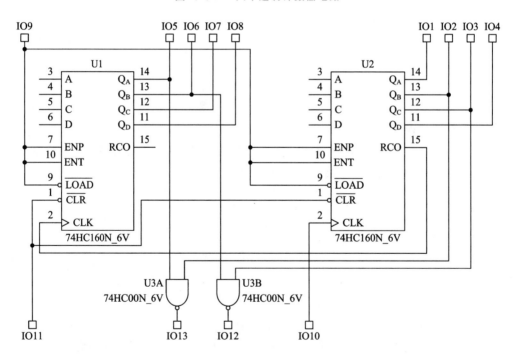

图 3.3.19　Multisim 中搭建的十二/二十四进制计数电路

校对一般在选定的标准时间到来之前进行，一般分为四个步骤：首先把时计数器置到所需的数字；然后将分计数器置到所需的数字；接着将秒计数器清零，时钟暂停计数，处于等待启动阶段；最后，当选定的标准时刻到达的瞬间，按启动按钮，电路则从所预置时间开始计数。

由此可知，校时、校分电路应具有预置小时、预置分、等待启动、计时四个阶段。当然，在精度要求不高时，也可以采用一种简单的方法，只需使用两个双向选择开关将秒脉冲直接引入时计数器和分计数器即可实现功能。此时，低位计数器的进位信号输出端需通过双向选择开关的其中一个选择端接至高位计数器的时钟信号端，开关的选择端连接秒脉冲信号。当日常显示时间时，开关拨向低位计数器的进位信号输出端；校时校分时，开关拨向秒脉冲信号，这样可使计数器自动跳至所需要校对的时间。

　　3）整点报时电路

　　整点报时电路由报时计数电路、停止报时控制电路、蜂鸣器三部分组成。其中，报时计数电路由两个可逆十进制计数器 74HC192 组成，在分进位信号触发下，从计时电路保持当前小时数并开始计数，一直减到 0 为止，停止计数控制电路经过逻辑电路判断给出低电平，封锁与门，蜂鸣器停止报时工作。

　　搭建如图 3.3.20 所示的整点报时电路，两个计数器采用同步级连方式连接，即将个位报时计数器的借位端 BO 连接至十位报时计数器的减计数控制端 DOWN。IO1～IO4 将时计数器的个位输出引入作为报时计数器个位的预置数，IO5～IO8 将时计数器的十位输出引入作为报时计数器十位的预置数。同时根据 74HC192 的功能表，IO9 接电源，给两个芯片的加计数控制端提供高电平；IO10 接地，给两个芯片的清零控制端提供低电平；IO11 连接分计数器的分进位信号输出端。

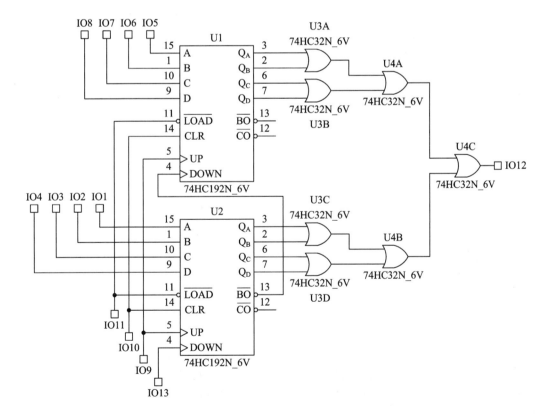

图 3.3.20　整点报时电路

两片报时计数器的输出通过一个 8 输入或门输出一个信号给输出端口 IO12，当两计数器都减为 0 时，可以向外输出低电平来关闭蜂鸣器工作的与门。与门的输出反馈给端口 IO13，给时计数器电路提供计数脉冲，从而实现蜂鸣器每响一次减 1，完成整点点数报时。

4）总电路仿真

在 Multisim 中创建一个新的电路，首先将前面所述的四种模块电路创建为层次块电路，然后在新的电路中调用这四种模块电路的层次块电路。搭建如图 3.3.21 所示的数字时钟总电路，调整三刀开关即可实现数字计数器电路的设计功能要求。

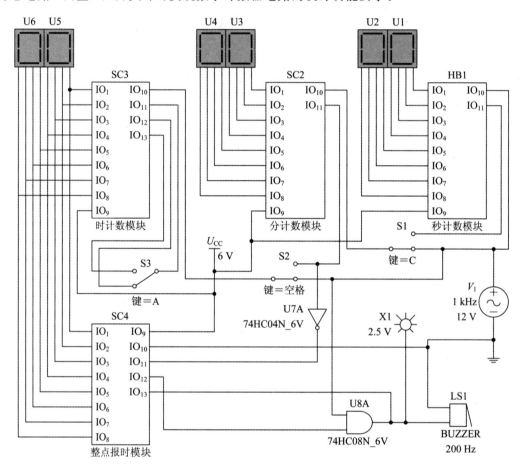

图 3.3.21　数字时钟总电路

3.4　CPLD/FPGA 设计基础

CPLD(Complex Programmable Logic Device)是复杂可编程逻辑器件，它是一种用户可以根据各自需要而自行构造逻辑功能的数字集成电路。其基本设计方法是借助集成开发软件平台，用原理图、硬件描述语言等方法生成相应的目标文件，然后通过下载电缆将代码传送到目标芯片中，实现设计的数字系统。

FPGA(Field Programmable Gate Array)是现场可编程门阵列，它是一种集成电路芯片,采用了可重新配置的数字逻辑组件和连接网络,可以实现多个功能电路的设计和开发。FPGA 具有很高的灵活性和可重构性,可以根据需要实现不同的逻辑功能,而无须重新设计和制造新的芯片。FPGA 通常由大量的可编程逻辑单元(也称为逻辑元件)和内部连接网络组成。

CPLD 和 FPGA 在智能制造中都发挥着重要作用,但它们在应用特点和场景上存在一些差异。CPLD 以其强大的逻辑功能和较少的寄存器特点,在智能制造的控制密集型系统中有着广泛的应用。例如,它可用于实现各种算法和组合逻辑,特别适合触发器有限而乘积项丰富的结构。此外,由于其连续式布线结构,CPLD 的时序延迟是均匀的和可预测的,这使得它在需要精确时序控制的场合中具有优势。另一方面,FPGA 更适合数据密集型系统,如智能制造中的数据处理和分析部分。FPGA 的逻辑能力虽然相对较弱,但其寄存器丰富,且更适合触发器丰富的结构。

3.4.1　CPLD 的设计基础

下面通过一个基于 CPLD 的 USB Blaster 设计实例来说明 CPLD 的基本应用。

1. 功能描述

Altera 公司用于可编程逻辑器件编程的下载电缆主要有 3 种,分别是 ByteBlasterMV、ByteBlaster Ⅱ和 USB Blaster,其中 ByteBlasterMV 和 ByteBlaster Ⅱ都是需要连接计算机的并口,但现有的一些计算机却很少配备并口,这时就需要 USB Blaster 下载器。USB Blaster 是 Altera 的 FPGA/CPLD 程序下载电缆,通过计算机的 USB 接口可对 Altera 的 FPGA/CPLD 以及配置芯片进行编程、调试等操作,并支持 Quartus Ⅱ。基于 USB 的下载器支持热插拔,使用方便,体积小,便于携带,而且下载速度快。

2. 设计方案

图 3.4.1 所示为 USB Blaster 电路结构图,电路主要包含两大部分,一部分是 USB 接口,通过该接口连接 PC 和可编程逻辑器件,主要功能是进行 USB 和并行 I/O 口之间的数据格式转换,用 USB 控制芯片实现;另一部分是 JTAG 接口,它连接 USB 控制芯片和需要编程的逻辑器件,主要功能是进行并行 I/O 口和 JTAG 之间数据的转换,转换逻辑通过对可编程逻辑器件进行设计来实现。其他还包括一些必要的时钟电路和电压转换电路。

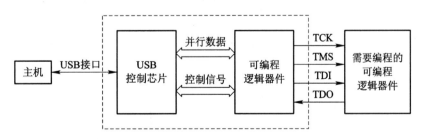

图 3.4.1　USB Blaster 电路结构

3. 系统硬件设计

图 3.4.2 所示为 USB Blaster 电路组成，USB 主控芯片选用 FT245，可编程逻辑器件选用 EPM7064。D[0…7] 是 8 位并行数据总线，从主机接收到的 USB 数据经过 USB 控制芯片转换为 8 位并行数据，并经数据总线送到 CPLD 的可编程 I/O 引脚；另外，CPLD 的数据也可以通过数据总线送回 USB 控制芯片，然后转换为 USB 的数据格式传回主机。RXF、TXE、RD 和 WR 这 4 个信号，前 2 个信号是输出，后 2 个信号是输入，通过它们来控制数据总线上的数据传输。CPLD 接收到 USB 控制芯片传送来的数据后，对数据进行解析，然后转换为符合标准的编程数据和指令，通过 TCK、TMS 和 TDI 串行输出到要编程的可编程逻辑器件。从可编程逻辑器件返回的符合 IEEE 1149.1 标准的校验数据通过 TDO 串行输入到 CPLD，转换为 8 位并行数据传送给 USB 控制芯片，最后返回主机进行校验。

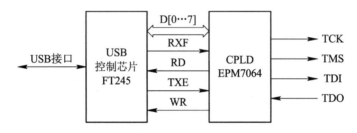

图 3.4.2　USB Blaster 电路组成

下面简要介绍电路中用到的主要芯片。

1）USB 控制芯片 FT245

FT245 的主要功能是进行 USB 和并行 I/O 口之间的协议转换。该芯片一方面可以从主机接收 USB 数据，并将其转换为并行 I/O 口的数据流格式发送给外设；另一方面外设可通过并行 I/O 口将数据转换为 USB 的数据格式传回主机。中间的转换工作全部由芯片自动完成，开发者无须考虑固件的设计。

FT245 的主要功能特性如下：

（1）具有用于并行 FIFO 双向数据传输接口的 USB 独立芯片；

（2）具有完整的 USB 协议处理芯片，不需具体的 USB 固件编程；

（3）具有基于 4-wire 握手连接，面向 MCU/PLD/FPGA 逻辑的简单接口。

图 3.4.3 所示为 FT245 芯片功能框图，FT245 内部主要由 USB 收发器、串行接口引擎（SIE）、USB 协议引擎和先进先出（FIFO）控制器等构成。FIFO 控制器与单片机（如 AT89C51 等）之间主要通过 8 根数据线 D0～D7 及读写控制线（RD、WR）来完成数据交互。FT245 内含 2 个 FIFO 数据缓冲区，一个是 128 B 的接收缓冲区，另一个是 384 B 的发送缓冲区，它们均用于 USB 数据与并行 I/O 口数据的交换缓冲区。

另外，FT245 还包括 1 个内置的 3.3 V 的稳压器、1 个 6 MHz 的振荡器、8 倍频的时钟倍频器、USB 锁相环和 EEPROM 接口。USB Blaster 中的 FT245 接口电路如图 3.4.4 所示。

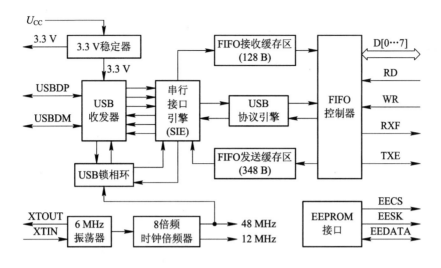

图 3.4.3　FT245 芯片功能框图

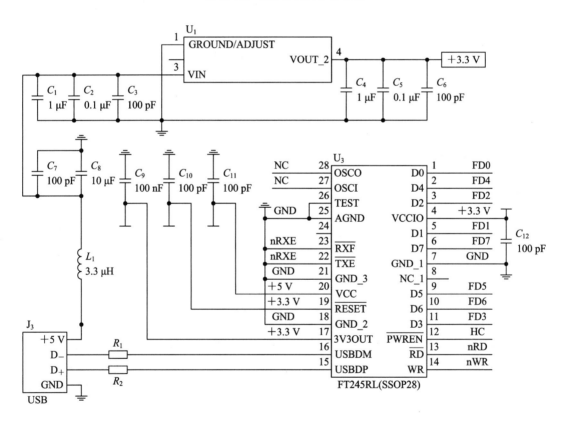

图 3.4.4　FT245 接口电路图

2）CPLD 芯片 EPM7064

EPM7064 的逻辑阵列块有 4 个，可用门数为 1250 个，宏单元数为 64 个；其内部电路工作电压为 3.3 V，输入引脚允许为 2.5 V、3.3 V 和 5.0 V，输出引脚则为 2.5 V 或 3.3 V。

EPM 706 还能够提供全局控制信号，包括全局复位、全局置位、全局时钟和全局时钟使能。由 Altera 公司的 Quartus Ⅱ 软件支持开发。EPM7064 有 -4、-7、-10 等多种速度等级，尽管 -10 的速度较慢，但其工作频率远远超过了本设计的频率要求，所以选择 -10 速度等级。USB Blaster 中的 EPM7064 连接如图 3.4.5 所示。

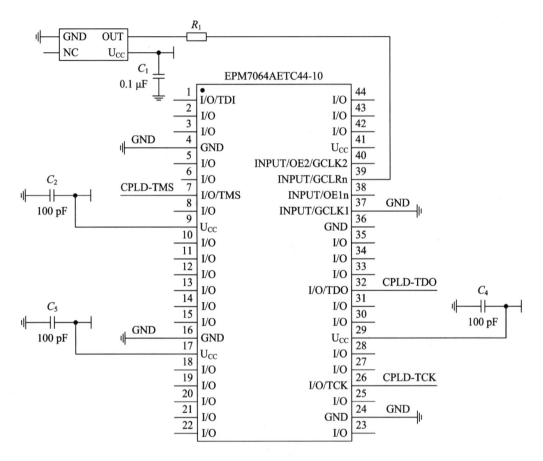

图 3.4.5　EPM7064 连接图

3）电压转换芯片 MAX3378

需要编程的可编程逻辑器件的种类很多，各自要求的编程电压不完全相同，主要有 2.5 V、3.3 V、5.0 V，为了保证本设计接口电路有更高的兼容性，要求电压转换芯片能把 5.0 V 的电压转换为这几种电压。此外 IEEE 1149.1 标准中规定测试信号 TDO 要从可编程器件的边界扫描通道返回，所以电压转换芯片还要能把 2.5 V 或 3.3 V 的信号转换为 5.0 V 的信号送回 CPLD。鉴于接口电路对电压转换的要求比较高，需要支持多种电压间的双向转换，因此选择 Maxim 公司的 MAX3378 芯片。这款芯片有 4 个 I/O 通道，两个基准电压输入引脚 U_{CC}（1.2～5.5 V）和 VL（1.65～5.5 V）。通过向这 2 个引脚提供不同的基准电压，实现 U_{CC} 电压和 VL 电压的双向转换。此外，还提供一个输入引脚 THREE-STATE，低电平有效时，MAX3378 停止电压转换；输入"1"时，MAX3378 正常工作。USB Blaster 中的电压转换电路如图 3.4.6 所示。

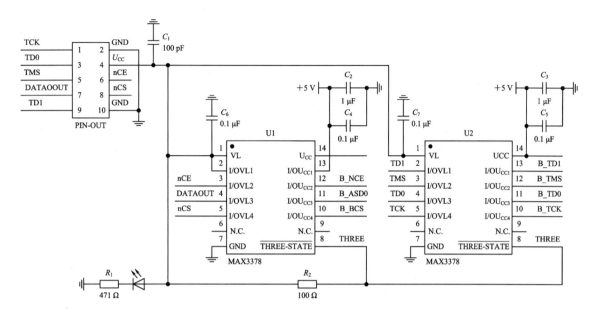

图 3.4.6　电压转换电路

3.4.2　Verilog HDL 语言概述

Verilog HDL 是一种硬件描述语言,以文本形式来描述数字系统硬件的结构和行为,用它可以表示逻辑电路图、逻辑表达式,还可以表示数字逻辑系统所完成的逻辑功能。Verilog HDL 和 VHDL 是世界上最流行的两种硬件描述语言,都是在 20 世纪 80 年代中期开发出来的,两种 HDL 均为 IEEE 标准。

Verilog HDL 语言具有下述描述能力:设计的行为特性、设计的数据流特性、设计的结构组成以及包含响应监控和设计验证方面的时延和波形产生机制,所有这些都使用同一种建模语言。此外,Verilog HDL 语言提供了编程语言接口,通过该接口可以在模拟、验证期间从设计外部访问设计,包括模拟的具体控制和运行。

Verilog HDL 语言不仅定义了语法,而且对每种语法结构都定义了清晰的模拟、仿真语义。因此,用这种语言编写的模型能够使用 Verilog 仿真器进行验证。Verilog HDL 语言从 C 编程语言中继承了多种操作符和结构,并提供了扩展的建模能力。

使用 Verilog 描述硬件的基本设计单元是模块(module)。构建复杂的电子电路主要是通过模块的相互连接调用来实现的,模块被包含在关键字 module、endmodule 之内。Verilog 中的模块类似 C 语言中的函数,它能够提供输入、输出端口,可以实例调用其他模块,也可以被其他模块实例调用。模块中可以包括组合逻辑部分、过程时序部分。例如,四选一的多路选择器就可以用模块进行描述,它具有两个位选输入信号、四个数据输入和一个输出端,在 Verilog 中可以表示如下:

```
module mux(out, select, in0, in1, in2, in3);
output out;
input [1:0] select;
input in0, in1, in2, in3;        //具体的寄存器传输级代码
endmodule
```

本节将对 Verilog HDL 语言的语法进行简单介绍，因其部分内容与 C 语言相同，因此对于相同部分的内容仅概括而不进行详细说明。

1. 逻辑值

逻辑 0：表示低电平，对应电路的 GND。

逻辑 1：表示高电平，对应电路的 U_{CC}。

逻辑 X：表示未知，有可能是高电平，也有可能是低电平。

逻辑 Z：表示高阻态，外部没有激励信号，是一个悬空状态。

在 Verilog HDL 语言中，所有数据都是由以上 4 种基本逻辑值 0、1、X 和 Z 构成的，同时，X 和 Z 是不区分大小写的，例如 0z1x 和 0Z1X 表示同一个数据。在二进制计数中，单比特逻辑值只有 0 和 1 两种状态，而在 Verilog 语言中，为了对电路进行精确的建模，又增加了两种逻辑状态，即 X 和 Z。当 X 用作信号状态时表示未知，当用作条件判断时表示不关心；Z 表示高阻状态，也就是没有任何驱动，通常用来对三态总线进行建模。在综合工具中，或者说在实际实现的电路中，并没有 X 值，只存在 0、1 和 Z 三种状态。在实际电路中还可能出现亚稳态，它既不是 0，也不是 1，而是一种不稳定的状态。

2. 数字进制格式

Verilog 数字进制格式包括二进制、八进制、十进制和十六进制，一般常用的为二进制、十进制和十六进制。

二进制表示：$4'b0101$ 表示 4 位二进制数字 0101。

十进制表示：$4'd2$ 表示 4 位十进制数字 2(二进制 0010)。

十六进制表示：$4'ha$ 表示 4 位十六进制数字 a(二进制 1010)。

例如，$16'b1001\_1010\_1010\_1001 = 16'h9AA9$。

3. 标识符

标识符(identifier)用于定义模块名、端口名、信号名等。标识符可以是任意一组字母、数字、$ 符号和下画线符号的组合，但标识符的第一个字符必须是字母或者下画线，同时标识符是区分大小写的。

在实际书写时通常有以下推荐规则：不建议大小写混合使用；普通内部信号建议全部小写；信号命名最好体现信号的含义，简洁、清晰、易懂。例如，使用有意义的、有效的名字，如 sum、cpu_addr 等；用下画线区分词，如 cpu_addr 和 cpu addr 不是同一个标识符，因为在 Verilog 中使用空格来分隔标识符的各个部分，对于 cpu addr 而言，Verilog 将其解析为两个不同的标识符 cpu 和 addr；采用一些前缀或后缀，比如时钟采用 clk 前缀，表示为 clk_50、clk_cpu。

4. 数据类型

Verilog HDL 有三种数据类型，分别为线网数据类型、寄存器数据类型和参数数据类型。

1）线网数据类型

线网数据类型表示结构实体（如门）之间的物理连线。线网类型的变量不能储存值，它的值由驱动它的元件决定。驱动线网类型变量的元件有门、连续赋值语句、assign 等。如果没有驱动元件连接到线网类型的变量上，则该变量就是高阻的，即其值为 Z。线网数据类型包括 wire 型和 tri 型，其中最常用的就是 wire 型。wire 表示一个输出型信号或者一个或多个模块之间的连接线，可以被多个模块同时引用。

2）寄存器数据类型

寄存器数据类型表示一个抽象的数据存储单元，通过赋值语句可以改变寄存器储存的值，寄存器数据类型包括 reg、integer、real 和 time。除此之外，还有一些衍生的寄存器数据类型，如 signed 和 unsigned，分别表示有符号和无符号整数类型。这些数据类型可以用于处理不同位宽的数字信号，如 8 位、16 位等。在使用 Verilog HDL 编写数字电路时，合理地选择合适的寄存器数据类型是非常重要的，因为它会影响到电路的性能和资源占用。同时还需要注意对寄存器的时序约束，以确保电路在特定时钟频率下正常工作。

（1）reg：表示一个可读写的寄存器或者存储器元素，一般用于存储状态值或者计数器。reg 类型的数据只能在 always 语句和 initial 语句中被赋值，reg 类型数据的默认初始值为不定值 X。如果该过程语句描述的是时序逻辑，即 always 语句带有时钟信号，则该寄存器变量对应为触发器；如果该过程语句描述的是组合逻辑，即 always 语句不带有时钟信号，则该寄存器变量对应为硬件连线。

（2）integer：表示一个 32 位带符号的整数。

（3）real：表示一个双精度浮点数。

（4）time：表示一个时间戳，以仿真时钟周期为单位，通常用于控制仿真过程。

3）参数数据类型

在 Verilog HDL 中，参数是一种常量数据类型，用于在代码中赋值和修改。Verilog HDL 中常用的参数数据类型包括 parameter、localparam 和 defparam。可以一次定义多个参数，参数与参数之间需要用逗号隔开。这些参数数据类型通常用于定义数字电路的一些重要参数，如时钟频率、计数器取值范围等。使用参数数据类型可以方便地调整电路的行为和性能，而无须重新编写代码。在 Verilog HDL 中，也可以采用宏定义等方式定义符号常量，但这些符号常量通常不具有参数数据类型的灵活性和扩展性。

需要注意的是，在使用参数数据类型时，应该避免在时序敏感的区域（如组合逻辑）中使用参数常量，因为这样会使电路的时序约束变得模糊和不明确。

（1）parameter：表示一个常量，可以在代码中进行赋值和修改。

（2）localparam：表示一个局部常量，只能在当前模块内部使用。

（3）defparam：用于修改已实例化的模块或单元的参数。

5. 运算符

在 Verilog HDL 中，运算符用于对信号或变量进行各种逻辑、算术和比较操作，以下是 Verilog HDL 中常用的运算符。

（1）算术运算符：＋（加法）、－（减法）、＊（乘法）、/（除法）、%（取模）。

（2）位运算符：&（按位与）、|（按位或）、^（按位异或）、~（按位取反）、≪（左移）、≫（右移）。

（3）逻辑运算符：!（逻辑非）、&&（逻辑与）、||（逻辑或）。

（4）关系运算符：==（相等）、!=（不相等）、<（小于）、>（大于）、<=（小于等于）、>=（大于等于）。

（5）括号运算符：（），用于改变运算优先级。

（6）三目运算符：?，用于在条件满足时选择不同的值进行赋值。

（7）赋值运算符：+=（加等于）、-=（减等于）、*=（乘等于）、/=（除等于）、%=（取模等于）等。

（8）向量运算符：{ }，用于合并和拆分信号向量。

上述运算符的功能和逻辑与 C 语言基本一致，因此不在此过多赘述。这些运算符可用于组合逻辑和时序逻辑中，以实现不同的数字电路功能。在使用 Verilog HDL 编写数字电路时，需要根据具体应用场景选择合适的运算符，并注意避免由于运算优先级错误等原因导致电路失效或行为异常。

6. 模块结构

Verilog HDL 是一种硬件描述语言，用于设计数字电路。在 Verilog HDL 中，模块是设计的基本单元，可以将其视为一个黑盒子，具有输入、输出和内部逻辑。每个 Verilog 程序包括 4 个主要的部分：端口定义、IO 说明、内部信号声明、功能定义。

以下是 Verilog HDL 中模块的基本结构：

```
module module_name(input port_list, output port_list);
//内部逻辑实现
// ...
endmodule
```

其中，module_name 是模块的名称；port_list 是模块的端口列表，包括输入和输出端口。内部逻辑实现包括组合逻辑和时序逻辑，可以使用 Verilog HDL 中提供的语法实现。

下面是一个简单的 Verilog HDL 模块示例：

```
module AND_gate(input a, input b, output c);
assign c = a & b;
endmodule
```

上述代码定义了一个名为 AND_gate 的模块，它有两个输入端口 a 和 b、一个输出端口 c，该模块的内部逻辑实现使用了一个逻辑与门来计算输出。

7. 结构语句

在 Verilog HDL 中，结构语句用于描述设计的时序行为。与组合逻辑不同，时序逻辑需要考虑时钟信号的影响，因此需要使用结构语句来描述其行为。

以下是 Verilog HDL 中常用的结构语句。

1）always 块

always 块用于在时钟信号触发时执行操作，它的语法如下：

```
always @(posedge clk) begin       // 在时钟上升沿执行的操作

end
```

上述代码定义了一个在时钟上升沿触发的 always 块。当时钟触发时，该块中的代码将被执行。

2）initial 语句

initial 结构语句用于描述电路初始化时的行为。它常常用于仿真，以帮助设计人员检查他们的设计是否满足预期。以下是 initial 结构语句的基本语法：

```
initial begin
    //初始化电路的代码

end
```

initial 语句编写的代码只在仿真开始时被执行一次，并且不会在运行时修改电路状态。它常用于测试文件的编写，用来产生仿真测试信号（激励信号），或者用于对存储器变量赋初值。而 always 语句一直在不断地重复活动，但是只有和一定的时间控制结合在一起才有作用。

3）case 语句

case 语句用于根据某个变量的值选择执行不同的操作，它的语法如下：

```
case (variable)
    value1：     // 执行操作 1
    value2：     // 执行操作 2
    default：    // 执行默认操作
endcase
```

上述代码定义了一个根据变量值选择执行不同操作的 case 语句。如果变量的值匹配 value1，则执行操作 1；如果变量的值匹配 value2，则执行操作 2；否则执行默认操作。

4）for 循环

for 循环用于重复执行一段代码，它的语法如下：

```
for (initialization；condition；update) begin
    //重复执行的代码

end
```

上述代码定义了一个从初始化状态开始，以条件为判断依据，每次更新状态并重复执行代码的 for 循环。

5）if 语句

if 语句用于根据某个条件执行不同的操作，它的语法如下：

```
if (condition) begin
    //满足条件时执行的操作

end else begin
    //不满足条件时执行的操作

end
```

上述代码定义了一个根据条件选择执行不同操作的 if 语句。如果条件成立，则执行满足条件时的操作；否则执行不满足条件时的操作。

6）赋值语句

在 Verilog HDL 中，赋值语句用于将一个变量或者寄存器的值赋给另一个变量或者寄存器。常见的赋值语句有以下几种。

（1）非阻塞赋值。

非阻塞赋值使用"＜＝"符号表示，它的作用是在同一时间周期内同时执行多个操作。所谓非阻塞，是指在计算非阻塞赋值的右侧数值以及更新左侧参数期间，允许其他的非阻塞赋值语句同时计算右侧数值以及更新左侧。非阻塞赋值只能用于对寄存器类型的变量进行赋值，因此只能用在 initial 块和 always 块等过程块中，例如：

```
always @(posedge clk) begin
    a <= b;
    c <= d & e;
end
```

上述代码表示在时钟信号触发上升沿时，同时将 b 赋值给 a，并将位运算结果 d & e 赋值给 c。

（2）阻塞赋值。

阻塞赋值使用"＝"符号表示，它的作用是按顺序执行多个操作，每次只执行一个操作。所谓阻塞，是指在同一个 always 块中，后面的赋值语句是在前一句赋值语句结束后才开始赋值的，例如：

```
always @(posedge clk) begin
    a = b;
    #10 c = d & e;
end
```

上述代码表示在时钟信号触发上升沿时，先将 b 赋值给 a，再将 d & e 的结果赋值给 c。其中，#10 表示延迟 10 个时间单位后再执行下一条语句。

（3）连续赋值。

连续赋值使用"assign"关键字表示，它的作用是将一个组合逻辑的输出直接连接到一个线网或者寄存器上，例如：

```
assign out = a & b;
```

上述代码表示将 a 和 b 进行位运算，并将结果连接到一个线网 out 上。在连续赋值中，被赋值的变量必须声明为 wire 类型。

在 Verilog HDL 中，如果在同一时间周期内同时执行多个阻塞赋值操作，则可能会导致不可预期的结果，因此非阻塞赋值通常比阻塞赋值更安全。

以上是 Verilog HDL 中常用的结构语句，通过使用这些语句可以描述出复杂的时序行为，并实现各种数字电路的设计。

3.4.3 FPGA 的设计基础

本节通过一个基于 FPGA 的 DDS(Direct Digital Synthesizer)数字信号发生器，来说明 FPGA 的基本应用。

1. 功能概述

DDS 信号发生器是一种基于数字技术的信号发生器，主要用于产生高精度的、可编程的正弦波、方波和任意波形信号。DDS 信号发生器包括数字部分和模拟部分，数字部分控制频率、相位和幅度等参数，并将数字信号转换为模拟信号输出。它可以实现高精度、多种波形、宽频谱、低相噪声、相位调制等特性，并可通过固件升级方式对其进行调整或改变，使其能够按需处理任务。

DDS 信号发生器主要用于各种测试、测量和校准系统中，如频谱分析仪、示波器、测试仪器等。在通信系统中，DDS 信号发生器也被广泛应用于数字信号处理和解调中，如 OFDM（正交频分多路复用）系统、QAM（基于星座图调制技术）调制器等。除此之外，DDS 信号发生器还广泛应用于无线电、声音控制、自动化控制、声学实验等领域。

如图 3.4.7 所示，DDS 信号发生器的工作原理是：通过数字控制一个相位累加器来生成一个基本频率的正弦波信号，然后将其与一个数字控制的幅度调制器相乘，以产生所需的输出波形。DDS 工作的关键组件是相位累加器，它是一个数字计数器，可以根据时钟信号逐步增加一个固定值，称为相位增量。在 DDS 信号发生器中，相位累加器的计数速率由一个高精度的时钟控制，可以根据需要进行变化。

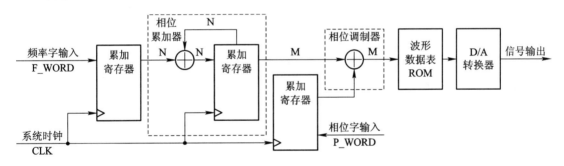

图 3.4.7　DDS 信号发生器原理图

DDS 信号发生器可以灵活地调节输出信号的频率、相位和幅度。DDS 信号发生器具有高精度、高稳定性、高灵活性等特点，可用于产生复杂的多频率、多相位、多脉冲、多调制等各种复杂波形，并且可以通过微处理器对其进行数字控制和编程。使用 FPGA 设计 DDS 信号发生器是一种常见的实现方式，FPGA 具有高速、高精度、低噪声等优点，通常可以使用一个数字控制的相位累加器来产生正弦波信号，并与一个振荡器相乘以得到所需的信号。

2. Verilog 程序编写

使用 Verilog 实现 FPGA DDS 信号发生器的过程包括以下几个步骤。

（1）确定 DDS 的基本参数，如输出频率、分辨率、幅度等，这些参数将决定后续程序的设计和实现。

（2）编写 Verilog 代码。根据上述基本参数可以定义 Verilog 模块，并在其中定义时钟信号、复位信号、输出端口等。同时，需要编写相应的逻辑来控制相位累加器的计数、正弦波表的查找、幅度调制器的控制等。

（3）仿真和验证。使用仿真工具对所编写的代码进行验证，确保其正确性和稳定性。可以通过仿真产生各种输入情况，测试 DDS 的输出是否满足预期要求。

（4）进行综合和布局布线。完成代码的仿真验证后，还需要将代码综合到 FPGA 芯片上，并进行物理连接和布线等操作，以生成最终的信号发生器 DDS。

由 DDS 原理可绘制出信号框图，如图 3.4.8 所示。

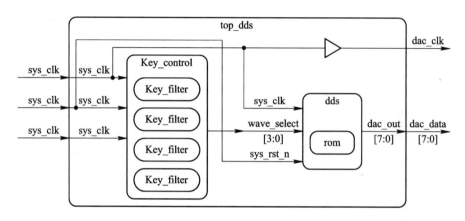

图 3.4.8 DDS 信号框图

在整理完 DDS 的信号流程和程序框架后，可采用 Quartus Ⅱ 来进行 Verilog 的编写，Quartus Ⅱ 是一种集成开发环境（IDE），用于设计、开发和验证 FPGA 芯片。Quartus Ⅱ 可以帮助用户进行电路仿真、综合、布局布线等操作，从而实现高效的 FPGA 设计。基于 FPGA 的 DDS 信号发生器程序如下：

```
moduletop_dds
(
    input wire sys_clk,              //系统时钟，50 MHz
    input wire sys_rst_n,            //复位信号，低电平有效
    input wire[3：0]key,             //输入 4 位按键
    input [31：0] phase_step,        //相位步进值
    output wire dac_clk,             //输出 DAC 模块时钟
    output wire[7：0] dac_data        //输出 DAC 模块波形数据
);
//wiredefine
wire [3：0] wave_select；            //波形选择
//dac_clka：DAC 模块时钟
assign dac_clk = ～sys_clk；
reg [31：0] current_phase；
//————————————————dds_inst————————————————
dds dds_inst
(
    sys_clk(sys_clk),               //系统时钟，50 MHz
    sys_rst_n(sys_rst_n),           //复位信号，低电平有效
    wave_select(wave_select),       //输出波形选择
```

```
        data_out(dac_data)              //波形输出
);
//————————————key_control_inst ————————————
key_control key_control_inst
(
        sys_clk(sys_clk),               //系统时钟，50 MHz
        sys_rst_n(sys_rst_n),           //复位信号，低电平有效
        key(key),                       //输入 4 位按键
        wave_select(wave_select)        //输出波形选择
);
// ——————————DDS核心部分：相位累加器————————————
always @(posedge sys_clk or posedge sys_rst_n)
begin
if(sys_rst_n)
        current_phase <= 0;
else
        current_phase <= current_phase + phase_step;
end
//———————————正弦波生成部分——————————————
always @(posedge sys_clk)
begin
dac_data <= {current_phase[31：16]} / 65536.0 * 32767;
end
endmodule
```

上述程序只是基本框架，具体的实现还因应用场景而异。例如，需要添加振荡器、幅度调制器、相位调制器等组件，以满足更高级别的要求。同时，还需要根据 FPGA 芯片的特性调整时序约束、时钟分频等设置，并进行物理连接和布线等操作，才能完成完整的信号发生器 DDS 设计。

本小节采用最基础的 DDS 信号发生器，通过改变它的相位步进值、幅度和频率参数来周期性地产生正弦波、方波、三角波和锯齿波，其实现方式如下：

（1）正弦波：要产生正弦波，相位步进值需要是一个周期的相位值，即 $2\pi/$ 周期，其中周期为正弦波的周期。如果需要一个频率为 f 的正弦波，则可以根据公式 $f = f_s * N/(2^N)$，其中 f_s 是 DDS 的时钟频率，N 是相位累加器的位宽。因此，可以通过调整相位步进值来实现所需的正弦波频率。此外，输出幅度设置为正或负的最大值，即 $\pm[(2^N - 1)/2]$。

（2）方波：要产生方波，相位步进值需要等于一个周期的相位值的一半，即 $\pi/$ 周期，其中周期为方波的周期。要设置输出幅度的大小来定义方波的幅度，可以将其设置为正或负的最大值，即 $\pm[(2^N - 1)/2]$。

（3）三角波：要产生三角波，相位步进值需要为一个周期的相位值的 $1/4$，即 $\pi/2$ 周期，其中周期为三角波的周期。可以通过调整相位步进值来实现所需的三角波频率。此外，输出幅度在每个周期内不断变化，从最小值变到最大值，然后从最大值逐渐变回最小值，再一次循环，形成三角波。

（4）锯齿波：要产生锯齿波，相位步进值需要等于一个周期的相位值，即 2π/周期，其中周期为锯齿波的周期。可以通过调整相位步进值来实现所需的锯齿波频率。此外，输出幅度会沿着矩形波形不断变化，从最小值变到最大值，然后跳变到最小值，再一次循环，形成锯齿波。

完成程序设计后可以使用 ModelSim 进行仿真，ModelSim 是一款由 Mentor Graphics 公司开发的仿真器，它是目前业界应用最广泛、功能最为强大的 Verilog 和 VHDL 仿真工具之一。ModelSim 提供了丰富的调试功能，可以帮助用户快速准确地验证设计的正确性，并且支持多种仿真方式，包括行为级仿真、门级仿真、混合仿真等。最终得到的系统时序仿真图如图 3.4.9 所示。

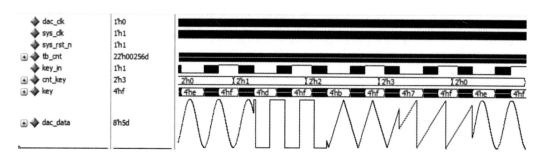

图 3.4.9　DDS 信号发生器时序仿真图

由图 3.4.9 可见输出信号 dac_data 的输出波形为正弦波、方波、三角波和锯齿波的循环，与程序预期一致，完成代码的仿真验证后，还需要将代码综合到 FPGA 芯片上，并进行物理连接和布线等操作，以生成最终的信号发生器 DDS。

思 考 题

3-1　概述数字系统设计的流程。

3-2　对于三输入的与非门，当其中一个输入的电平确定之后，是否可以确定其输出电平？当变为或非门时，还可以确定吗？

3-3　同步电路与异步电路的区别是什么？

3-4　概述时序逻辑电路的特点，并说明其与组合逻辑电路的主要区别。

3-5　简述 FPGA 与单片机相比有什么不同？它们在电子系统中起到的作用是怎样的？

3-6　单片机与 FPGA 的接口中为什么要采用地址锁存器？

3-7　在 Multisim 中，分别在下列条件下设计一个全加器电路，用发光二极管显示其结果：

（1）仅使用与非门（NAND）和异或门（XOR）实现全加器电路；

（2）仅使用与或非门（NOR）、与非门（NAND）和异或门（XOR）实现全加器电路；

（3）自定设计方案：自行选择适合的逻辑门组合来实现全加器电路。

3-8　设计一个十八进制加法计数器，并进行分析说明。

3-9 以 74LS138 为例简述译码器的工作原理，并设计 8 位流水灯电路，然后进行分析说明。

3-10 利用同步十进制计数器 74LS160 来设计如下数字电路：

（1）用置零法设计一个六进制计数器；

（2）用置数法设计一个六进制计数器，并进行仿真分析。

第4章 微控制器应用系统设计

4.1 概 述

　　智能制造需要实时获取生产过程中的各种数据，以进行监控、分析和优化。微控制器具有高速数据处理能力，能够实时采集来自传感器的数据，并进行预处理、分析和存储。这些数据可以用于生产过程的监控和调优，以及故障预警和诊断。随着人工智能技术的发展，微控制器越来越多地应用于智能制造的智能化决策和优化。通过集成机器学习算法和模型，微控制器可以根据历史数据和实时反馈，自动调整生产参数、优化生产流程，并预测潜在问题和风险。这有助于提高制造过程的智能化水平，降低生产成本，提高产品质量。

4.1.1 微控制器概述

　　微控制器(Micro Controller Unit，MCU)也称为单片机，是由一片或几片大规模集成电路组成的中央控制器，这些电路执行控制部件和算术逻辑部件的功能。微控制器能完成取指令、执行指令以及与外界存储器和逻辑部件交换信息等操作，是微型计算机的运算控制部分，它可与存储器和外围电路芯片组成微型计算机。

　　MCU 把具有数据处理能力的中央控制器 CPU、随机存储器 RAM、只读存储器 ROM、多种 I/O 端口和中断系统、定时器/计数器等功能(可能还包括显示驱动电路、脉宽调制电路、模拟多路转换器、A/D 转换器等电路)集成到一块硅片上，如图 4.1.1 所示，构成一个小而完善的微型计算机系统，在工业控制领域广泛应用。

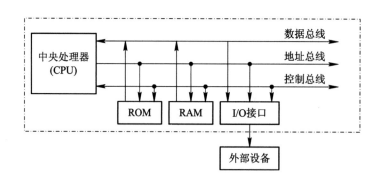

图 4.1.1　MCU 结构图

　　控制器的发展历程是一个技术不断进步、应用领域不断扩大的过程，其主要经历了三个发展阶段：SCM 阶段、MCU 阶段、SoC 阶段。

SCM(Single Chip Microcomputer)阶段，即单片微型计算机阶段：这一阶段主要是寻找优化的单片状嵌入式计算机系统架构。Intel 推出的 MCS-48 系列奠定了 SCM 与普通计算机完全不同的发展道路，使得单片机与通用计算机正式区分开来。

MCU 阶段，即微控制器阶段：在这一阶段，技术的发展主要聚焦于满足嵌入式应用时对象系统要求的各种外围电路与接口电路的扩展，以提升系统的智能控制能力。

SoC(System on Chip)阶段，即系统级芯片或片上系统阶段：这是嵌入式系统发展的一个重要阶段，它呈现了一个针对专用目标的集成电路，其中包含了完整的系统以及嵌入软件的全部内容。SoC 不仅仅是一个产品，同时它也是一种技术，用于实现从确定系统功能开始，到软/硬件划分，再到完成设计的整个过程。SoC 芯片集成了 CPU、GPU、通信等模块，形成了高度集成的解决方案，使得在单一芯片上就能实现复杂的电子系统，如手机芯片、数字电视芯片等。

从 MCU 的发展时间线来看，其主要经历了四个阶段：

(1) MCU 初步形成阶段(1974—1976 年)。

此时的单片机制造工艺落后，集成度低。典型的代表产品有 Fairchild 公司的 F8 系列和 Mostek 公司的 3870 等，片内只包括 8 位 CPU、64 B 的 RAM 和两个并行口，需要外加一块 3851 芯片(内部具有 1 KB 的 ROM、定时器/计数器和两个并行口)才能组成一台完整的单片机。

(2) MCU 探索发展阶段(1976—1978 年)。

此阶段可以在单片芯片内集成 CPU、并行口、定时器/计数器、RAM 和 ROM 等功能部件，但性能低，品种少，应用范围较窄。典型的产品有 Intel 公司的 MCS-48 系列，其典型特点是，片内集成有 8 位 CPU，1 KB 或 2 KB 的 ROM，64 B 或 128 B 的 RAM，只有并行接口，无串行接口，有 1 个 8 位的定时器/计数器，中断源有 2 个；片外寻址范围为 4 KB，芯片引脚为 40 个。

(3) MCU 完善巩固阶段(1979—1982 年)。

此阶段为 8 位单片机成熟的阶段，其存储容量和寻址范围增大，而且中断源、并行 I/O 口和定时器/计数器个数都有了不同程度的增加，并且集成有全双工串行通信接口。在指令系统方面增设了乘除法、位操作和比较指令。其典型特点是，片内包括了 8 位 CPU，4 KB 或 8 KB 的 ROM，128 B 或 256 B 的 RAM，具有串/并行接口，2 个或 3 个 16 位的定时器/计数器，有 5~7 个中断源；片外寻址范围可达 64 KB，芯片引脚为 40 个。代表产品有 Intel 公司的 MCS-51 系列、Motorola 公司的 MC6801 系列和 TI 公司的 TMS7000 系列。

(4) MCU 全面发展阶段(1983 年至今)。

此阶段为微控制器的全面发展阶段。随着单片机在各个领域全面深入的发展和应用，出现了高速、大寻址范围、强运算能力的 8 位/16 位/32 位通用型单片机，以及小型廉价的专用型单片机。

MCU 通过 50 多年的发展，由于其体积小、功耗低、价格低廉，且具有逻辑判断、定时计数、程序控制等多种功能，因此广泛应用于工业控制、医用设备、智能仪器仪表、计算机网络通信等领域。

4.1.2 嵌入式系统概述

IEEE(美国电气和电子工程师协会)对嵌入式系统的定义是：嵌入式系统是"控制、监视或者辅助装置、机器和设备运行的装置"(Devices used to control, monitor, or assist the operation of equipment, machinery or plants)，从中可以看出嵌入式系统是软件和硬件的结合，是一种专用的计算机系统。

我国对嵌入式系统最常见的一种定义是：嵌入式系统是以应用为中心，以计算机技术为基础，并且软硬件可裁剪，适用于应用系统对功能、可靠性、成本、体积、功耗有严格要求的专用计算机系统。这种定义是从技术应用角度进行的，它不仅指明了嵌入式系统是一种专用计算机系统(非 PC 的智能计算机系统)，而且说明了嵌入式系统的几个基本要素。嵌入式系统中的"嵌入"一词，既指其软硬件的可裁剪性，也表示该系统通常是更大系统中的一个完整的部分。另外，嵌入式系统要与嵌入式设备区分开来，嵌入式设备是指内部有嵌入式系统的产品、设备和装置等，如内含单片机系统的家用电器、仪器仪表、工控单元、机器人、手机、PDA、PLC 等。

通用计算机系统的技术要求是高速、海量的数值计算，技术发展方向是总线速度的无限提升和存储容量的无限扩大。而嵌入式计算机系统的技术要求则是对象的智能化控制能力，技术发展方向是与对象系统密切相关的嵌入性能、控制能力与控制的可靠性。

嵌入式系统的发展主要经历了四个阶段。

第 1 阶段：以单芯片为核心的可编程控制器形式。嵌入式系统虽然起源于微型计算机时代，然而微型计算机的体积、价格、可靠性都无法满足特定的嵌入式应用要求，因此嵌入式系统开展了芯片化发展，将计算机制备在一个芯片上，从而开创了嵌入式系统独立发展的单片机时代。单片机就是一个典型的嵌入式系统，这类系统大部分应用于一些专业性强的工业控制系统中，一般没有操作系统的支持，软件通过汇编语言或高级语言编写。

这一阶段系统的主要特点是：系统结构和功能相对单一，处理效率较低，存储容量较小，几乎没有用户接口。由于这种嵌入式系统使用简单、价格低，以前在国内工业领域应用较为普遍，但是现在已经远不能适应高效的、需要大容量存储的现代工业控制和新兴信息系统等领域的需求了。

第 2 阶段：以嵌入式 CPU 为基础、以简单操作系统为核心的嵌入式系统。其主要特点是：CPU 种类繁多，通用性比较弱；系统效率高；操作系统可达到一定的兼容性和扩展性；应用软件较专业化，用户界面不够友好。

第 3 阶段：以嵌入式操作系统为标志的嵌入式系统。其主要特点是：嵌入式操作系统能运行于各种不同类型的微控制器上，兼容性好；操作系统内核小、效率高，并且具有高度的模块化和扩展性；具备文件和目录管理，支持多任务，支持网络应用，具备图形窗口和用户界面；具有大量的应用程序接口和 API，开发应用程序较简单；嵌入式应用软件丰富。

第 4 阶段：以 Internet 为标志的嵌入式系统。随着 Internet 技术的普及和发展，嵌入式系统开始与 Internet 技术结合，形成了面向 Internet 的嵌入式系统。这一阶段的主要特点是：嵌入式系统能够通过 Internet 进行远程监控、数据传输和控制，实现了嵌入式系统的网络化和智能化。这推动了嵌入式系统在智能家居、物联网、远程医疗等领域的应用和发展。Internet 技术与信息家电、工业控制技术结合日益密切，嵌入式设备与 Internet 的结合将代表嵌入式系统的未来。

1. 嵌入式系统的组成

嵌入式系统主要由嵌入式硬件系统和嵌入式软件系统组成。图 4.1.2 简要描述了嵌入式系统软硬件各部分的组成结构。输入系统获取外界信息传输给嵌入式控制器进行处理，处理后发出指令，输出系统接收到指令后进行动作。

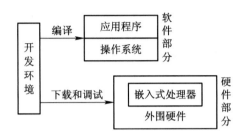

图 4.1.2　嵌入式系统的组成

嵌入式系统硬件的组成可以分为嵌入式控制器、存储器、模拟电路、电源、接口控制器、接插件等。

嵌入式控制器是嵌入式系统的核心。嵌入式控制器与通用控制器最大的区别在于嵌入式 CPU 大多工作在为特定用户群设计的系统中。从应用的角度来划分，嵌入式控制器分为嵌入式微控制器（MCU，单片机）、嵌入式微处理器（MPU）、嵌入式数字信号控制器（DSP）、嵌入式片上系统（SoC）。

（1）嵌入式微控制器（MCU）。

嵌入式微控制器一般以某一种微处理器内核为核心，芯片内部集成了 ROM、RAM、总线、总线逻辑、定时/计数器、I/O 等各种必要功能和外设。由于微控制器的片上外设资源一般比较丰富，适合于控制，因此被称为微控制器。和嵌入式微处理器相比，微控制器的最大特点是单片化，体积大大减小，从而使功耗和成本下降、可靠性提高。微控制器是嵌入式系统工业的主流。

（2）嵌入式微处理器（Microprocessor Unit，MPU）。

嵌入式微处理器是由通用计算机中的 CPU 演变而来的。它的特征是具有 32 位以上的控制器，具有较高的性能。但与通用计算机控制器不同的是，在实际嵌入式应用中，只保留和嵌入式应用紧密相关的功能硬件，去除了其他的冗余功能部分，这样就以最低的功耗和资源实现了嵌入式应用的特殊要求。和工业控制计算机相比，嵌入式微处理器具有体积小、质量轻、成本低、可靠性高的优点。

（3）嵌入式数字信号控制器（Digital Signal Processor，DSP）。

DSP 是专门用于信号处理方面的控制器，其在系统结构和指令算法方面进行了特殊设计，具有很高的编译效率和指令执行速度。在数字滤波、FFT、谱分析等各种仪器上，DSP 获得了大规模的应用。

（4）嵌入式片上系统（SoC）。

SoC 在单芯片上集成了数字信号控制器、微控制器、存储器、数据转换器、接口电路等电路功能模块，可以直接实现信号采集、转换、存储、处理等功能。IP 核（Intellectual

Property core，知识产权核）是 SoC 设计的基础，IP 核是指具有知识产权的、功能具体的、接口规范的、可在多个集成电路设计中重复使用的功能模块，是实现系统级芯片的基本构件。

嵌入式外围硬件设备主要包括串口、以太网接口、USB、音频接口、液晶显示屏、摄像头等。

嵌入式软件系统主要包括底层驱动、操作系统、应用程序。底层驱动用于作为嵌入式系统硬件和软件之间的接口；操作系统用于实现系统的进程调度和任务处理。嵌入式软件系统有两类：一类是面向控制、通信等领域的实时操作系统，如 μC/OS-II、VxWorks、Nucleus、QNX、pSOS 等；另一类是面向消费电子产品的非实时操作系统，如 WinCE、Linux 等。

2. 嵌入式系统的特点

嵌入式系统是为控制或监控工厂机器、设备等特定任务的计算机系统，与通用的计算机或 MCU 相比有着自身的一些特点。

（1）特殊性强。嵌入式系统个性化强，软件系统与硬件紧密结合。即使是同一品牌、同一系列的产品，也需要根据系统硬件的变化和增减进行修改。同时，不同的任务需要大大改变系统，程序的编译和下载必须与系统相结合。

（2）系统简化。一方面，嵌入式系统与系统软件和应用软件没有区别，不需要复杂的功能设计和实现。另一方面，嵌入式系统可以控制系统成本，实现系统安全。

（3）嵌入式软件的基本要求是具备高实时性。软件需要固态存储，以提升运行速度，代码则需要具备高质量和高可靠性的要求。

（4）多任务操作系统。若要实现嵌入式软件的标准化，则必须采用多任务操作系统。嵌入式系统的应用程序可以直接运行，无需操作系统支持；然而，为了实现多任务调度、使用系统资源、调用系统函数及与专家库函数接口对接，用户通常需要选择实时操作系统（RTOS）开发平台。

（5）需要开发工具和环境。嵌入式系统没有自我开发能力，即使在设计完成后，用户通常也无法修改程序功能，开发必须有一套开发工具和环境。工具和环境基于通用计算机的软硬件设备、各种逻辑分析仪和混合信号示波器等。

（6）嵌入式系统中的软件通常固化在存储芯片中，以提高运行速度和系统可靠性。

4.2 80C51 应用系统设计

4.2.1 80C51 单片机概述

MCS-51 单片机是由美国 Intel 公司生产的一系列单片机的总称，这一系列单片机包括多个品种，如 8031、8051、8751 等，其中 8051 是最典型的产品，该系列其他单片机都是在 8051 的基础上进行功能的增、减和改变而来的，因此习惯用 8051 来称呼 MCS-51 系列单片机。

MCS-51 单片机设计上的成功，使其很快就有了较高的市场占有率。而 Intel 公司以专利转让或技术交换的形式把 8051 单片机的内核技术转让给了许多厂家，如 Atmel、Philips、华邦等公司。这些厂家生产的兼容机型均采用 8051 内核结构和相同的指令系统，采用 CMOS 工艺。有的公司还在 8051 内核的基础上增加了一些内部功能模块，其集成度更高，功能和市场竞争力更强，所以常用 8051(80C51，"C" 表示采用 CMOS 工艺)单片机来统称所有这些具有 8051 内核且使用相同指令系统的单片机，也习惯把这些兼容机等各种衍生品种统称为 8051 单片机。在众多与 MCS-51 单片机兼容的各种基本型、增强型、扩展型等衍生机型中，Atmel 公司推出的 AT89 系列，尤其是其中的 AT89S5×/AT89C5× 系列，在我国目前的 8 位单片机市场中占有较大的份额。

8051 单片机在一块芯片上集成了 CPU、RAM、ROM、定时器/计数器和多功能 I/O 口等，其结构原理如图 4.2.1 所示。

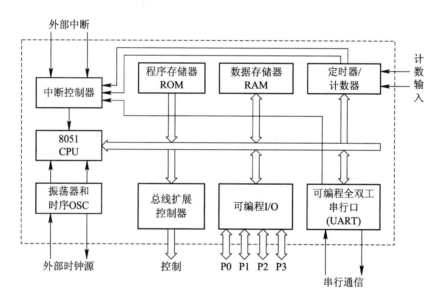

图 4.2.1　MCS-51 的系统结构框图

下面以 AT89C51 为例，来具体说明 80C51 单片机的特点。AT89C51 是一种低功耗、高性能、CMOS 工艺的 8 位微控制器，芯片内部集成有如下内容：

(1) 1 个 8 位的 CPU；

(2) 128 B/256 B 的内部 RAM；

(3) 4 KB/8 KB 的内部 Flash ROM；

(4) 1 组特殊功能寄存器(Special Function Register，SFR)；

(5) 1 个可位寻址的布尔控制器；

(6) 4 个 8 位可编程 I/O 口(P0、P1、P2、P3)；

(7) 1 个 UART 串行通信口；

(8) 2 个 16 位定时器/计数器；

(9) 5 个中断源，2 个中断优先级的中断控制系统；

(10) 1个片内振荡器和时钟电路。

同时，AT89C51可降至0 Hz的静态逻辑操作，并支持两种软件可选的节电工作模式。空闲方式时停止CPU的工作，但允许RAM、定时/计数器、串行通信口及中断系统继续工作。掉电方式时保存RAM中的内容，但振荡器停止工作并禁止其他所有部件工作直到下一个硬件复位。

1. AT89C51的基本结构与原理

1) 中央处理器

中央处理器(Central Processing Unit，CPU)作为计算机系统的运算和控制核心，是信息处理、程序运行的执行单元，也是单片机的核心部件，决定了单片机的主要功能和特性。在工作时，CPU从ROM中调取程序并进行运算，然后发出控制信号通过总线送到I/O接口，再由I/O接口将控制信号送到外围的输出电路。

AT89C51单片机8位CPU内部结构如图4.2.2所示，其主要是由运算器和控制器构成的。

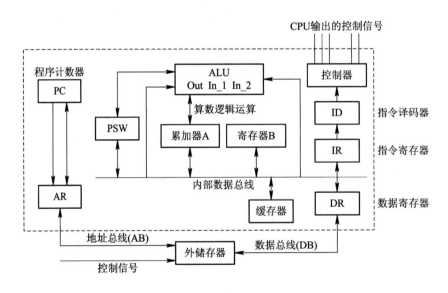

图 4.2.2　AT89C51 单片机 8 位 CPU 的内部结构图

从图中可以看出，单片机CPU主要由算术逻辑运算单元ALU、程序计数器、PC和控制器等组成。

2) 时钟振荡器

时钟振荡器的功能是产生时钟信号送给单片机内部各电路，并且控制这些电路，使它们按一定的节拍工作。时钟信号频率越高，内部电路运算速度越快。

3) 中断控制器

当CPU执行正常的程序时，如果在INT0或INT1端给中断控制器送入一个中断请求信号，则中断控制器立即让CPU停止正在执行的程序，转而去执行ROM中特定的某段程序，执行完该程序后再继续执行先前中断的程序。

51 系列单片机的中断控制器可以接受 5 个中断请求，包括 2 个外部中断请求、2 个定时器/计数器中断请求以及 1 个串口通信中断请求。

4）只读存储器

只读存储器（又称程序存储器 Read Only Memory，ROM）是一种具有存储功能的电路，断电后其中的信息不会消失。ROM 主要用来存储程序代码。

工作时，CPU 自动从 ROM 中读取程序再进行运算，然后通过 I/O 接口向外部电路输出相应的控制信号。早期的 ROM 一般是单独的芯片，没有集成在单片机内部（如 8031 单片机内部就没有 ROM，需要外接），现在的单片机基本上都将 ROM 集成在内部。

5）随机存取存储器

随机存取存储器（Random Access Memory，RAM）也叫主存，是与 CPU 直接交换数据的内部存储器。RAM 的特点是：可以写入信息，也可以读取信息，断电后存储的信息会全部消失。单片机的 RAM 主要用来存储一些临时数据。

6）定时器/计数器

定时器/计数器可以根据需要设定为定时器或计数器。如果要求 CPU 在一段时间（如 5 ms）后执行某段程序，则可让定时器/计数器工作在定时状态，定时器/计数器开始计时，当计到 5 ms 后，产生一个请求信号送到中断控制器，中断控制器则输出信号让 CPU 停止正在执行的程序，转而去执行 ROM 中特定的某段程序。

如果定时器/计数器工作在计数状态，可以从 T0 或 T1 端输入脉冲信号，则定时器/计数器开始对输入的脉冲进行计数，当计数到某个数值时，输出一个信号到中断控制器，让中断控制器控制 CPU 去执行 ROM 中特定的某段程序。

7）串行通信口

串行通信口是单片机和外部设备进行串行通信的接口。当单片机要将数据传送给外部设备时，可以通过串行通信口将数据由 TXD 端输出，外部设备送来的数据可以从 RXD 端输入，通过串行通信口将数据送入单片机。

8）I/O 接口

AT89C51 共有 4 组 I/O 接口，分别是 P0、P1、P2 和 P3 端口。单片机通过这些端口与外部设备连接。这 4 组端口都是复用端口，既可作为输出端口，也可作为输入端口，具体作为哪种端口由单片机内部的程序来决定。

9）总线扩展控制器

单片机内部用 ROM 来存储写入的程序，但内部的 ROM 容量通常较小，只能存储一些不复杂的程序，如果遇到一些大型复杂的程序，所占容量大，单片机内部的 ROM 无法完全装下，那么可以通过扩展外界存储器来解决这个问题。总线扩展控制器主要用于控制外接存储器，使它像单片机内部的存储器一样使用。

8051 系列各种单片机的引脚是相互兼容的，例如，40 引脚的双列直插（DIP）封装方式如图 4.2.3 所示。除采用 DIP 封装方式外，还常采用 LQFP 封装方式，为 44 引脚，如图

4.2.4 所示。

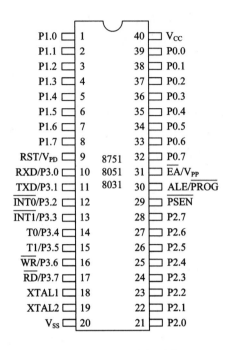

图 4.2.3　双列直插封装

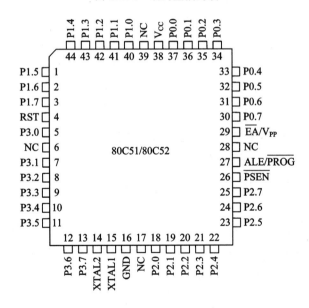

图 4.2.4　LQFP 封装

下面以 DIP 封装为例,来说明 51 单片机的引脚。40 个引脚按其功能可分为以下 3 类。

(1) 电源及时钟引脚:V_{CC}、V_{SS},XTAL1、XTAL2。

(2) 控制引脚:$\overline{PSEN}$、ALE、$\overline{EA}$、RESET(即 RST)。

(3) I/O 口引脚:P0、P1、P2、P3,为 4 个 8 位 I/O 口引脚。

下面结合图 4.2.3 来介绍各引脚的功能。

（1）电源及时钟引脚。

V_{CC}（40 引脚）接＋5 V 电源，V_{SS}（20 引脚）接电源 GND。

2 个时钟引脚 XTAL1、XTAL2 外接晶体，与片内的反相放大器构成了一个振荡器，它可为单片机提供时钟控制信号。2 个时钟引脚也可外接晶体振荡器。

XTAL1（18 引脚）接外部晶体的一个引脚，该引脚是内部放大器的输入端。这个反相放大器构成了片内振荡器。如果采用外部时钟信号，则此引脚接地。XTAL2（19 引脚）接外部晶体的另一端，在该引脚内部接至内部反相放大器的输出端，若采用外部时钟振荡器，则该引脚接收时钟振荡器的信号，即把此信号直接接到内部时钟发生器的输入端。

（2）控制引脚。

控制引脚提供控制信号，有的引脚还具有复位功能。

① RST（RESET）/V_{PP} 是复位信号输入端，高电平有效。当单片机运行时，在此引脚加上持续时间大于两个机器周期（24 个时钟振荡周期）的高电平，就可以完成复位操作。在单片机正常工作时，此引脚应为低电平。

V_{PD} 为本引脚的第二功能，即备用电源的输入端。当主电源 V_{CC} 发生故障，降低到某一规定值的低电平时，将＋5 V 电源自动接入 RST 端，为内部 RAM 提供备用电源，以保证片内 RAM 中的信息不丢失，从而使单片机在复位后能正常运行。

② ALE/$\overline{PROG}$（Address Latch Enable/ PROGramming，30 引脚）为地址锁存允许信号，当单片机上电正常工作后，ALE 引脚不断输出正脉冲信号。当访问单片机外部存储器时，ALE 输出信号的负跳沿用作 8 位地址的锁存信号。即使不访问外部锁存器，ALE 端仍有正脉冲输出，此频率为时钟振荡器频率 f_{osc} 的 1/6。但是，每当访问外部数据存储器时（即执行是 MOVX 类指令），在两个机器周期中 ALE 只出现一次，即丢失一个 ALE 脉冲。因此，严格来说，不宜用 ALE 作精确的时钟源或定时信号。ALE 端可以驱动 8 个 LS 型负载。如果想判断单片机芯片的好坏，可用示波器查看 ALE 端是否有正脉冲信号输出。

$\overline{PROG}$ 为本引脚的第二功能。在对片内 EPROM 型单片机（如 8751）编程写入时，此引脚作为编程脉冲输入端。

③ $\overline{PSEN}$（Program Strobe Enable，29 引脚）为程序存储器允许输出控制端。在单片机访问外部程序存储器时，此引脚输出的负脉冲作为读外部程序存储器的选通信号。此引脚接外部程序存储器的 $\overline{OE}$（输出允许）端。$\overline{PSEN}$ 端可以驱动 8 个 LS 型负载。

如要检查一个 51 单片机应用系统上电后，CPU 能否正常到外部程序存储器读取指令码，也可用示波器查 $\overline{PSEN}$ 端有无脉冲输出。

④ $\overline{EA}$/V_{PP}（Enable Address/Voltage Pulse of Programing，31 引脚）功能为内外程序存储器选择控制端。当 $\overline{EA}$ 端为高电平时，单片机访问内部程序存储器，但在 PC（Program Counter，程序计数器）值超过 0FFFH 时（对于 8051、8751 为 4KB），将自动转向执行外部程序存储器内的程序。当保持低电平时，则只访问外部程序存储器（不论是否有内部程序存储器）。对于 8031 来说，因其无内部程序存储器，所以该引脚必须接地，这样就只能选择外部程序存储器。

V_{PP} 为本引脚的第二功能。在对 EPROM 型单片机 8751 片内 EPROM 固化编程时，要用较高编程电压（如＋21 V 或＋12 V）的输入端，对于 89C51，则 V_{PP} 的编程电压为＋12 V

或+5 V。

（3）I/O 口引脚。

P0 口：双向 8 位三态 I/O 口，此口为地址总线（低 8 位）及数据总线分时复用口，可驱动 8 个 LS 型 TTL 负载。

P1 口：8 位准双向 I/O 口，可驱动 4 个 LS 型负载。

P2 口：8 位准双向 I/O 口，与地址总线（高 8 位）复用，可驱动 4 个 LS 型负载。

P3 口：8 位准双向 I/O 口，双功能复用口，可驱动 4 个 LS 型负载。

P1 口、P2 口、P3 口各 I/O 口线片内均有固定的上拉电阻。P0 口线内无固定上拉电阻，由两个 MOS 管串接，既可开漏输出，又可处于高阻的"浮空"状态，故称为双向三态 I/O 口。

2. 单片机的工作原理

单片机的工作过程实质上就是执行程序的过程，即逐条执行指令的过程。计算机每执行一条指令均可分为 3 个阶段，即取指令、译码分析指令和执行指令。

（1）取指令：根据程序计数器 PC 中的值，从程序存储器中读出当前要执行的指令，送到指令寄存器。

（2）译码分析指令：将指令寄存器中的指令操作码取出后进行译码，分析指令要求实现的操作性质，比如是执行传送还是加减等操作。

（3）执行指令：执行指令规定的操作，例如对于带操作数的指令，在取出操作码后，再取出操作数，然后按照操作码的性质对操作数进行操作。

大多数 8 位单片机取指令、译码分析指令和执行指令这 3 步是按照串行顺序执行的。32 位单片机的这 3 步也是必不可少的，但它们采用预取指令的流水线方法操作，并采用精简指令集，且均为单周期指令，其允许指令重叠并行操作。例如，在第一条指令取出后开始译码的同时，就取出第二条指令；在第一条指令开始执行、第二条指令开始译码的同时，就取出第三条指令；如此循环，从而使 CPU 可以在同一时间对不同指令进行不同的操作。这样就实现了不同指令的并行处理，显然这种方式能够大大加快指令的执行速度。

计算机执行程序的过程实际上就是逐条指令重复上述操作的过程，直至遇到停机指令或循环等待指令。

为便于了解程序的执行过程，这里给出单片机执行一条指令过程的示意图，如图 4.2.5 所示。现假设准备执行的指令是"MOV A，32H"，这条指令的作用是把片内 RAM 32H 中的内容 FFH 送入累加器 A 中，这条指令的机器码是"E5H，32H"。这条指令存放在程序存储器的 0031H、0032H 单元，存放形式参见图 4.2.5。复位后单片机在时序电路作用下自动进入执行程序过程，也就是单片机取指令和执行阶段的过程。

为便于说明，现在假设程序已经执行到 0031H，即 PC 变为 0031H；在 0031H 中已存放 E5H，0032H 中已存放 32H。当单片机执行到 0031H 时，首先进入取指令阶段，其执行过程如下：

（1）程序计数器的内容（这时是 0031H）送到地址寄存器；

（2）地址寄存器中的内容（0031H）通过地址译码电路使地址为 0031H 的单元被选中；

（3）CPU 使读控制线有效；

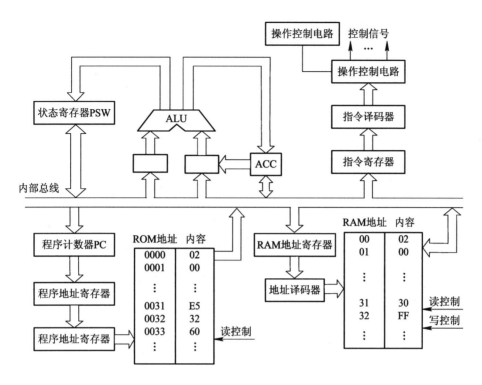

图 4.2.5　单片机指令执行过程示意图

（4）在读命令控制下，被选中存储器单元的内容（此时应为 E5H）送到内部数据总线上，因为是取指令阶段，所以该内容通过数据总线被送到指令寄存器；

（5）程序计数器的内容自动加 1（变为 0032H）。

至此，取指令阶段完成，后面将进入译码分析指令阶段和执行指令阶段。

由于本次进入指令寄存器中的内容是操作码 E5H，经译码器译码后单片机就会知道该指令是要把一个数送到累加器 A 中，而该数是在片内 RAM 的 32H 存储单元中。因此，执行该指令还必须把数据（FFH）从存储器中取出送到 A，即还要到 RAM 中取第二字节。其过程与取指令阶段很相似，只是此时 PC 已为 0032H，指令译码器结合时序部件产生 E5H 操作码的微操作系列，使数据 FFH 从 RAM 的 32H 单元取出。因为指令是要求把取得的数送到累加器 A 中，所以取出的数据经内部数据总线进入累加器 A，而不进入指令寄存器。至此，一条指令执行完毕。PC 寄存器在 CPU 每次向存储器取指令或取数时都自动加 1，此时 PC＝0033H，单片机又进入下一个取指令阶段。该过程将一直重复下去，直到收到暂停指令或循环等待指令才暂停。CPU 就是通过逐条执行指令来完成指令所规定的功能的，这就是单片机的基本工作原理。

不同指令的类型、功能是不同的，因此其执行的具体步骤和设计的硬件部分也不完全相同，但它们执行指令的 3 个阶段是相同的。

4.2.2　80C51 的开发基础

MCU 最小系统，或者称为最小应用系统，是指用最少的元件组成的可以工作的单片机系统。对 51 系列单片机来说，最小系统一般应该包括单片机、晶振电路和复位电路。图

4.2.6 即是 51 单片机的最小系统电路图。

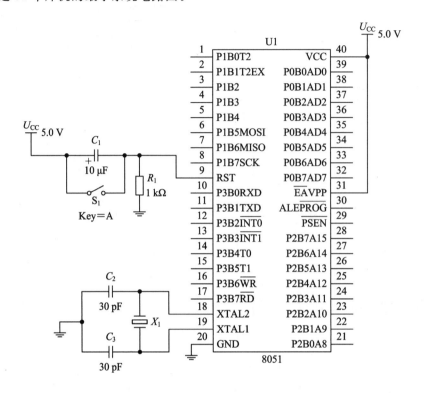

图 4.2.6　8051 最小系统电路

51 单片机的工作电压为 5 V，故通过外部稳压模块给单片机提供 5 V 的电压可使单片机工作。晶振电路就是振荡电路，用于向单片机提供一个振荡信号作为基准，该信号的频率决定单片机的执行速度。复位电路产生复位信号，使单片机从固定的起始状态开始工作，完成单片机的启动过程。

MultiMCU 是 Multisim 14 的一个嵌入组件，可以支持对微控制器（MCU）的仿真，在电路仿真中加入对 MCU 仿真的支持可以大大拓展 Multisim 电路仿真的适用范围。下面通过一个具体实例来说明 80C51 MCU 的开发基础。

1）添加单片机

在菜单栏中点击"新建"命令，新建一个电路窗口。点击工具栏中的"放置 MCU"，或在 Multisim 菜单栏中选择"Place"→"Component"命令，系统弹出如图 4.2.7 所示的单片机元器件库选择窗口。本例中选择 8051 单片机，其他选项使用默认设置，单击"确认"按钮将单片机添加到电路中，同时系统弹出"MCU 向导"界面，如图 4.2.8 所示。

在第 1 步中指定 MCU 工作区的路径及名称，本例中将工作区命名为"点亮一盏灯"，单击"下一步"按钮进入第 2 步，设置工程属性，如图 4.2.9 所示。工程类型有标准（Standard）类型和外部十六进制文件（Load External Hex File）类型两种：标准类型需要用户自行设计仿真程序，然后经过编译生成可执行代码进行仿真；而外部十六进制文件类型则是通过导入第三方的编译器生成的可执行代码进行仿真。编程语言有汇编语言和 C 语言两个选项，只有在标准类型下才能选择编程语言。汇编器和编译器工具有 8051/8052

Metalink 汇编器和 HITECH_C51 编译器两个选项，它们对应汇编语言和 C 语言两种编程语言。这一步中还要设定项目名称。本例中，项目类型选择"标准"，程序设计语言选择"C"语言，汇编器/编译器工具选择"HITECH_C51 编译器"，项目名设为"project"。单击"下一步"按钮进入第 3 步，指定工程文件，如图 4.2.10 所示。如第 2 步中的工程类型选择"外部十六进制文件"，则在此步只能选择"创建空项目"。本例中选择"添加源文件"，并命名为"main.c"。最后，单击"完成"按钮，完成 MCU 向导。

图 4.2.7　单片机元器件库选择窗口

图 4.2.8　MCU 向导第 1 步

图 4.2.9　MCU 向导第 2 步

图 4.2.10　MCU 向导第 3 步

2）设置单片机

双击电路窗口中的单片机，弹出单片机设置窗口，在此窗口中可以对单片机的属性进行设置。本例中主要对"值"选项卡进行设置，包括 RAM、ROM 和时钟频率等，具体参数如图 4.2.11 所示。

图 4.2.11 单片机设置窗口

3）设计单片机外围电路

本例为用 8051 单片机点亮一个 LED 灯，需要添加 LED、电容、电阻、电源、开关和 GND 等外围设备，通过连线构建如图 4.2.12 所示的电路图。

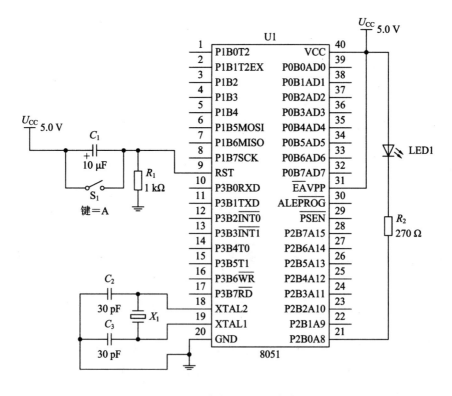

图 4.2.12 点亮一盏灯仿真电路

经实际测量，Multisim 中红色 LED 正向导通压降约为 1.8 V 左右，P2 端口的管脚 0 输出低电平时电压约为 309 mV。若使红色发光二极管导通电流约为 10 mA 左右，则由欧姆定律得

$$R_2 = \frac{U_R}{I_R} = \frac{(5 - 1.8 - 0.309)\text{V}}{10 \text{ mA}} = 289.1 \ \Omega$$

根据 E24 系列电阻规格，取 R_2 的值为 270 Ω。

4）建立 C 程序工程

在 Multisim"设计工具箱"列表框中打开"点亮一盏灯"空间，鼠标右键单击工作空间名，选择"添加 MCU 项目"选项，在弹出的"新建"对话框的"项目类型"下拉列表框中选择"标准"选项，并命名为"project"。

5）编写 C 语言应用程序

右键单击"project"工程名，选择"添加新的 MCU 源文件"命令，系统弹出如图 4.2.13 的对话框，选择"C 源文件(.c)"选项，并命名为"main"。单击"确认"按钮，打开 main 程序。

图 4.2.13 新建 C 语言源程序对话框

在 main.c 程序编辑框中编写 C 语言程序，使得发光二极管均匀闪烁，源程序如下：

```
#include <8051.h>          //头文件
void delay()               //延时函数
{
    int i;
    for(i = 0; i < 50; i++);
}


void main()
{
    while(1)               //循环执行
    {
        P2 = 0X00;
        delay();
        P2 = 0XFF;
        delay();
    }
}
```

本例也可通过汇编语言来编程，其建立与 C 语言工程的建立相似。文件建立完成后，在程序编辑框中编写汇编语言程序，使得发光二极管闪烁，源程序如下：

```
$ MOD51
    ORG   0000H
    LJMP MAIN
    ORG 0030H
```

```
MAIN：   CLR P2. 0
         LCALL DELAY
         SETB P2. 0
         LCALL DELAY
         SJMP MAIN

DELAY：MOV R7，#24
D1：     MOV R6，#24
         DJNZ R6，$
         DJNZ R7，D1
         RET

         END
```

6）编译程序

在 Multisim 中选择"MCU"→"MCU 8051 U1"→"搭建"命令，对激活的工程进行编译，执行结果在下方的编译结果窗口中显示，如果编译成功，会显示"0 -错误"；如果编译出错，则会出现错误显示。双击出错的提示信息，定位到出错的程序行，检查错误的原因并修改，直至编译通过。

回到原理图界面，点击"运行"按钮，即可看到 LED1 闪烁，如图 4.2.14 所示。

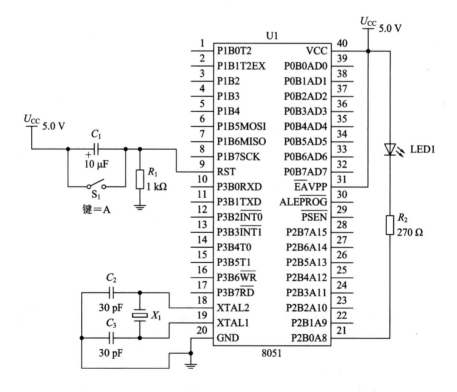

图 4.2.14　点灯仿真效果图

4.2.3　80C51 电子系统设计

前两节主要介绍了 8051 的硬件结构原理和开发基础,本节将以采用 AT89C51 单片机为核心的步进电机控制系统的具体实例介绍 80C51 的电子系统设计。

步进电机是一种能接受电脉冲信号并转化为相应的角位移或直线位移的电机,其相当于一个数字信号的执行元件,输入多少的脉冲信号就能得到多少的位置增量。因此,对步进电机的控制往往需要一个能输出电脉冲信号的控制器,实际一般使用单片机作为控制器来控制步进电机。本节将以五线四相步进电机的驱动为例,来说明 AT89C51 控制系统的设计。

在驱动五线四相步进电机时,可采用四拍驱动和八拍驱动两种方式。对于四拍驱动即采用 A—B—C—D 四步轮流通电,通过将通电顺序反转即可实现电机反转。对于八拍驱动则是在四拍的切换过程中加入两个线圈同时输入高电平的情况。图 4.2.15 所示是四拍驱动和八拍驱动的工作原理。

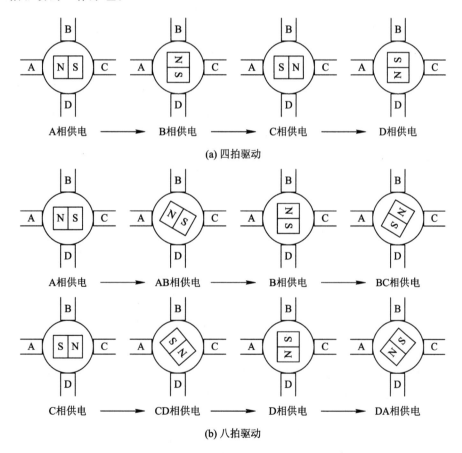

图 4.2.15　步进电机驱动原理

在驱动电机时,电机的五根引出线分别是控制 ABCD 四相的正极以及四相的公共 COM 线,因此只需要顺序输出高电平即可驱动电机。由于单片机 I/O 口的输出电流过小,在实际使用中需要使用驱动板,因此如果不加驱动芯片则会造成电机无法启动或电流过大导致单片机被烧毁。本例以 ULN2003D 驱动芯片为例，ULN2003D 芯片的输入端分别连接 AT89C51 的 P1.0 到 P1.3 引脚，输出端则连接步进电机的四相供电，单片机通过控制 P1.0 到 P1.3 的电平状态并经过驱动板输出振幅过的电流来实现步进电机的正反转以及加速、减速和停止的动作。由此可以得到系统的原理图如图 4.2.16 所示。

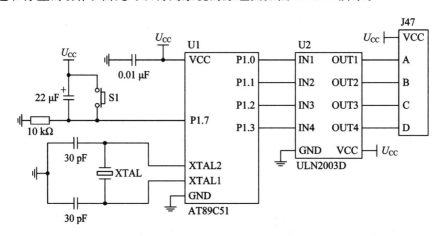

图 4.2.16　步进电机驱动原理图

通过上述原理图可知，在编写程序时，需要使 AT89C51 的 P1.0 到 P1.3 引脚按照四拍驱动顺序或八拍驱动顺序输出低电平，不同拍数之间的延时即是低电平保持的时间，因此可以通过控制步数之前的延时来控制电机旋转的速度。通过上述工作原理可以得出下面的绕组步进控制顺序表 4.2.1。

表 4.2.1　绕组步进控制顺序表

步序	1	2	3	4	5	6	7	8
A	GND	GND						GND
B		GND	GND	GND				
C				GND	GND	GND		
D						GND	GND	GND

利用 Keil 编写如下程序，即可完成步进电机的驱动。

```
#include <REG52.H>
#define SPEED 1          //设定步进旋转速度
#define DIR 0            //设定步进旋转方向
//——————————————————————————————
sbit IN1_D=P1^0;         //定义 P1.0 引脚控制 D 相绕组
sbit IN1_C=P1^1;         //定义 P1.1 引脚控制 C 相绕组
sbit IN1_B=P1^2;         //定义 P1.2 引脚控制 B 相绕组
sbit IN1_A=P1^3;         //定义 P1.3 引脚控制 A 相绕组
//——————————————————————————————
```

```
//函数名称：void control
//函数功能：配置电机四项输出电平，从而控制步进电机工作
//输入参数：step 步数，dir 方向
//输出参数：无
//————————————————————————————————
void control(char step，char dir)
{
char temp＝step；
if(dir＝＝0) temp＝7－step；
switch(temp)
{
    case 0：IN1_A＝1；IN1_B＝1；IN1_C＝1；IN1_D＝0；break；
    case 1：IN1_A＝1；IN1_B＝1；IN1_C＝0；IN1_D＝0；break；
    case 2：IN1_A＝1；IN1_B＝1；IN1_C＝0；IN1_D＝1；break；
    case 3：IN1_A＝1；IN1_B＝0；IN1_C＝0；IN1_D＝1；break；
    case 4：IN1_A＝1；IN1_B＝0；IN1_C＝1；IN1_D＝1；break；
    case 5：IN1_A＝0；IN1_B＝0；IN1_C＝1；IN1_D＝1；break；
    case 6：IN1_A＝0；IN1_B＝1；IN1_C＝1；IN1_D＝1；break；
    case 7：IN1_A＝0；IN1_B＝1；IN1_C＝1；IN1_D＝0；break；
}
}
//————————————————————————————————
//主函数功能：配置步进电机的速度、方向，并循环执行电机控制指令
//————————————————————————————————
void main()
{
    char key＝0；
    char dir＝DIR；
    char step＝0；
    char speed＝SPEED；
    time0_init()；      //定时器 0 中断配置
    while(1)
    {
      control(step＋＋，dir)；
      if(step＝＝8)step＝0；
      Delay(speed)；//通过每一步的延时来调节步进电机的速度
    }
}
```

　　上述例程只是简单的使步进电机保持固定的速度旋转，可以自行根据硬件平台设计更方便操作的控制系统，例如可利用按键控制步进电机的转速和正反转或控制步进电机仅旋转固定的角度。

　　对于改进的操作则不仅需要调整程序，还需要增减相应的电路设计以实现上述功能。对于上述要求可通过增加三个按键来实现，为检测按键是否按下可使用 80C51 单片机的引脚电平状态读取功能，通过在 80C51 引脚接上拉电阻并串联一个接地的按键即可实现。在

实际操作之前，可通过 Proteus 进行一个简单的电路仿真，Proteus 是一款电子设计自动化（EDA）软件，由英国 Labcenter Electronics Ltd 开发。该软件提供了一个完整的工具集，用于模拟、绘制、布局和调试电路图。用户可以使用 Proteus 进行原理图设计、电路仿真以及 PCB 设计等一系列电子设计任务。

Proteus 软件包含两个重要组成部分：ISIS 和 ARES。ISIS 是一个原理图输入部分，允许用户通过拖放、连接和选择电子元件来创建电路图。用户可以在 ISIS 中对电路图进行仿真，并观察电路的行为和功能。ISIS 也支持多种类型的仿真器，如 LCD、LED、7 段显示、ADC、DAC 等。ARES 是一个自动布线程序，它可以将用户的原理图转换为 PCB 版图，并自动连接各个元件。ARES 具有强大的自动布线功能，可以根据用户的要求进行层次分配布线、自动对齐元件等操作，并可生成生产所需的版图。

采用 Proteus ISIS 绘制电路，如图 4.2.17 所示。双击进入元件属性界面，点击 Program File 栏右侧的文件夹即可将 Keil 编写好的代码输入单片机，如图 4.2.18 所示。在程序输入完成后点击"菜单"→"调试"→"开始/重新启动调试"即可开始仿真。

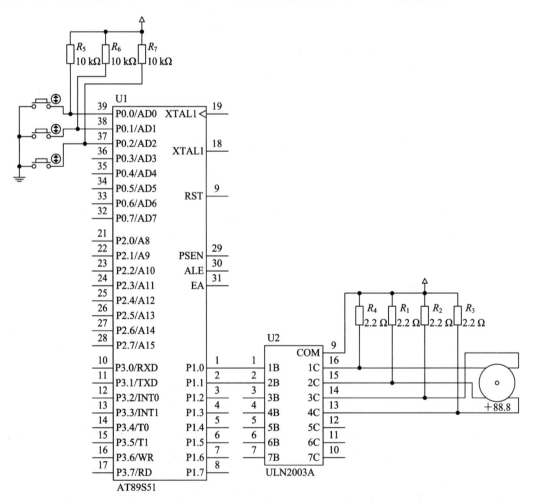

图 4.2.17　按键控制步进电机驱动原理图

图 4.2.18　MCU 芯片属性设置

　　在仿真开始后，按下 Key1 键，此时单片机 P0.0 引脚电平被拉低，单片机读取引脚电平状态为低电平，对应执行电机正转的程序，此时步进电机的转动角度如图 4.2.19 所示。

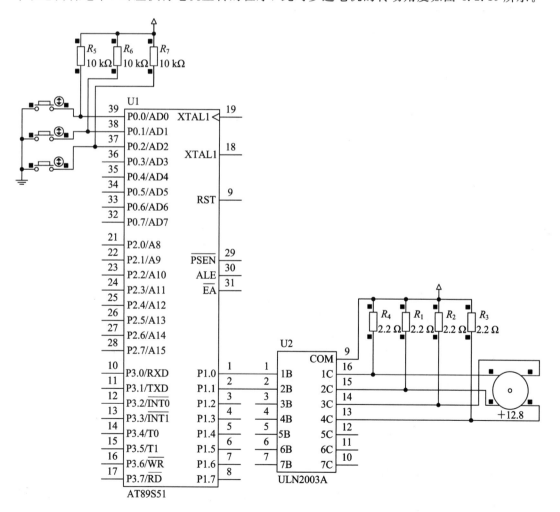

图 4.2.19　步进电机控制 Proteus 仿真

4.3 Arduino 应用系统设计

4.3.1 Arduino 概述

Arduino 是一种包含硬件（各种型号的 Arduino 板）和软件（Arduino IDE）的开源电子平台。相比 C 语言，Arduino 的编程语言更为简单和人性化，它基于开放原始码 simple I/O 界面版，并且具有使用类似 Java、C 语言的 Processing/Wiring 开发环境，但实用性要远高于 C 语言，主要因为它能将一些常用语句组合函数化，故使用者可以快速入门学习使用。

Arduino 主要包含两个部分：硬件部分是可以用来做电路连接的 Arduino 电路板；另外一个则是软件部分 Arduino IDE，即计算机中的程序开发环境，在 IDE 中编写程序代码，再将程序上传到 Arduino 电路板。

Arduino 易学好用，用户众多，而且开发出来了很多种类的电子模块函数库，大大方便了大众的 Arduino 爱好者，编程者只需把对应的函数库调用，然后写上几句函数就可以驱动模块运作了。Arduino 可以基于 C 语言编程，也可以采用 Mixly 等图形化编程环境来对 Arduino 编程。

Arduino 的优势如下：

（1）跨平台。Arduino IDE 可以在 Windows、Macintosh OS X、Linux 三大主流操作系统上运行，而其他的大多数控制器只能在 Windows 上开发。

（2）简单清晰。Arduino IDE 基于 processing IDE 开发。对于初学者来说极易掌握，同时有着足够的灵活性。Arduino 语言基于 wiring 语言开发，是对 avr-gcc 库的二次封装，不需要太多的单片机基础和编程基础，可以快速的进行开发。

（3）开放性。Arduino 的硬件原理图、电路图、IDE 软件及核心库文件都是开源的，在开源协议范围内可以任意修改原始设计及相应代码。

（4）发展迅速。Arduino 目前是全球最流行的开源硬件，也是一个优秀的硬件开发平台，更是硬件开发的趋势。Arduino 简单的开发方式使得开发者更关注创意与实现，更快的完成自己的项目开发，大大节约了学习的成本，缩短了开发的周期。

4.3.2 Arduino 的开发基础

Arduino IDE 是 Arduino 的官方集成开发环境，用于编写和上传代码到 Arduino 电路板。以下是 Arduino IDE 的基本介绍和使用说明。

1. Arduino IDE 的基础

1）Arduino IDE 的界面

打开 Arduino IDE，显示 Arduino IDE 的主工作界面。主界面包含多个部分，如菜单栏、工具栏、代码编辑窗口、串口监视器、库管理器等，如图 4.3.1 所示。

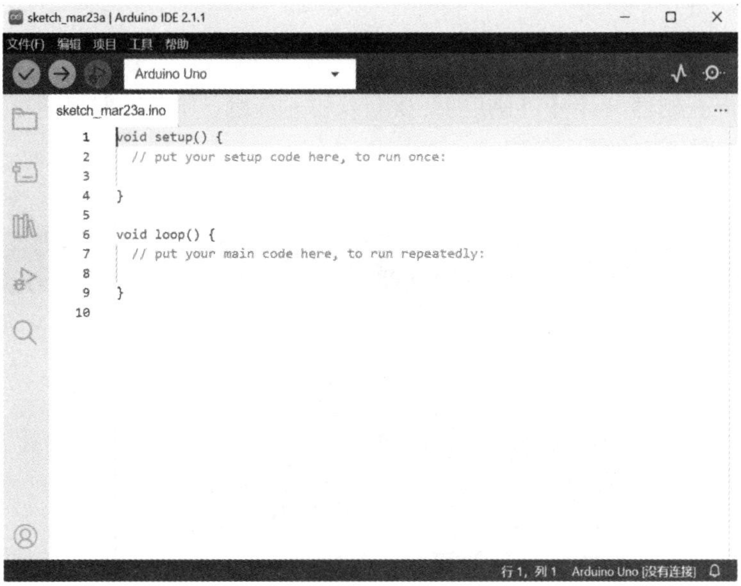

图 4.3.1　Arduino IDE 的主界面

2）工具栏常用功能

在工具栏中，可以找到一些常用的快捷按钮，它们分别对应着 IDE 的不同功能。

（1）校验（Verify）。这个功能用于检查编写的代码是否有语法错误或逻辑错误。当点击校验按钮时，IDE 会编译代码。如果代码没有错误，会在底部的"编译"窗口中显示"编译成功"的消息；如果有错误，则会显示具体的错误信息，帮助定位和解决问题。

（2）下载（Upload）。当确认代码无误并希望将其上传到 Arduino 控制器时，可以使用下载功能。点击下载按钮后，IDE 会将编译后的代码发送到与计算机连接的 Arduino 开发板上。

（3）新建（New）。这个按钮用于创建一个新的 Arduino 项目。点击后，可以指定项目的名称和保存位置，然后开始在代码编辑区编写新的代码。

（4）打开（Open）。点击打开按钮，可以浏览并加载之前保存过的 Arduino 项目文件，然后允许继续编辑或修改已存在的项目。

（5）保存（Save）。保存功能用于将当前在代码编辑区中的修改保存到项目中，而且可以定期保存项目以防止数据丢失，并在需要时重新加载。

（6）串口监视器（Serial Monitor）。串口监视器是 Arduino IDE 中一个非常有用的工具，它允许查看从 Arduino 开发板通过串口发送的数据，同时也可以向开发板发送数据。这对于调试和测试项目非常有帮助，特别是当需要在开发板和计算机之间进行通信时。

3）其他功能

除了工具栏中的常用功能外，Arduino IDE 还提供了其他许多有用的工具和选项，如库管理器（用于安装和管理第三方库）、串口选择（用于配置与 Arduino 开发板的通信端口）等。

通过熟悉这些功能和工具，可以更有效地使用 Arduino IDE 来编写、测试和上传代码到 Arduino 开发板上。

2. Arduino IDE 与 Arduino 控制器的连接

当 Arduino 控制器与计算机使用 USB 电缆相连接时，如果控制器的驱动程序安装正确，则会显示如图 4.3.2 所示的窗口。

图 4.3.2　端口连接界面

端口处会显示模拟的 COM 口已连接上 Arduino Uno 控制板，"开发板"和"处理器"均选择 Arduino Uno，这时就可以正常使用 Arduino 控制板了。

4.3.3　Arduino 电子系统设计

Arduino 使用 C/C++编写程序，早期的 Arduino 核心库使用 C 语言编写，后来引进了面向对象的思想，目前最新的 Arduino 核心库采用 C 与 C++混合编写而成。通常说的 Arduino 语言，是指 Arduino 核心库文件提供的各种应用程序编程接口（Application Programming Interface，API）的集合。这些 API 是对更底层的单片机支持库进行二次封装所形成的。例如，使用 AVR 单片机的 Arduino 的核心库是对 AVR-Libc（基于 GCC 的 AVR 支持库）的二次封装。

传统开发方式中，需要清楚每个寄存器的意义及之间的关系，然后通过配置多个寄存器来达到目的。而在 Arduino 中，使用了清楚明了的 API 替代繁杂的寄存器配置过程，这也是 Arduino 能成为简单入门单片机的核心，对此本节将以几个实际案例来说明 Arduino 电子系统的设计。

1. 模拟量输入与 PWM 波输出

利用光敏电阻作为模拟信号源输入开发板的 A0 口，并从 A0 读取输出模拟信号的值，然后通过 PWM 信号控制舵机的旋转角度，并根据需要进行位置反馈，从而实现用舵机控制各种机械臂、舵机机器人等的应用。

　　光敏电阻是一种能够根据光线强度变化而改变电阻值的电子元件。光敏电阻的工作原理是基于硒、硫化镉、硅等半导体材料的光生导电效应，当光线照射在光敏电阻上时，其电阻值会随之变化。通常情况下，光敏电阻的电阻值会随着光线强度的增加而减小，反之则增加。由于光敏电阻具有灵敏、响应速度快、可靠性高等特点，因此广泛应用于各种光控制设备中，如摄像机、光电开关、智能家居等领域。在 Arduino 等电子开发板中，光敏电阻可以通过模拟输入引脚读取光线强度，并在程序中进行处理，实现各种光控制应用。

　　舵机是一种常用的电动机，通常被用于模型遥控器、机器人和其他需要精确控制角度和位置的设备中。与普通电动机不同的是，舵机能够旋转到特定的角度，并保持该角度稳定不变。舵机内部通常包含一个直流电动机、一组减速齿轮、一个位置反馈元件（如旋转编码器或电位器）和一块电路板。电路板中包含了一些控制电路，可以将输入信号转换为电动机需要的 PWM 信号，从而控制舵机旋转到特定的角度。舵机通常具有几个重要参数，包括旋转角度范围、旋转速度、扭矩等。其中，旋转角度范围指舵机能够旋转的角度范围，通常是在 0 度到 180 度之间；旋转速度指舵机旋转的速度，通常以每分钟旋转角度数（RPM）表示；扭矩则指舵机输出的力矩大小，通常以 kg·cm（千克·厘米）为单位。

　　如图 4.3.3 所示，将光敏电阻连接到 Arduino 的模拟输入引脚（A0），并将舵机连接到数字输出引脚（这里以 9 号引脚为例），并编写程序。在程序的开头定义所需变量，需要定义一个变量来存储光敏电阻的值，并定义两个常量来设置舵机的最小和最大角度。

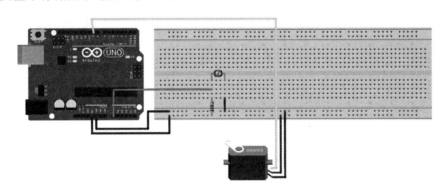

图 4.3.3　光敏电阻控制舵机转动角度的接线图

参考程序如下：

```
int photoResistorValue = 0;          // 定义光敏电阻的值
const int servoMinAngle = 0;         // 定义舵机最小角度
const int servoMaxAngle = 180;       // 定义舵机最大角度
void setup()             //将舵机连接的引脚设置为输出模式，并初始化舵机的位置
{
    pinMode(9, OUTPUT);          //将 9 号引脚设置为输出
    analogWrite(9,  map(90, 0, 180, 1000, 2000));    // 初始化舵机位置为 90 度
}
void loop()
{
    photoResistorValue = analogRead(A0);              // 读取光敏电阻的值
```

```
int servoAngle = map(photoResistorValue, 0, 1023, servoMinAngle, servoMaxAngle);
                                // 将光敏电阻的值映射到舵机的角度范围内
analogWrite(9, map(servoAngle, 0, 180, 1000, 2000));    // 将舵机转动到指定角度
delay(20);                      // 延时 20 毫秒，等待舵机转动到指定位置
}
```

2. 模拟量输出

电位器作为模拟信号源，输入到 Arduino 开发板的 A0 口，并从 A0 读取模拟信号的值，并且根据这个值让 LED（连接到 Arduino 控制板的 13 号引脚）闪烁，LED 的闪烁周期根据 analogRead() 返回值确定。

analogRead() 函数是读取模拟信号值的专用函数。它将 0～5 V 的电压值映射成 0～1023 的刻度，这个操作通过 Arduino 控制板上的数模转换电路（ADC）完成。返回值被存入 sensorValue，sensorValue 用来设置 delay() 的毫秒数，即闪烁的间隔时间。

如图 4.3.4 所示，电位器中间的引脚连接到 A0，两侧分别连接＋5 V 和 GND；LED 阳极（长脚）连接到 13 号引脚，LED 负极（短脚）连接到 GND。编写程序，然后进行编译，再下载到 Arduino 控制板上。

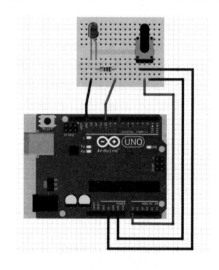

图 4.3.4　电位器控制灯接线图

参考程序如下：

```
int sensorPin = A0;    // 设置电位器的引脚，A0 是模拟输入引脚的常量，用于读取电位器的值
int ledPin = 13;                        // 设置 LED 引脚
int sensorValue = 0;                    // 传感器值的存储变量
void setup ()
{
    pinMode(ledPin, OUTPUT);            // 声明 ledPin 为输出模式
}
void loop ()
{
    sensorValue = analogRead(sensorPin);// 从传感器读取值
    digitalWrite(ledPin, HIGH);
    delay(sensorValue);
    digitalWrite(ledPin, LOW);
    delay(sensorValue);
}
```

3. 数字量输入与输出

编写一个 Arduino 程序实现交通灯（红黄绿）交替闪烁的任务。3 个 LED 灯被接入

Arduino 开发板的数字信号端口。Arduino 开发板预留了 0 至 13 脚的 14 个数字信号端口，用于数字信号的接收和发送。这些端口的具体输入或输出性质通过 pinMode(x，y)函数来定义。图 4.3.5 所示为智能交通灯接线图，图 4.3.6 为参考的原理图，使用了数字 10、7、4 接口。

图 4.3.5　智能交通灯接线图

图 4.3.6　交通灯工作原理

int redLed = 10;	//定义数字 10 接口为红色 LED
int yellowLed = 7;	//定义数字 7 接口为黄色 LED
int greenLed = 4;	//定义数字 4 接口为绿色 LED
void setup() {	
pinMode(redLed，OUTPUT);	//定义红色 LED 接口为输出接口
pinMode(yellowLed，OUTPUT);	//定义黄色 LED 接口为输出接口
pinMode(greenLed，OUTPUT);	//定义绿色 LED 接口为输出接口
}	
void loop() {	
digitalWrite(redLed，HIGH);	//点亮红色 LED
delay(1000);	//延时 1 秒
digitalWrite(redLed，LOW);	//熄灭红色 LED
digitalWrite(yellowLed，HIGH);	//点亮黄色 LED
delay(200);	//延时 0.2 秒
digitalWrite(yellowLed，LOW);	//熄灭黄色 LED
digitalWrite(greenLed，HIGH);	//点亮绿色 LED
delay(1000);	
digitalWrite(greenLed，LOW);	//熄灭绿色 LED
}	

4. 串口输入与输出

本例中将展示如何使用 switch 语句来根据串口监视器接收到的命令打开或关闭指定的 LED 灯。这些命令是一系列字符′a′、′b′、′c′、′d′、′e′，它们分别对应于五个 LED 灯。

如图 4.3.7 所示，5 个 LED 灯分别串接一个 220 Ω 的电阻，并且分别连接到 Arduino 开发板上的 2、3、4、5、6 引脚。Arduino 开发板通过下载线与计算机相连，并且确保 Arduino 串口监视器已经打开。

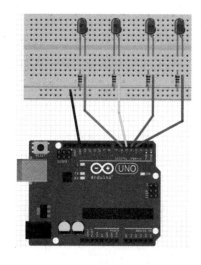

图 4.3.7 串口控制灯接线图

参考程序设计如下：

```
void setup() {
    Serial.begin(9600);                    // 初始化串口通信;
    for(int thisPin = 2; thisPin < 7; thisPin++) {
    pinMode(thisPin, OUTPUT);              // 初始化 LED 引脚
    }
}
void loop() {
    if(Serial.available() > 0) {
        int inByte = Serial.read();        // 读取串口数据
        switch(inByte) {
            case 'a':                      // 根据收到的字符进行不同处理
                digitalWrite(2, HIGH);
            break;
            case 'b':
                digitalWrite(3, HIGH);
            break;
            case 'c':
                digitalWrite(4, HIGH);
            break;
            case 'd':
                digitalWrite(5, HIGH);
            break;
            case 'e':
                digitalWrite(6, HIGH);
            break;
            default:
            //如果所有的 case 都没有匹配上，default 后面就会被执行
            for(int thisPin = 2; thisPin < 7; thisPin++) {
```

```
            digitalWrite(thisPin，LOW)；      // 将所有 LED 关闭
        }
        break；
    }
  }
}
```

5. 步进电机控制实例

在上一节采用 80C51 控制步进电机的实例中，主要采用了 ULN2003D 驱动芯片来驱动步进电机，而本节所分析的 Arduino 控制步进电机则采用步进电机驱动器来驱动。步进电机驱动器是一种将电脉冲转化为角位移的执行机构，它主要用于控制步进电机的转动和运动。其核心功能是将控制信号转换为电机的驱动信号，进而控制电机的运动。步进电机驱动器的主要组成部分包括脉冲发生器、电源模块、信号解码器和驱动模块。脉冲发生器用于产生控制信号（脉冲信号），控制电机的运动；电源模块为电机提供电源，保证其正常运转；信号解码器将脉冲信号解码为电机驱动信号，控制电机转动的步长和方向；驱动模块则放大电机驱动信号，提供足够的功率给电机驱动，使电机按照指定的步长和方向运动。

在选择步进电机驱动器时，需要考虑多个因素，包括电机所需力矩、电机运转速度、电机的安装规格、定位精度和振动方面的要求，以及驱动器各个挡位对应的电流、细分和供电电压等。

步进电机驱动器的挡位指的是其不同的工作模式或设定状态。不同挡位对应不同的输出性能或控制参数，以满足不同的应用需求。然而，具体挡位的定义和功能因驱动器型号和应用场景而异，需要参考具体的产品说明书或技术文档。

步进电机驱动器的细分是一种驱动控制技术，通过控制各相绕组中的电流使它们按一定的规律上升或下降，形成多个稳定的中间电流状态，从而实现细分步距旋转。细分越高，步进电机的控制精度就越高，稳定性也越好，同时噪声和延时也会降低，但扭矩会相应减小。这是因为细分使得每转动一次电机，电机所转动的角度变小，所需力矩也相应减少。

电流是步进电机运行时最基本的参数，它直接决定了步进电机的运行效果和性能。电流设定需要根据具体的应用需求进行调整，包括定值电流和动态电流两种设定方式。定值电流适用于对输出力矩和转速要求不高的场景，而动态电流设定则适用于对输出力矩和转速要求较高的场景。电流与扭矩之间存在一定的关系，通常电流越大，扭矩也越大，但这也取决于电机的设计和特性。

在使用驱动器前要根据步进电机的工况选择好驱动器对应的细分和电流，再将控制器调整至相对应的挡位。一般在控制器的侧边会有拨码开关 S1～S6，其中 S1、S2 和 S3 控制细分数，共可形成 8 个挡位；S4、S5 和 S6 则一般控制电流大小，也对应了八个挡位。在完成挡位的选择后即可连接控制器与驱动器，而如图 4.3.8 所示，控制器与步进电机驱动器的接线方式主要有共阳极和共阴极两种。

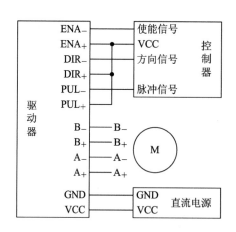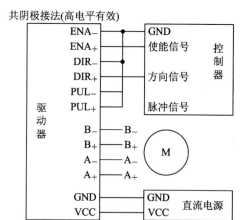

图 4.3.8 步进电机与控制器的连接方式

在共阳极接线方式中，所有的阳极都连接在一起，而每个阴极都连接到一个单独的引脚。此时，使能信号、方向信号和脉冲信号在低电平时有效。具体来说，当引脚电平为高时，电机运动方向为正向；当引脚电平为低时，电机运动方向为反向。

而在共阴极接线方式中，所有的阴极都连接在一起，每个阳极都连接到一个单独的引脚。此时，使能信号、方向信号和脉冲信号在高电平时有效。在这种接线方式下，当引脚电平为低时，电机运动方向为正向；当引脚电平为高时，电机运动方向为反向。

这两种接线方式的主要区别在于阳极和阴极的连接方式不同，以及信号有效电平的不同。因此，在接线时需要根据具体的控制器和步进电机驱动器的型号和规格选择适合的接线方式，并仔细阅读相关的技术文档和说明书，确保正确连接。

最后按照 80C51 一致的流程编写相应的程序，使 Arduino 向步进电机驱动器输入脉冲信号即可控制步进电机的转动。以 1 细分为例，Arduino 向驱动器输入 200 个脉冲信号可以使步进电机旋转一周，即每个脉冲信号可以控制步进电机旋转 1.8°。以 1 细分为准，使步进电机可以连续旋转的程序如下所示：

```
void setup()
{
    pinMode(4, OUTPUT);          //设置引脚 4 为方向引脚
    pinMode(7, OUTPUT);          //设置引脚 7 为发射脉冲引脚
}
void loop() //主程序
{
    digitalWrite(4, HIGH);       //设定转动方向(HIGH 是逆时针，LOW 是顺时针)
                                 //发送脉冲信号
    /* for 循环重复执行 200 遍脉冲，即 200 个脉冲转一圈 */
    for(int i = 0; i <= 200; i++)
    {
        digitalWrite(7, HIGH);
        delayMicroseconds(300);  //设置高电平脉冲持续时间 300 微秒(μs)
        digitalWrite(7, LOW);
```

```
  delayMicroseconds(300);        //设置低电平脉冲间隔时间为 300 微秒(μs)
    }
  }
```

4.4　STM32 应用系统设计

4.4.1　STM32 简介

2004 年 ARM 公司推出了 Cortex‑M3 MCU 内核，与 MCS‑51 单片机采用的冯·诺依曼结构不同，Cortex‑M 采用的是哈佛结构，即程序存储器和数据存储器不分开、统一编址。之后 ST(STMicroelectronics，意法半导体)公司就推出了基于 Cortex‑M3 内核的 MCU，即 STM32。该系列产品具有成本低、功耗优、性能高、功能多、性价比高等优势，并且以系列化方式推出，方便用户选型，在市场上获得了广泛好评。

STM32 目前常用的有 STM32F103～107 系列，简称"1 系列"，后来又推出了高端系列 STM32F4xx 系列，简称"4 系列"，前者基于 Cortex‑M3 内核，后者基于 Cortex‑M4 内核。STM32 系列芯片分为不同型号，以 STM32F103C8T6 这个型号的芯片为例，其命名规则如表 4.4.1 所示。

表 4.4.1　STM32 型号说明

序号	符号	含　义
1	STM32	STM32 代表 ARM Cortex‑M 内核的 32 位微控制器
2	F	F 代表芯片子程序
3	103	103 代表增强系列
4	C	代表引脚数，其中： T 代表 36 脚，C 代表 48 脚，R 代表 64 脚， V 代表 100 脚，Z 代表 144 脚，I 代表 176 脚
5	8	代表内嵌 Flash 容量，其中： 6 代表 32 KB Flash，8 代表 64 KB Flash，B 代表 125 KB Flash， C 代表 256 KB Flash，D 代表 384 KB Flash，E 代表 512 KB Flash，F 代表 1 MB Flash
6	T	代表封装，其中： H 代表 BGA 封装，T 代表 LQFP 封装，U 代表 VFQFPN 封装
7	6	代表工作温度范围，其中 6 代表 −40～85℃，7 代表 −40～105℃

STM32 系列芯片专门用于满足能耗使用低、处理性能强、芯片的实时性效果好、价格低廉的嵌入式场合要求，而且还具备芯片的集中程度高、方便开发的优点。STM32F1 系列控制器目前主要有 3 大类别："增强型"系列 STM32F103，"基本型"系列 STM32F101，"互联型"系列 STM32F105 和 STM32F107。

STM32 与其他单片机一样，是一个单片计算机或单片微控制器，所谓单片就是在一个芯片上集成了计算机或微控制器该有的基本功能部件，这些功能部件通过总线连在一起。就 STM32 而言，这些功能部件主要包括 Cortex-M 内核、总线、系统时钟发生器、复位电路、程序存储器、数据存储器、中断控制、调试接口以及各种功能部件（外设）。不同的芯片系列和型号，外设的数量和种类也不一样，常有的基本功能部件包括输入/输出接口 GPIO、定时/计数器 TIMER/COUNTER、串行通信接口 USART、串行总线 I^2C 和 SPI、SD 卡接口 SDIO、USB 接口等。

现结合图 4.4.1，对 STM32 的基本结构进行简单分析。

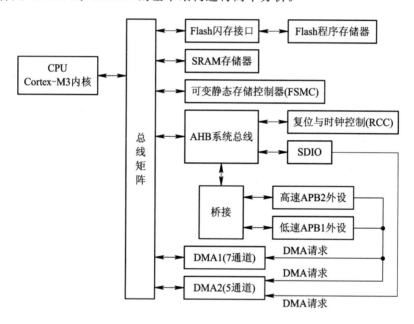

图 4.4.1　STM32F10X 系统的基本结构

（1）程序存储器、静态数据存储器、所有的外设都统一编址，但各自都有固定的存储空间区域，使用不同的总线进行访问，这一点与 51 单片机完全不一样。具体的地址空间请参阅 ST 官方手册。如果采用固件库开发程序，则可以不必关注具体的地址问题。

（2）可将 Cortex－M3 内核视为 STM32 的"CPU"，程序存储器、静态数据存储器、所有的外设均通过相应的总线再经总线矩阵与之相接。Cortex－M3 内核控制程序存储器、静态数据存储器、所有外设的读写访问。

（3）STM32 的功能外设较多，分为高速外设、低速外设两类，各自通过桥接再通过 AHB 系统总线连接至总线矩阵，从而实现与 Cortex－M3 内核的接口。两类外设的时钟可各自配置，速度不一样。具体某个外设属于高速还是低速，已经被 ST 明确规定。所有外设均有两种访问操作方式：一是传统的方式，通过相应总线由 CPU 发出读写指令进行访问，这种方式适用于读写数据较小、速度相对较低的场合；二是 DMA 方式，即用直接存储器存取，在这种方式下，外设可发出 DMA 请求，不再通过 CPU 而直接与指定的存储区发生数据交换，因此可以大大提高数据访问操作的速度。

（4）STM32 的系统时钟均由复位与时钟控制器 RCC 产生，它有一整套的时钟管理设备，由它为系统和各种外设提供所需的时钟以确定各自的工作速度。

STM32 既有高速外设又有低速外设,各外设工作频率不尽相同,所以需要分频,把高速和低速设备分开管理。STM32 中有 4 个重要的时钟源,分别为 HSI、HSE、LSI、LSE。

(1) 低速内部时钟 LSI:由内部 RC 振荡器产生,提供给实时时钟模块(RTC)和独立看门狗。

(2) 低速外部时钟 LSE:以外部晶振作时钟源,主要提供给实时时钟,一般采用 32.768 kHz。

(3) 高速内部时钟 HSI:由内部 RC 振荡器产生,频率为 8 MHz,但不稳定,可以直接作为系统时钟或者用作 PLL 输入。

(4) 高速外部时钟 HSE:以外部晶振作时钟源,晶振频率可取 4~16 MHz,一般采用 8 MHz 的晶振,也可直接作为系统时钟或者 PLL 输入。

4.4.2　STM32 的开发基础

STM32 单片机系统的开发模式通常有两种,基于寄存器的开发和基于 ST 公司官方提供的固件库的开发,图 4.4.2 所示为 STM32 的两种开发方式概要。

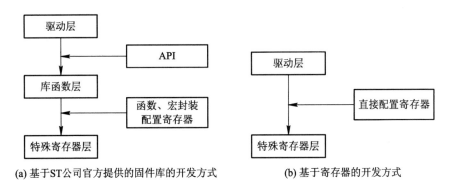

(a) 基于ST公司官方提供的固件库的开发方式　　　(b) 基于寄存器的开发方式

图 4.4.2　STM32 的两种开发方式

在 51 单片机的程序开发中,采用直接配置 51 单片机的寄存器来控制芯片的工作方式,如中断、定时器等。配置的时候往往需要查阅寄存器表,查看用到的是哪个寄存器以及完成相应功能是置 0 还是置 1,这些工作较为琐碎、机械,浪费大量的时间。51 单片机的资源很有限,软件编程较为简单,可以采用这种直接配置寄存器的方式来进行程序的编写。但是 STM32 的外设资源更丰富,寄存器的数量和复杂度急剧增加,如果继续采用直接配置寄存器的方式会存在开发速度慢、程序可读性差的缺点,直接影响到开发效率和程序维护成本,这时采用库开发方式就显得十分必要。

(1) 基于 ST 公司官方提供的固件库的开发模式。

STM32 库是由 ST 公司针对 STM32 提供的函数接口,是架设在寄存器与用户驱动层之间的代码,向下处理与寄存器直接相关的配置,向上为用户提供配置寄存器的接口。开发者可调用这些函数接口来配置 STM32 的寄存器,使开发人员得以解脱最底层的寄存器操作,有开发快速、易于阅读、维护成本低等优点。

(2) 基于寄存器的开发模式。

通过寄存器开发,程序编写直接面对底层的部件、寄存器和引脚,在编程过程中,必须十分熟悉所涉及的寄存器及其工作流程,必须按照要求完成相关设置和初始化工作,开发难度相对较大。采用寄存器的开发模式，程序代码比较紧凑，代码冗余相对较少，因此源程序生成的机器码比较少，但是其开发难度较大、开发周期较长，后期维护、调试比较烦琐。

（3）STM32CubeMX 开发 Hal 库配置环境的方法。

Hal 库是 ST 公司目前主推的开发方式，全称就是 Hardware Abstraction Layer（抽象印象层）。它的出现比标准库要晚，但其实和标准库一样，都是为了节省程序开发的时间。Hal 库相对于标准库而言，不仅能实现功能配置的寄存器集成，而且它的一些函数甚至可以做到某些特定功能的集成。STM32Cube 生态系统已经完全抛弃了早期的标准外设库，STM32 系列 MCU 都提供 HAL 固件库以及其他一些扩展库。STM32Cube 生态系统的两个核心软件是 STM32CubeMX 和 STM32CubeIDE，且都是 ST 官方免费提供的。使用 STM32CubeMX 可以进行 MCU 的系统功能和外设图形化配置，可以生成 STM32CubeIDE 项目框架代码，包括系统初始化代码和已配置外设的初始化代码。如果用户想在生成的 STM32CubeIDE 初始项目的基础上添加自己的应用程序代码，则只需要将用户代码写在代码沙箱段内，就可以在 STM32CubeMX 中修改 MCU 设置，重新生成代码，而且不会影响用户已经添加的程序代码。

目前，STM32 程序的开发主要是通过 Keil 软件来实现。Keil 是一款功能强大的集成开发环境（IDE），主要用于嵌入式系统的软件开发。它由 Keil Software 公司开发，可在 Windows 操作系统中运行。Keil 支持多种编程语言，包括 C、C++和汇编等。它可以与多种微控制器和嵌入式平台进行集成，如 ARM Cortex-M 系列、8051 系列、C166 系列等，并提供了丰富的调试功能，包括单步调试、断点设置、变量监视等。此外，Keil 还提供了高效的代码优化和代码重用功能，可以帮助开发人员更快速、更准确地开发出高质量的嵌入式软件。

由于 Keil 软件支持的芯片较多，为了简洁，Keil 把集成环境跟芯片包、例程等分开单独下载，因此在使用前需下载安装对应的芯片包。由于本节主要使用的是 STM32F1 系列芯片，因此只需下载 STM32F1XX 芯片包即可。下面结合 STM32F1 的开发实例，来简要说明 Keil 程序开发的一般流程。

（1）在建立工程之前，建议用户在计算机的某个目录下面建立一个文件夹，后面所建立的工程都可以放在这个文件夹下面，这里建立一个文件夹名为 Template。

（2）Keil 中，如图 4.4.3 所示，点击"Project"→"New μVision Project"新建工程，在弹出的窗口中选择工程目录，定位到刚才建立的文件夹 Template 之下，在这个目录下面建立子文件夹 USER，然后定位到 USER 目录下面，这样工程文件就都保存到 USER 文件夹下面了。将工程命名为 Template，点击保存。

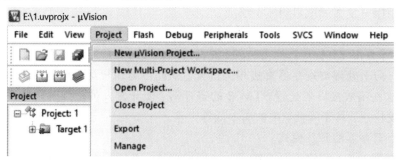

图 4.4.3　STM32 新建工程

（3）由于是新建工程，Keil 会默认弹出芯片选择框，选择当前使用的单片机型号。在弹出的对话框中依次选择芯片类型、芯片系列和具体型号，这里选择 STM32F107VCT6。确认后，就成功导入了目标芯片，同时 Keil 会自动设置该芯片的编译器、调试器等相关参数，如图 4.4.4 所示。

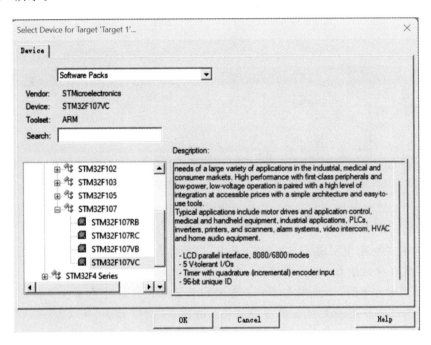

图 4.4.4　Keil 中的芯片选择

（4）在 Keil 的"Project"窗口中，右键单击"Source Group 1"目录，然后选择"Add Existing Files to Group 'Source Group 1'"选项。接着在弹出的文件选择对话框中选择要添加的源文件并点击"Add"按钮即可将其添加到工程中，如图 4.4.5 所示。到这里，还只是建了一个框架，还需要添加启动代码以及.c 文件等。

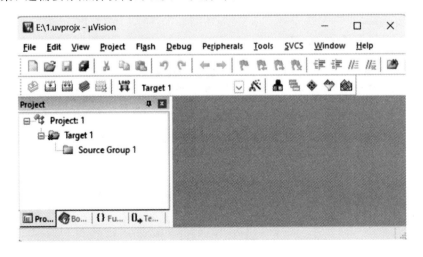

图 4.4.5　Keil 中工程初步建立

（5）打开 USER 目录下包含的 3 个文件夹和 2 个文件，如图 4.4.6 所示。这里需要说明的是，Template 是工程文件，DebugConfig、Listings 和 Objects 文件夹是 Keil MDK 自动生成的文件夹，Listings 和 Objects 用于存放编译过程产生的中间文件，DebugConfig 文件夹用于存储一些调试配置文件。

图 4.4.6　工程 USER 目录文件

（6）为了可以正常地与 STM32 芯片及程序烧录器进行匹配，这里还需要对工程进行一些配置。前面只是添加了必要的核心代码文件，但这时候这些文件还是各自独立的。虽然代码里可能在文件 A 里引用了 B 文件（include 进行包含），但实际 Keil 并不知道 A 文件和 B 文件各自放在什么地方，要去哪里找，所以需要告诉 Keil 每个文件的路径。由于.c 文件是直接添加到工程里的，此时文件路径就已经包含进来，但是对于.h 文件，软件还不清楚路径在哪，因此需要手动添加.h 所在的路径。对此点击"魔术棒"→"C/C＋＋"→"Include Paths"即可将所用的头文件包含进工程，如图 4.4.7 所示。需要注意的是，对于一个工程，需要把工程中所引用到的所有头文件的路径全部包含进来。

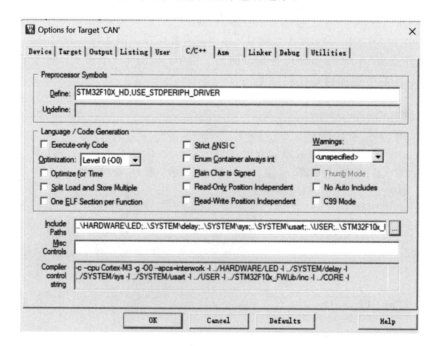

图 4.4.7　Keil 头文件的包含地址

（7）接下来要编译工程，在编译之前首先要选择编译中间文件编译后的存放目录。方法是点击"魔术棒"，然后选择"Output"选项下面的"Select folder for objects…"，如图 4.4.8 所示。如果不设置 Output 路径，那么默认的编译中间文件存放目录就是 MDK 自动生成的 Objects 目录和 Listings 目录。

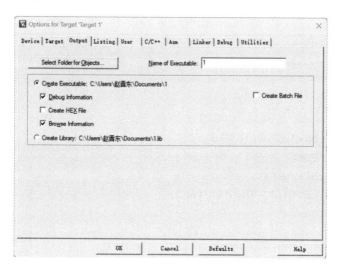

图 4.4.8　选择编译后文件的存放目录

有些场合下，只能通过 Hex 文件进行烧录，这时候就需要在工程里勾选"Create HEX File"，这样在编译之后工程会自动生成 Hex 的可执行文件。对此点击"魔术棒"→"Output"，将"Create HEX File"勾选即可在编译完成后输出 Hex 文件。Hex 文件是一种十六进制格式的文件，它通常用于将程序和数据存储到 ROM 或 Flash 等非易失性存储介质中。在嵌入式系统中，Hex 文件常用于将程序下载到微控制器中。

（8）添加完文件，配置好工程后，就可以编译了，这时候软件会自动调用编译器、链接器等一步步把源代码（.c，.h 等文件）转换成机器可识别的 .axf 文件（包含二进制的机器码和一些调试信息），如果勾选了生成 Hex，还会生成十六进制的 .Hex 可执行文件。如果此时出现了 Error 信息，则无法编译通过，需要修改源代码直到编译结果出现 0-Error，才可以正常生成可执行文件。如果出现 Warning 信息，则可视情况进行处理，Warning 信息不影响编译结果，但建议关注这些 Warning 信息，修改程序直至没有 Warning 产生。

对此，以如下 C 源程序为例进行编译，该程序所实现的功能是两个 LED 的闪烁。

```
#include "stm32f10x.h"
void Delay(u32 count)
{
  u32 i=0;
  for(; i<count; i++);
}
int main(void)
{
  GPIO_InitTypeDef GPIO_InitStructure;
  RCC_APB2PeriphClockCmd(RCC_APB2Periph_GPIOA|RCC_APB2Periph_GPIOD, ENABLE);
```

```
GPIO_InitStructure. GPIO_Pin = GPIO_Pin_8;           //LED0→PA.8 端口配置
GPIO_InitStructure. GPIO_Mode = GPIO_Mode_Out_PP;   //推挽输出
GPIO_InitStructure. GPIO_Speed = GPIO_Speed_50MHz;  //I/O 口速度为 50 MHz
GPIO_Init(GPIOA, &GPIO_InitStructure);               //根据设定参数初始化 GPIOA.8
GPIO_SetBits(GPIOA, GPIO_Pin_8);                      //PA.8 输出高
GPIO_InitStructure. GPIO_Pin = GPIO_Pin_2;           //LED1→PD.2 端口配置,推挽输出
GPIO_Init(GPIOD, &GPIO_InitStructure);               //推挽输出,I/O 口速度为 50 MHz
GPIO_SetBits(GPIOD, GPIO_Pin_2);                      //PD.2 输出高
while(1)
{
  GPIO_ResetBits(GPIOA, GPIO_Pin_8);
  GPIO_SetBits(GPIOD, GPIO_Pin_2);
  Delay(3000000);
  GPIO_SetBits(GPIOA, GPIO_Pin_8);
  GPIO_ResetBits(GPIOD, GPIO_Pin_2);
  Delay(3000000);
}
}
```

编译可得到结果如图 4.4.9 所示,且编译完成后自动输出 Hex 文件。

```
Build Output
    u32 i;
..\HARDWARE\CAN\can.c: 3 warnings, 0 errors
compiling sys.c...
compiling misc.c...
compiling stm32f10x_fsmc.c...
compiling stm32f10x_gpio.c...
compiling stm32f10x_rcc.c...
compiling stm32f10x_can.c...
compiling stm32f10x_usart.c...
compiling stm32f10x_tim.c...
linking...
Program Size: Code=40438 RO-data=6794 RW-data=76 ZI-data=2092
FromELF: creating hex file...
"..\OBJ\CAN.axf" - 0 Error(s), 11 Warning(s).
Build Time Elapsed:  00:00:01
```

图 4.4.9 Keil 编译代码并生成 Hex 文件

4.4.3 STM32 电子系统设计

STM32 的处理速度和强大的功能使得其可以应用在更复杂的控制系统上。本节将以交流充电桩的控制系统设计为例,介绍以 STM32 为核心的电子系统,从需求分析、方案设计、硬件系统设计、软件系统设计、充电桩测试这 5 个方面来具体说明。

1. 需求分析

对于交流充电桩而言,通过调研可得到下述需求。

(1) 充电安全,运行可靠。交流充电桩是现阶段电动汽车充电的主要设备之一,为电动

汽车车载充电机提供安全可靠的电能是其最基本、最重要的功能，所以对于交流充电桩的设计必须首先确保充电设备和操作人员的电气安全，能够对突发状况做出准确判断和处理；且充电桩一般无人看守，因此要保证长时间的可靠运行。

（2）用户操作方便。充电桩要具备友好、可靠、便捷的人机交互功能，以保证用户能够顺利完成身份登录、充电参数设置等自助操作，且能够保存用户的历史消费记录，方便用户查询。

（3）无损充电。充电桩要能够快速充电，且要保证输出电能的质量，避免电动汽车和车载电池的充电损伤。

（4）充电计费合理、准确。充电费用是用户使用充电桩的主要关注点，所以充电桩要有合理的计费规则，且保证计费准确，用户能够在充电过程中实时看到动态计费数据。

根据上述对充电桩需求的分析，总结出交流充电桩必须具备的一些主要功能，概述如下：

（1）充电安全可靠：充电桩能够安全可靠的运行，防雷、防漏电、抗干扰能力强；能够迅速准确的判断、处理突发故障，且能够记录故障信息，便于故障排除。

（2）人机交互智能、友好：作为自助充电设备，充电桩的人机交互模块应具有直观清晰的全中文图像化界面，用户可根据提示进行充电模式、充电参数等的设置，完成自助充电，且在关键步骤添加语音提醒，辅助用户操作。

（3）用户身份识别及支付功能：通过与读卡模块配套的专用充电卡进行刷卡充电；通过专用的管理卡配合桩体密码进入系统设置界面，进行充电桩系统参数设置。

（4）充电计时、计费准确：通过软件定时器统计充电时间；通过电能计量单元计量充电电量等参数，且根据内部计费规则计算用户消费金额。

（5）充电状态的安全监控：实时读取桩体的输入和输出电压、电流，防止出现欠压、过压、过流以及充电电流过低的状况；同时要具备可通过手动或远程管理系统下发停止命令实现紧急停止充电的急停功能。

（6）充电桩能够利用可靠的无线网络技术实现与后台监控系统之间的数据交互，实现联网监控的功能：充电桩通过无线网络模块向远程管理系统发送用户信息、充电状态参数、故障信息等数据；远程管理系统可主动对充电桩发送命令，实现远程启停控制、参数修改、参数读取等功能。

2. 方案设计

交流充电桩的系统架构如图 4.4.10 所示。220 V 的交流电经空气开关后连接开关电源，开关电源经 AC/DC 变换后输出直流电，为主控板及其他外围设备提供直流电源；220 V 交流电另一支路接入智能电表后，通过交流接触器输出给充电接口，充电接口直接连接充电车辆。

主控板采用 STM32F107VCT6 来实现，完成整个系统的控制任务，其内部集成一个可实时监测充电接口状态的控制导引单元。触摸屏实现用户输入读取和桩体信息显示的功能。RFID 读卡器模块给用户提供卡识别和卡支付手段。GPRS 模块实现充电桩与远程管理系统的数据无线传输。除使用充电卡登录充电系统外，用户还可以通过手机 APP 扫描桩体触摸屏上与桩体编号相关的二维码或者输入桩体序列号进行充电服务。

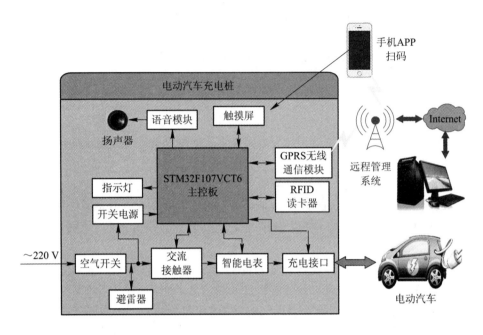

图 4.4.10　交流充电桩的系统架构

　　根据充电桩的系统架构和各个模块所实现的功能，可将充电桩的系统架构按功能模块划分为主控板系统、无线网络通信系统、人机交互与计费系统以及安全防护系统。图 4.4.11 为电动汽车交流充电桩模块化示意图。

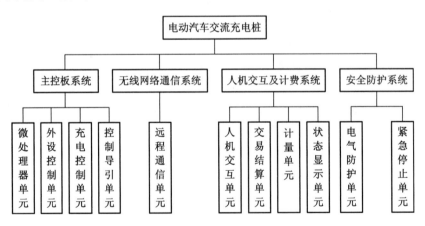

图 4.4.11　电动汽车交流充电桩模块化示意图

　　主控板系统是基于 STM32F107VCT6 微处理器的控制系统，实时采集桩体的状态数据，并根据数据处理的结果完成相应动作，实现充电桩的运营管理。外设控制单元是实现主控系统与外围设备(触摸屏、GPRS 模块、RFID 读卡器、智能电表、语音模块及状态指示灯)之间的通信和控制功能。充电控制单元即实现对交流接触器的通断控制。控制导引单元完成充电桩与车辆的连接状态判断，共有 3 种连接状态，包括充电枪与车辆断开、充电枪与车辆连接但不能充电、充电枪与车辆连接且允许充电。

　　人机交互及计费系统在主控系统的控制下完成充电桩与用户的交互、电能计量、交易结算及充电状态的提示等功能。人机交互单元是由触摸屏和语音模块组成的，用户根据触摸屏界面的提示信息和语音模块的提示逐步完成自助充电。无线网络通信系统完成充电桩与远程管理系统的数据双向传输，由 GPRS 模块实现。安全防护系统主要包括紧急停止单元和电气防护单元，保证充电过程中设备（充电桩和充电车辆）与操作人员的安全。电气防护单元由空气开关、避雷器、急停开关组成。

对于充电桩软件，图 4.4.12 所示为充电桩刷卡充电业务逻辑及操作流程，后续软件部分以此为基础进行设计。

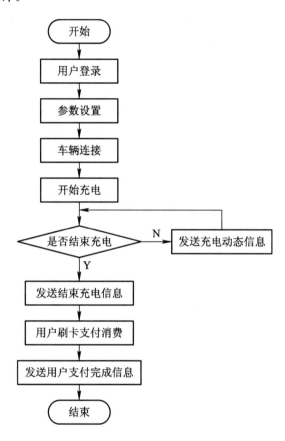

图 4.4.12　充电桩的业务逻辑及操作流程

（1）用户将车辆停在充电桩指定的充电车位，首先通过刷卡方式进行身份认证，登录充电桩充电系统；

（2）根据充电桩提示完成充电参数的设置；

（3）充电桩判断充电车辆是否与充电桩连接成功，若不成功则通过语音提醒和触摸屏文字显示的方式提示用户完成充电桩与车辆的连接；

（4）连接成功后，充电桩将开始输出电能给充电车辆充电，在充电过程中，充电桩将实时读取充电过程的状态参数和消费信息，将其显示在触摸屏上以供用户查看；

（5）充电过程的状态参数通过无线网络发送至远程管理系统，当时间、电能或金额达到用户的设定值时，结束充电；

（6）充电桩根据当前的计费规则计算用户的消费金额，用户再次刷卡完成支付，充电结束。

3. 硬件系统设计

图 4.4.13 所示为交流充电桩硬件系统的结构原理，可分为电气控制系统、主控系统两部分，其中主控系统由主控板及外设模块(主控系统中除主控板之外的其余部分)组成。

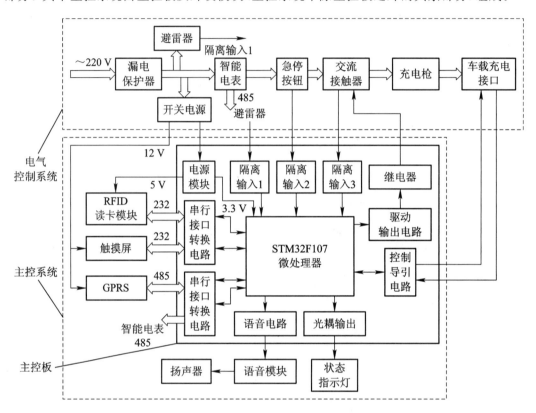

图 4.4.13 交流充电桩硬件系统结构原理图

1) 电气控制系统

电气控制系统主要实现交流电输入控制、安全防护、电源转换、交流电输出控制等功能。设计的是电动汽车交流充电桩，以 220 V 市电作为输入电源。为了保障充电桩日常运行以及用户充电过程中设备(充电桩、充电汽车)和人员人身的安全，采用避雷器、漏电保护器、急停按钮以及交流接触器实现安全防护的功能。

因主控系统的主控板、触摸屏、GPRS 模块及继电器需要 +12 V 的直流工作电源，所以需要对 220 V 交流市电进行电源转换，选用明纬 LRS 系列的开关电源作为电源转换的器件，输入 220 V 市电，输出稳定的 +12 V 直流电，满足主控系统的电源需求。

2) 主控系统

(1) 主控板。

主控板作为交流充电桩的核心控制单元，其核心处理器为 STM32F107 微控制器。其主要功能涵盖三大方面：一是接收并处理来自外部的各种输入信号(如隔离输入 1 至 3 等)，确保信号准确识别；二是生成并输出控制指令，以控制相应的输出电路，如驱动输出电路、控制导引电路等，实现对充电桩运行状态的精确控制；三是与多种外设模块实现高效通信，包括 RFID 读卡模块、触摸屏等，确保用户交互的流畅性与系统的智能化管理。

① 主控板 MCU 及其最小电路。

选用 STM32F107VCT6 作为交流充电桩主控板的 MCU，该芯片作为一款高性能的 32 位微控制器，拥有高达 72 MHz 的总线时钟频率，为系统提供了强大的处理能力。其片上集成的丰富外设资源不仅极大地简化了充电桩的硬件电路设计，降低了系统复杂度，还为未来的功能扩展和升级预留了充足的空间。STM32F107VCT6 的部分核心资源包括：

a. 256 KB 的 Flash 和 48 KB 的 SRAM；

b. LQFP 100 脚，其中有 80 个快速 I/O；

c. 7 个定时器，其中通用定时器 3 个，高级定时器 1 个，看门狗定时器 2 个，系统定时器 1 个；

d. 12 个通信接口，其中 4 个 USART 接口和 1 个 UART，2 个 CAN 接口，2 个 I²C 接口，2 个 SPI 接口，1 个 USB 接口；

e. 2 个 12 位 delta-sigma A/D 数模转换器（转换范围为 0～3.6 V）；

f. 与 CPU 并行的 DMA（支持所有定时器，ADC1，以及所有的 SPI、I²C、USART）。

图 4.4.14 为 STM32F107 最小系统原理图，主要包含晶振、复位电路、供电电路和程序下载电路。在程序下载方面，传统上有 SWD 接口和 JTAG 接口两种常用方式。鉴于 SWD 接口在设计上更为精简，仅需四根信号线且仅占用 STM32F107 的两个引脚资源，相比之下能够更有效地节省 MCU 资源。因此，在本例的电路设计中，采用了 SWD 接口作为程序的下载方式，以体现其高效性和资源节约的特点。

② 电源模块。

电源模块的主要功能是将开关电源提供的 12 V 直流电进行转换，由于 STM32 的工作电压为 0～3.3 V，因此需要通过电源转换芯片对 12 V 进一步降压。本例设计了两个电源转换电路，图 4.4.15(a) 为 12 V 转 5 V 电路，由 LM1117-5 电源芯片实现，图 4.4.15(b) 为 5 V 转 3.3 V 电路，由 LM1117-3.3 电源芯片实现。

③ 串行接口转换电路。

由于 RFID 读卡模块及触摸屏与主控板之间采用 RS-232 接线方式，而智能电表及 GPRS 与主控板之间采用 RS-485 接线方式。因此，为了适配这两种不同的串行通信标准，需要针对性地设计串行接口转换电路。STM32F107VCT6 微控制器内部集成了四个功能强大的通用同步/异步收发传输器（USART），为接口转换提供了基础。为了实现 RS-232 接口电路，选用了 MAX3232 芯片进行电平转换；而对于 RS-485 接口电路，则采用了 SP3485 芯片进行转换，以确保各模块与主控板之间的稳定、高效通信。

图 4.4.16 为 RS-232 接口电路，1 片 MAX3232 芯片可实现两个 USART 接口的转换，其中 PA9 和 PA10 为串行接口 USART1 的输出引脚和输入引脚，该串行接口经 MAX3232 转换后分别与 CON4 的 1 脚和 2 脚对应；PC10 和 PC11 为串行接口 USART2 的输入引脚和输出引脚，该串行接口经 MAX3232 转换后分别与 CON3 的 2 脚和 3 脚对应。

图 4.4.17 为 RS-485 接口电路，1 片 SP3485 只能实现 1 个 RS-485 接口电平的转换，所以采用两片 SP3485 将 STM32F107VCT6 中的 USART3 和 USART4 分别转换为 RS-485。

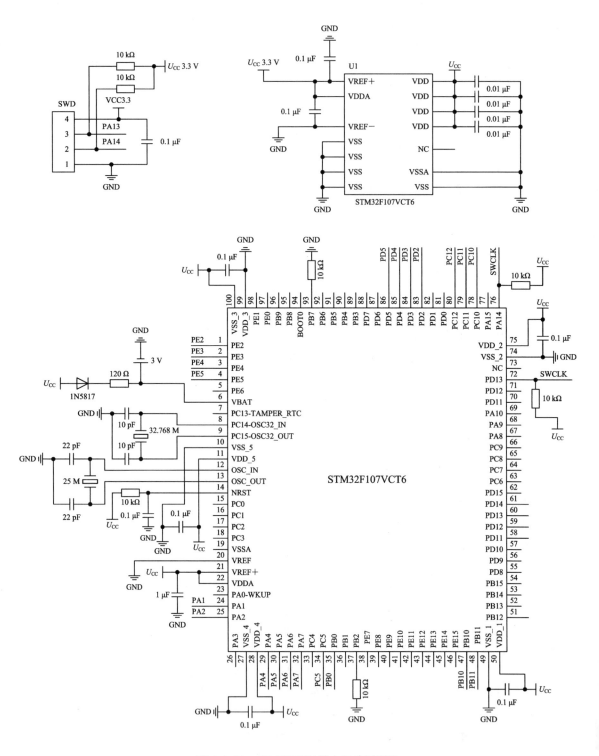

图 4.4.14 STM32F107 最小系统原理图

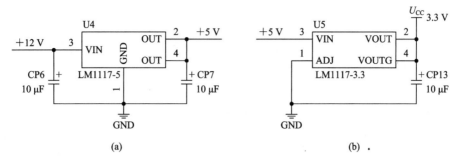

图 4.4.15　电源转换电路

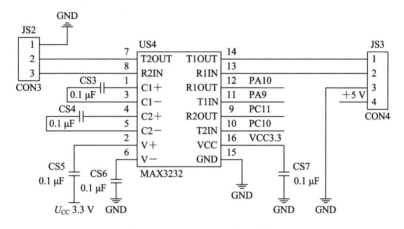

图 4.4.16　RS-232 接口电路

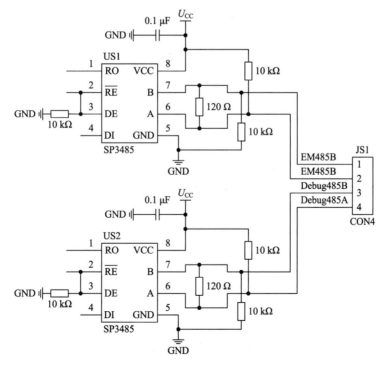

图 4.4.17　RS-485 接口电路

④ 控制导引电路。

控制导引电路不仅具备确认充电桩与电动汽车连接状态的能力，还能够识别充电接口的最大供电电流与载流能力，并有效控制充电通断过程。这一综合性功能是实现充电桩与电动汽车电池管理系统（Battery Management System，BMS）之间顺畅信息交互的关键前提，确保了充电操作的精确执行与高效管理。

根据电动汽车传导充电连接装置的设计规范，当采用充电模式 3 及连接方式 B 时，充电桩的控制导引电路如图 4.4.18 所示，主要包括充电控制装置，交流接触器 K_1、K_2，以及电阻 R_1 至 R_4 等关键组件，还有开关 S_1 至 S_4 和整流二极管 D_1。其中，开关 S_1 固定安装在供电设备内部。充电流程始于充电接口与车辆接口完全对接后，此时开关 S_3 自动闭合，车辆随即进行车载充电及电池组的自检，确认无误后开关 S_2 闭合。S_4 为一常闭开关，通常设置于车辆或充电接口内部，并与充电桩插头外部的机械锁止装置按钮紧密联动。一旦充电接口与车辆接口成功连接，按下该按钮将触发机械锁止，同时 S_4 开关断开。值得注意的是，车辆控制装置在实际应用中往往与车载充电机集成于一体，以实现更紧凑高效的设计。

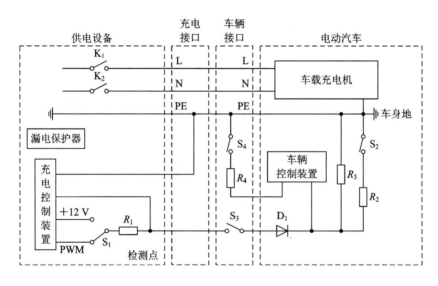

图 4.4.18　控制导引电路原理示意图

车辆与充电桩的连接状态，依据图 4.4.18 中所示的检测点 1 的电压值进行判断。整个充电过程中，车辆与充电桩之间的连接状态可细分为以下三个阶段。

a. 状态 1：充电桩与充电车辆未完全连接。

检测点 1 的标称电压为 12 V，开关 S_3、S_2 断开，此时不能进行充电。

b. 状态 2：充电桩与充电车辆完全连接，但车辆未做好准备。

此时开关 S_2 断开，不能充电。S_3 闭合，电阻 R_3 被接入回路，检测点 1 检测到的标称电压为

$$U_1 = U - \frac{R_1}{R_1 + R_3}(U - U_D)$$

其中，R_1 和 R_3 根据国家标准可取 1000 Ω 和 2740 Ω；$U = +12$ V；U_D 为二极管 D_1 上的压降，约为 0.7 V。通过计算可得此时检测点 1 的电压 $U_1 \approx 9$ V。

此时若充电桩自检正常，开关 S_1 从连接 $+12\ V$ 状态切换至连接 PWM 状态，输出占空比可调的矩形脉冲，占空比的大小与供电设备可提供的最大连续电流值相关。

　　状态 3：充电桩与充电车辆完全连接，且车辆已做好充电准备。

　　开关 S_2 闭合，电阻 R_2 和 R_3 均被接入回路，此时检测点 1 检测到的标称电压为

$$U_1 = U - \frac{R_1}{R_1 + R} \times (U - U_D)$$

其中，$R = \dfrac{R_1 \cdot R_3}{R_2 + R_3}$；$R_2$ 可取 $1300\ \Omega$，计算可得 $U_1 \approx 6\ V$。

　　表 4.4.2 为检测点 1 电压与桩—车连接状态的对应关系，当充电桩与车辆断开连接时，开关 S_1 为 $+12\ V$ 输出状态；当桩体与车辆完全连接，但车辆未做好准备时，开关 S_2 断开，开关 S_1 自动切换到幅值为 $12\ V$ 的 PWM 波输出状态，检测点 1 的峰值电压约为 $9\ V$，不能充电；当充电桩与车辆完全连接，且车辆做好充电准备时，开关 S_2 闭合，S_1 仍为 PWM 输出状态，此时检测点 1 电压约为 $6\ V$，可以开始充电。

表 4.4.2　检测点 1 电压与桩—车连接状态的对应关系

控制导引电路	连接状态	S_1 状态	S_2 状态	检测点 1 峰值电压	能否充电
状态 1	断开连接	$+12\ V$	断开	$12\ V$	否
状态 2	完全连接	PWM	断开	$9\ V$	否
状态 3	完全连接	PWM	闭合	$6\ V$	是

　　在充电接口成功连接后，车辆控制装置会即时监测图 4.4.18 中检测点 1 的电压值以及 PWM 波的占空比，以此判断充电车辆与充电桩之间的连接状态、供电功率等关键信息。一旦发现检测点 1 的电压值出现异常，则充电控制装置将迅速响应，断开接触器，从而安全地终止充电过程。因此，控制导引电路与检测电路的紧密配合至关重要，它们共同确保充电过程的安全与稳定。图 4.4.19 展示了所设计的控制导引及其检测电路的原理图，直观呈现了这一协同工作的机制。

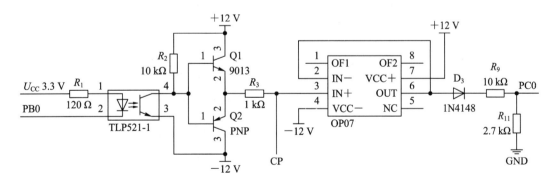

图 4.4.19　控制导引及其检测电路

　　当充电枪与车辆完全分离时，STM32 控制 PWM 所在引脚 PB0 持续输出高电平，光耦 TLP521-1 不导通，R_2 产生的偏置电压使 CP 端持续输出 $12\ V$；当充电枪与车辆连接时，STM32 输出占空比为 50%、频率为 $1\ kHz$ 的 PWM 信号，经场效应管 QD1（AO3401）和

QD2（AO3402)组成的推挽电路提高功率，从 CP 端输出±12 V 的方波信号。检测电路由电压跟随及分压电路组成，其中，运算放大器 OP07 实现电压跟随，而 RD9 及 RD11 实现分压后输入到 STM32 中进行电压检测。

⑤ 驱动输出电路。

图 4.4.20 所示为驱动输出电路原理，继电器常开时，STM32 输出引脚 GPIO1 持续高电平，光耦不导通；当 GPIO1 输出低电平时，经光耦隔离后，三极管 Q_3 导通，继电器线圈通电、常开触点闭合，此时交流接触器线圈得电，主触点闭合，实现小电流控制大电流的目的。图中，R_6、R_7 为限流电阻，二极管 D_2 为继电器线圈提供续流回路。

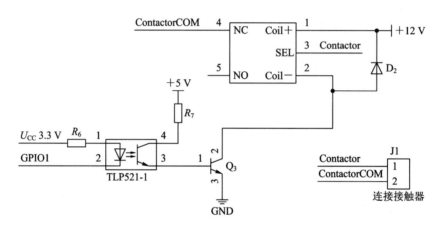

图 4.4.20 驱动输出电路原理图

⑥ 语音电路。

为了实现用户充电过程中的语音引导及故障报警功能，采用了 WT588D-16P 语音芯片来执行语音播放任务。如图 4.4.21 所示，这款芯片内置了 16 MB 的 SPI-Flash 存储器，允许用户通过专用的上位机组态软件将所需的语音片段预先烧录进芯片的 Flash 存储中。每个语音片段都被分配了一个独一无二的地址，当控制端触发对应地址时，语音模块便能迅速从 Flash 中检索并通过扬声器播放出该地址所关联的语音片段。

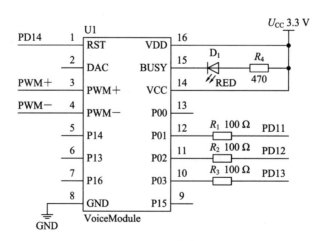

图 4.4.21 语音电路原理

（2）外设模块。

① RFID 读卡模块。RFID(Radio Frequency Identification)读卡模块在充电桩系统中用于实现用户身份识别和支付充电消费的功能。RFID 技术即射频识别技术，是一种非接触式的自动识别技术。图 4.4.22 为一个典型的 RFID 射频识别系统，由电子射频标签、读写器和控制系统组成。读写器的逻辑控制单元对控制系统发送的指令处理后，通过射频模块产生电磁脉冲由内部天线向四周发出，在读写器读取范围内的电子射频标签接收后，根据指令对存储器内部信息进行读、写或擦除操作，并将操作结果反馈至读写器，读写器对电子标签的回应信息处理后传送至控制系统。

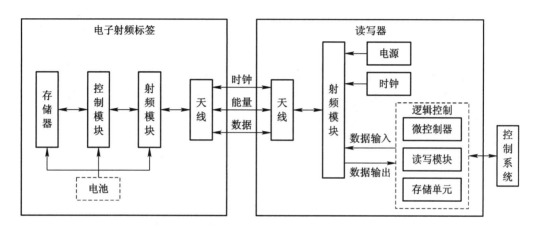

图 4.4.22　RFID 射频识别系统

本系统中的 RFID 读卡模块选用 MT625V118-V2.062，电子标签采用与读卡器配套使用的 CPU 卡，可实现桩体认证和卡片认证双重加密方式，保证用户和设备的信息安全。MT625V118-V2.062 型的读卡器采用集成电路设计制造，具有安全性高、稳定性高、工作寿命长等特点，广泛用于电力、交通、石化等工业场合。该读卡器支持 ISO14443 标准的 Type A/B 卡和 ISO7816 标准的 SIM 卡，内部通信协议由厂家自主定义，同时在模块上集成了两个 SIM 卡座：ESAM(Embedded Secure Access Module，嵌入式安全模块)和 PSAM (Purchase Security Application Module，终端安全控制模块)为用户提供了灵活选择，以实现充电桩的多样化加密操作需求，进一步提升了系统的整体安全性。

② 触摸屏。触摸屏是充电桩的人机交互接口。本系统采用迪文 DGUS 显示屏——DMT48270T043_02W，该显示屏支持语音播报、存储容量大(56 KB 变量控件、256 Byte 配置寄存器空间、256 MB Flash 存储器)、每个显示页面可以放置多达 128 个显示控件，且显示控件之间可以叠加，支持 RS-232、RS-485、RS-422 三种接口类型，其程序下载和升级通过 SD 卡实现。同时 DGUS 触摸屏集成了 DWIN OS 平台，有与汇编语言相似的 OS 伪汇编指令丰富的指令，操作简单，用户可使用 OS 指令编写部分程序代码放在 DGUS 屏上运行，满足了用户的二次开发需求。另外，DGUS 屏可升级为 MODBUS 内核，符合工业中常用的 MODBUS 标准通信协议。

③ 智能电表。采用智能电表用于实现电能计量。智能电表作为新一代智能电网终端，它除了具备基本的电能计量功能之外，还拥有多重费率计量、用户端控制、双向通信、防窃电等智能化功能。选用 DDZY3366 系列单相费控智能电能表，主控板与智能电表之间以

RS-485 的接线方式进行数据传输。

④ GPRS。采用 GPRS(General Packet Radio Service)网络通信模块实现充电桩与远程管理系统之间的数据交互。GPRS 因具备网络连接速度快、传输速率高、按量(流量)计费、永远在线等优势,成为物联网背景下无线数据传输的主流通信方式,用户只需要在系统中正确接入一个 GPRS 模块,并且开通 GPRS 业务,就可通过 GPRS/Internet 网络实现数据传输。同时,GPRS 通信可支持 TCP/IP 协议和 UDP 协议,可以保证 GPRS 网络节点与不同连接方式或者不同操作系统网络节点之间网络连接数据传输的可靠性。选用 USR - GPRS232 - 730 GPRS DTU(数据终端单元)作为串口转 GPRS 的数据传输解决方案,该模块内置了高效的 TCP/IP 协议栈,支持通过 AT 指令集进行灵活配置,极大地简化了 GPRS 网络连接的设置流程。通过为设备配备已开通 GPRS 服务的 SIM 卡,USR - GPRS232 - 730 模块能够轻松实现远程网络接入,确保数据在无线网络中的稳定传输。此外,该模块还具备多项高级功能,如自定义注册包机制,允许用户根据特定需求定义数据包格式,以增强数据传输的灵活性和安全性;同时,具备心跳包发送功能,定期向服务器发送心跳信号,保持连接活性并监控网络状态,有效避免因长时间无数据传输而导致的连接中断问题。

4. 软件系统设计

1) 基于 μCOS-Ⅱ 的系统软件设计

μCOS-Ⅱ 的内核短小精悍,代码完全开源,对处理器要求不高,通过条件编译可对内核进行裁剪,代码可移植性强,且运行稳定可靠,已经在商业产品、教学、科研等领域得到广泛的使用,所设计的充电桩选择 μCOS-Ⅱ 操作系统,并将其移植到 STM32 处理器。

在设计 μCOS-Ⅱ 系统的软件时,要先调用系统初始化函数 OSInit() 对 μCOS-Ⅱ 的所有变量、数据结构、信号量及消息队列等进行初始化,同时建立空闲任务和统计任务,才可进行任务创建或调用其他服务。初始化完成后,调用 OSTaskCreate() 函数创建多任务启动函数 Start_Task(),然后调用 OSStart() 启动操作系统,即开始多个任务的调度,且永远不会返回。

μCOS-Ⅱ 操作系统启动的程序清单如下:

```
void main(void)
{
    ······
    OSInit();                        /* 初始化 μCOS-Ⅱ */
    ······
    OSTaskCreate(Start_Task,         /* 创建开始任务 */
        (void *)0,                   /* 定义变量 */
        (OS_STK *)&TASK_START_STK[START_STK_SIZE - 1],
                                     /* 设置任务堆栈 */
        START_TASK_PRIO);            /* 设置开始任务的优先级 */
    ······
    OSStart();                       /* 开始多任务调度 */
}
```

在 μCOS-Ⅱ 中通过 OSTaskCreate() 或 OSTaskCreateExt() 创建任务,以多任务启动函

数 Start_Task()为例介绍创建任务的流程：

分配任务堆栈大小：

♯define START_STK_SIZE128

定义一个数组作为任务堆栈：

OS_STK TASK_START_STK [START_STK_SIZE];

分配任务优先级，优先级数值与优先级成反比，0 为最高优先级：

♯define START_TASK_PRIO　10

声明任务：

void Start_Task(void ＊param);

调用 OSTaskCreate()函数创建任务。

开始函数 Start_Task(void ＊param)主要完成对充电桩充电过程中所需的各个任务及各任务中需要的信号量的创建，所以调用 OSStart()启动操作系统后，该函数仅在主程序执行一次，其优先级也最低。

在 Start_Task(void ＊param)函数中创建了 5 个任务，具体如下。

(1) 触摸屏通信 Touch_Screen_Task(void ＊param)，根据 MODBUS 通讯协议完成主控板与触摸屏之间的数据交互；判断当前触摸屏的页面，并根据页面执行不同操作。

(2) RFID 通信 RFID_Card_Task(void ＊param)，循环判断是否有卡片靠近；解析、校验获取到的卡片信息；根据刷卡次数完成读取信息、开启充电、结束充电等不同操作。

(3) 电能表通信 Electric_Energy_Meter_Task(void ＊param)，对电能表数据进行读取；对电能表数据进行解析；计算用户的消费数据。

(4) GPRS 通信 GPRS_TCP_Task(void ＊param)，完成 GPRS 模块配置，初始参数设置、功能选择、开启 TCP 网络透传功能；将桩体状态信息和充电业务数据发送至远程管理系统；循环检测后台管理系统是否有命令下发，根据控制命令实现不同的操作。

(5) 系统检测 System_Test_Task(void ＊param)，实时检测和判断桩—车的连接状态，并将判断结果发送至其他函数；完成充电桩桩体各个功能模块的自检；出现故障时，将故障原因记录在触摸屏 Flash 中，并上传至后台管理系统。

通过上面 5 个任务的建立，完成整个充电桩桩体的控制程序，充电桩根据不同的任务要求执行不同的动作。

2) 充电桩整体程序流程

为进一步说明充电桩的整个软件工作流程，以各子模块程序为基础，设计如图 4.4.23 的整体控制流程。

用户刷卡进入系统后，桩体向后台发送用户信息确认用户身份，验证通过后，触摸屏显示卡号、卡状态、卡余额及欠费情况等信息，若欠费需先扣除欠费才能进行下一步操作。当用户无欠费或已缴清欠费时，可在触摸屏上选择充电模式(金额、时间、电能、自动)，并设置充电需求参数。开始充电之前，系统必须判断车辆与充电枪的连接状态和车辆状态，若充电枪未连接或车辆未准备好，触摸屏和语音模块将同时提醒；当系统判断车辆已经准备好，再次刷卡启动充电，且卡内未结算标志置位。

充电过程中，系统读取充电参数(电压、电流、电能)，根据计费规则计算用户的消费金额，进行充电计时并显示。当判断充电参数不正常(过压、欠压或过流)、充电枪断开连接或

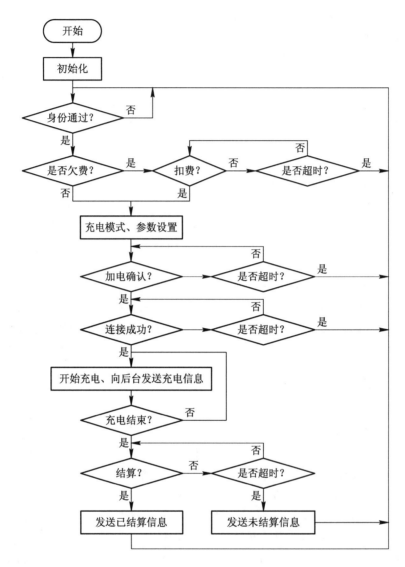

图 4.4.23 软件程序的整体控制流程

达到用户设定的充电目标时，系统直接结束充电。另外，用户可根据自身需求随时刷卡结束充电。在出现突发状况时，用户可按下急停按钮直接切断充电。充电结束后，触摸屏将显示充电耗时、消耗电量、消费金额等信息，提示用户结账。用户刷卡结算，卡内未结算标志清除，本次交易完成。当充电枪与车辆分离后，系统自动进入寻卡状态，等待下一用户的使用。用户需要注意的是，在触摸屏的每个确认界面都有倒计时，须在设定时间内完成选择。

3）充电桩测试

硬件电路上电后未出现异常，示波器检测电源转换电路电压输出稳定，能够满足系统要求，检测芯片相关引脚电压正常。

通过实际车辆与连接状态测试控制导引电路的工作性能，测试结果表明控制导引电路在充电桩与车辆连接的三个状态下，其检测点电压均符合 GB/T20234-2 标准对于控制导引电路的要求。

将软件与硬件组成一个整体进行测试的结果表明本系统所设计的充电桩主控板与外围设备之间通信正常稳定；触摸屏页面显示及切换正常；刷卡模块用户身份识别快速稳定，用户刷卡充电及结算正常；主控板对智能电表数据采集准确，且用户费用计算准确；GPRS模块能够将充电桩的状态数据准确发送至远程管理系统，远程管理系统能够对充电桩桩体进行远程控制；语音模块和状态指示能够根据充电桩工作流程正常工作。

　　对系统的不同充电模式测试结果表明系统软件控制流程稳定，能够满足用户的多种充电需求。对系统的电气防护测试结果表明电气系统对充电回路的控制稳定，突发状况出现时，用户可通过急停开关断开充电回路且保存充电故障原因。总体测试结果表明设计的电动汽车交流充电桩人机交互便捷、数据采集和计算准确、系统工作稳定、充电安全可靠，能够满足交流充电要求。

思　考　题

　　4-1　简述单片机、微处理器、微机之间的联系与区别。

　　4-2　简述 8051 单片机 P0 端口的工作原理。

　　4-3　80C51 单片机有哪些寻址方式？

　　4-4　简述串行数据传送与并行数据传送的区别。

　　4-5　Arduino 常见的中断方法有哪些？

　　4-6　已知 AT89S51 单片机系统时钟频率为 24 MHz，请利用定时器 T0 和 P1.5 输出矩形脉冲，波形如题图 4-1 所示，要求显示仿真结果。

题图 4-1

　　4-7　尝试利用 Arduino 设计一个会呼吸的灯。即 LED 灯的亮度先由暗变亮，再由亮变暗的过程，可以通过 Arduino Uno 带有的 PWM($\sim$)功能的数字引脚 3 控制 LED 的亮度变化。

　　4-8　STM32 单片机有哪些系列？它们各自有什么特点？

　　4-9　STM32 程序下载的方式有哪些？它们各自有哪些要求？

　　4-10　简述 STM32 的串口通信程序设计要点。

　　4-11　设计一个用 STM32 控制流水灯的简单实验，具体为控制 LED1、LED2、LED3 流水闪烁。

　　4-12　根据波形发生原理，试设计一个可编程的正弦波、方波、三角波和锯齿波发生器电路。

第5章 电子系统综合设计

5.1 电源系统设计

5.1.1 开关稳压电源基础

1. 开关稳压电源的基本原理

直流稳压电源是电源的重要一类，为直流电机、充电设备、电解电镀等负载提供直流电。电源系统设计通常指的是直流稳压电源设计。按电路的结构分类，直流稳压电源可分为线性稳压电源、电感型开关稳压电源、电容型开关稳压电源三种。下面将会重点介绍开关稳压电源的原理与设计。

开关稳压电源简称开关电源（Switching Power Supply），起到电压调整和稳压控制的作用。开关稳压电源有着效率高、稳压范围宽、对电网要求不高、稳压精度高、不使用电源变压器以及体积小、重量轻、功率密度大、单位功率价格低等特点，是一种较理想的稳压电源。开关稳压电源的这些优点满足了电子设备的轻、薄、小以及节能等要求，使其已广泛应用于各种电子设备、电子电器和电子电路中。

开关稳压电源的构成方式非常多，按驱动方式分主要有自激式和他激式两类。

按直流—直流变换器方式分主要有隔离式和非隔离式两类。其中，隔离式又可分为中心抽头式、半桥式、全桥式、谐振型等；非隔离式有降压型（Buck）、升压型（Boost）、升降压型（Buck Boost）、开关电容式等。

典型开关稳压电源电路的工作原理如图 5.1.1 所示。

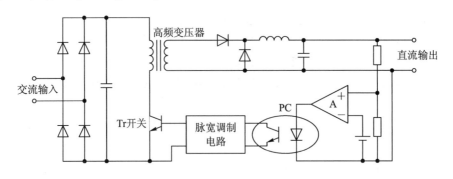

图 5.1.1 开关稳压电源的原理

开关式稳压电源按控制脉冲的作用不同，可分为脉宽调制式（Pulse Width Modulation，PWM）、频率调制式（Pulse Frequency Modulation，PFM）和混合调制式（同时调脉宽和频率）三种。在实际应用中，脉宽调制式的应用更广泛，在目前开发和使用的开关电源集成电路中，绝大多数为脉宽调制式。

脉宽调制式（PWM）开关稳压电源的基本原理如图 5.1.2 所示。单极性矩形脉冲的直流平均内电压 U_o 取决于矩形脉冲的宽度和高度，即 $U_o = U_m \cdot T_1 / T$。式中，U_m 为矩形脉冲最大电压值（脉冲高度），T 为矩形脉冲周期，T_1 为矩形脉冲宽度。当 U_m 与 T 不变时，直流平均电压 U_o 与脉冲宽度 T_1 成正比。只要设法使正脉冲宽度随稳压电源输出电压的增高而自动成比例变窄，就可以达到稳定输出电压 U_o 的目的。

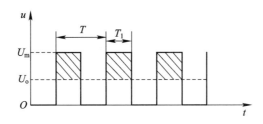

图 5.1.2　脉宽调制式开关稳压电源的基本原理

2. 开关稳压电源电路的组成

开关稳压电源电路有间接变换开关稳压电源和直接变换开关稳压电源两种。间接变换开关稳压电源的核心电路是将直流电压 U_m 变为交流的逆变电路，并设法调整逆变电路频率，自动稳定输出电压。直接变换开关稳压电源的核心电路，是将直流电压 U_m 通过开关电路斩波成单脉冲，并设法调整脉冲宽度，自动稳定输出电压。

图 5.1.3(a)所示是间接变换开关稳压电路的原理，其中的逆变环节将整流滤波电路输出的不稳定的直流电变换成数十或数百千赫兹的高频脉冲（也可以是高频正弦）电压，通过高频变压器隔离、变压（降压或升压），再经整流、滤波电路输出平均直流电压。将 U_o 取样与其准电压比较得到误差信号，并用放大的误差信号去调控高频振荡电路的频率（也可以是脉宽），达到自动稳定电压、电流的目的。

图 5.1.3(b)所示是直接变换开关稳压电路的原理，其主要包括 EMI/EMC 滤波、整流滤波、斩波、高频滤波、取样、基准、比较放大、脉宽调制等环节。EMI/EMC 滤波器是双向的，既可以防止电网的电磁干扰进入开关电源，又可以滤除开关电源脉冲及高次谐波，防止其进入电网。无需变压器，50 Hz 单相或者三相交流电源直接整流、滤波即可获得直流电压，这个直流电压很高，进入斩波电路，变成高频单向脉冲直流，滤波后得到单向脉冲的平均直流电压 U_o。为了获得稳定的输出电压，将 U_o 取样与基准电压比较得到误差，并用放大的误差去调控斩波电路的脉宽（或频率），达到自动稳定电压的作用。

3. 开关稳压电源的特点

开关稳压电源与线性稳压电源相比，其优点是小型轻量、效率高，表 5.1.1 为开关稳压电源与线性稳压电源性能的比较。

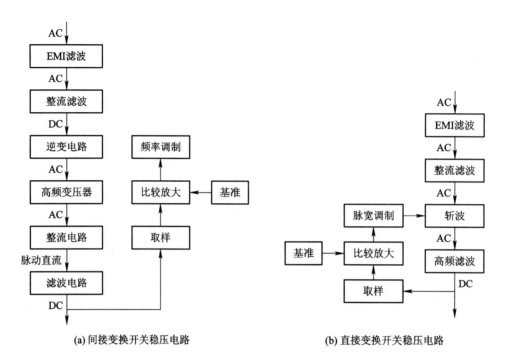

(a) 间接变换开关稳压电路　　　　　(b) 直接变换开关稳压电路

图 5.1.3　开关稳定电源电路的组成

表 5.1.1　开关稳压电源与线性稳压电源性能的比较

比较项目	线性稳压电源	开关稳压电源
功率	低(30%～60%)	高(70%～85%)
电路	简单(变压、整流与稳压电路)	复杂(整流、开关脉冲调剂、变压和整流电路)
尺寸	大(变压器和散热器的空间)	小(为线性稳压电源的 0.1～0.25)
重量	重(变压器和散热器的质量)	轻(为线性稳压电源的 0.1～0.25)
成本	低	一般
用途	高精度电源，高速可编程电源，实验用可调电源	直流输入设备的电源，要求小型高效率的电源
过渡过程响应速度	快(50 μs～1 ms)	一般(500 μs～10 ms)
安装难易程度	由于变压器较重，不能安装在印制电路板上	由于采用小型轻量的元器件，几百瓦以下的电源可以安装在印刷电路板上

开关稳压电源的主要优点如下：

（1）效率高：调整器件交替工作在开/关状态，这使得功率损耗小，电源的效率可以大幅度提高，可达 90%～95%，采取特殊措施的开关电路，效率甚至可以达到 97%～99%。

（2）质量轻：开关电源耗散小，可以省去较大体积的散热器。起隔离作用的高频变压器工作在很高的开关频率下(20 kHz 以上，通常是 40 kHz～100 kHz)，代替了工频变压器，可大大减小体积，降低质量。很高的开关频率使输出滤波电容的容量和体积也大为减小。

（3）稳压范围宽：开关电源的输出电压、输入电压的变化可以通过调整占空比来控制和补偿。在工频电网电压变化很大时，它仍能保证有较稳定的输出电压，使其在输入电压不同的国家也能通用。

开关稳压电源的缺点为：开关晶体管、整流二极管、变压器与扼流圈等产生噪声，电路输出纹波较大以及电路结构复杂。电路中开关器件工作在开关状态，产生的脉冲电压、电流会通过电路中的元器件产生尖峰干扰和谐波干扰，如果不采取抑制、滤除和屏蔽措施，会严重影响整机正常工作。若干扰串入工频电网，则电网附近的其他电子仪器、设备和电器会受到干扰，严重时甚至不能工作。通过电路方式的改进、滤波与屏蔽措施的采用，开关稳压电源的这些缺点是可以克服的。

4. 非隔离型开关电源

非隔离型开关电源的输入回路与输出回路电气相通，没有隔离。最基本的非隔离型开关电源主电路包括降压型（buck）、升压型（boost）、升/降压型（buck-boost）三种基本电路和由基本电路组合的其他复合型电路，如 Cuk、Sepic、Zeta 电路等。下面对几种基本变换电路做一些简单的介绍，为简化电路的分析，对开关电路元件做如下理想化处理。

（1）开关器件的通态电阻为零，电压降为零；断态电阻为无限大，漏电流为零。

（2）电路中的电感和电容均为无损耗的理想储能元件。

（3）开关管 T 和二极管 D 从导通变为阻断、从阻断变为导通的过渡时间均为零。

（4）当有输出滤波电容时，电容电压 U_C 在稳态下近似无任何脉动，即 U_C 保持不变。

（5）电源输送到稳压电路的功率等于稳压电路的输出功率。

（6）线路等效阻抗为零。

1）降压斩波电路（Buck Chopper）

直接变换开关稳压电源的核心电路是斩波电路。采用 LC 滤波的降压斩波电路原理及斩波波形如图 5.1.4 所示。

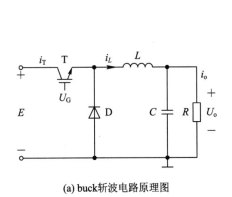
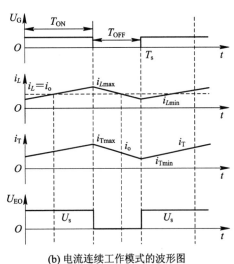

(a) buck斩波电路原理图　　　　　　(b) 电流连续工作模式的波形图

图 5.1.4　降压斩波电路的原理及波形

对 buck 斩波电路，根据伏秒定理可得$(E-U_o)t_{ON}=U_o(T-t_{ON})$，即 $U_o=\dfrac{t_{ON}}{T}E=DE$，式中 D 为开关导通占空比，且 $D=\dfrac{t_{ON}}{T}$。

在稳态运行条件下，斩波电路输出平均电压 U_o 与输入平均电动势 E 的比值为 $G_V=\dfrac{U_o}{E}=D$，称为稳态电压增益。输出电流平均值 I_o 与输入电流的平均值 I_i 的比值为 $G_I=\dfrac{I_o}{I_i}=\dfrac{1}{D}$，称为稳态电流增益。当电感电流为连续导通工作模式时，因为 $D\leqslant 1$，所以 buck 斩波电路的电压增益 $G_V\leqslant 1$，电流增益 $G_I\geqslant 1$，具有降压、增流的变换特性。

2）升压斩波电路（Boost Chopper）

升压斩波电路的原理及波形如图 5.1.5 所示。主回路中，相对于输入端而言，开关器件与输出端负载并联，因此 boost 电路又称为并联式开关变换电路。

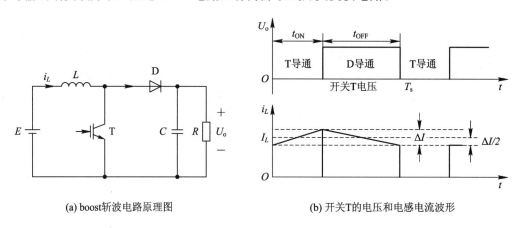

(a) boost斩波电路原理图　　　　　(b) 开关T的电压和电感电流波形

图 5.1.5　升压斩波电路的原理及波形

当 T 导通时，电源 E 向电感 L 储存能量，电流为 I_i，电容 C 向负载 R 供电，输出电压 U_o 恒定。当 T 处于关断状态时，电源 E 和电感 L 同时向电容 C 充电，并向负载提供能量。在稳态条件下，boost 电路输出平均电压 U_o 与输入平均电压 E 的比值为 $G_V=\dfrac{U_o}{E}$，对变换电路中的电感 L 利用伏秒定理：$Et_{ON}=(U_o-E)(T-t_{ON})$，可化简得到

$$U_o=\frac{T}{T-t_{ON}}E=\frac{1}{1-D}E$$

可见稳定电压增益 $G_V\geqslant 1$，电流增益 $G_I\leqslant 1$，具有升压、降流变换特性。输出电压 U_o 与$(1-D)$成反比，输出平均电压可由占空比 D 控制。

3）升/降压斩波电路（Buck-Boost Chopper）

升/降压斩波电路及波形如图 5.1.6 所示，在主回路中，相对于输入端而言，电感器 L 与负载成并联。与 buck 电路相比，续流二极管 D 与电感 L 交换了位置。

T 导通时，二极管 D 截止，电源 E 经 T 向 L 供电储能，电流为 i_1。同时，C 维持输出电压基本不变并向负载 R 供电。T 截止时，L 的能量向负载释放，电流为 i_2。负载电压极性为上负下正，与电源电压极性相反，该电路也称为反极性斩波电路。

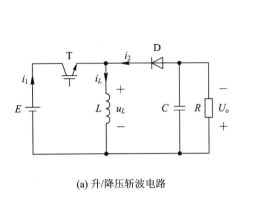

(a) 升/降压斩波电路

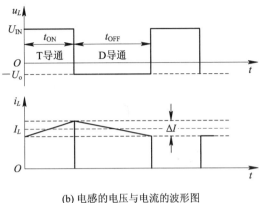

(b) 电感的电压与电流的波形图

图 5.1.6　升/降压斩波电路原理及波形

由伏秒定理可得到 $Et_{ON} = U_o t_{OFF}$，整理得 $U_o = \dfrac{t_{ON}}{t_{OFF}}E = \dfrac{D}{1-D}E$。输出电压与占空比和电源电压有关。当 $0 < D < 0.5$ 时为降压，$0.5 < D < 1$ 时为升压，同时输入输出电压还将反向。

5. 隔离型开关稳压电源

隔离型开关稳压电源的能量通过高频变压器传递，输入回路与输出回路的电气不相通，输入输出电路具有隔离作用，所以又称为隔离型（离线式）电路。在工程应用中，隔离型开关稳压电源常用于输出端与输入端需要隔离、多路输出的输出端之间需要相互隔离、输出电压与输入电压的比远小于 1 或远大于 1、交流环节采用较高的工作频率等情况。

隔离型开关稳压电源电路包括单端（Single end）电路与双端（Double end）电路。其中，单端指的是通过一只开关器件单向驱动脉冲变压器，双端是两个开关器件并联在一起。而单端电路与双端电路的区别在于，单端中变压器流过的是单方向的直流脉动电流，双端中流过的是正负对称的交流电流。

下面简单介绍几种常用的隔离型开关稳压电源电路。

1) 单端正激式直流变换电路（Single-ended forward DC converter）

常见的单端正激式直流变换电路的电路图以及理想情况下的波形图如图 5.1.7 所示。

U_i 是直流输入电压，T_{01} 是开关变压器，T_1 是控制开关，L_o 是储能/滤波电感，C_o 是储能/滤波电容，D_2 是续流二极管，D_3 是削峰二极管，R_L 是负载。当控制电路给出的脉冲驱动信号使 T_1 导通时，变压器原、副边产生感应电压，图中加"·"端为高电位端，二极管 D_1 导通，D_2、D_3 截止，电源经变压器耦合向负载传输能量，R_L 获得电能，同时电感 L_o 的电流逐渐增大，储能增加。

T_1 截止时，变压器一次侧、二次侧加"·"端为低电位端，二极管 D_2、D_3 导通，D_1 截止。电感 L_o 的储能通过 D_2 续流，向负载继续释放能量，由于电容 C_o 具有滤波作用，因此此时负载上所获得的电压保持基本稳定。

单端正激式直流变换电路的主要特点有：

（1）开关管导通时输入馈电给负载，截止时 L_o 供电给负载；

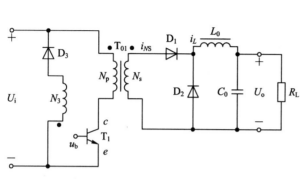

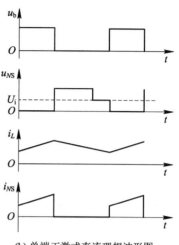

(a) 单端正激式直流变化电路原理图　　　　　　(b) 单端正激式直流理想波形图

图 5.1.7　单端正激式直流变换电路与理想化波形

（2）N_3 起到去磁复位功能，同时与二极管 D_3 一起组成钳位电路，防止 T_1 截止期间及瞬态过程中高频变压器漏感引起电压尖峰叠加在 T_1 上；

（3）若去磁绕组与一次绕组匝数相等，并保持紧耦合，T_1 承受的电压最大为 $2U_i$。

2）单端反激式直流变换电路（Single-ended Flyback DC Converter）

单端反激式直流变换电路的电路图与理想情况下的波形图如 5.1.8 所示。

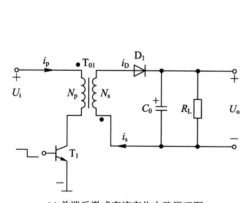

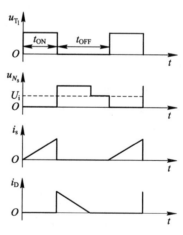

(a) 单端反激式直流变化电路原理图　　　　　　(b) 单端反激式直流理想波形图

图 5.1.8　单端反激式直流变换电路与理想化波形

T_1 导通期间（t_{ON}），电源 U_i 加在变压器一次侧 N_p 两端，电感电流 i_p 线性增加，充磁储能增加。二次线圈 N_s 的互感电压"·"端为正，D_1 反偏截止。T_1 截止期间（t_{OFF}），一次侧 N_p 两端电压极性反转，二次侧 N_s 电压随之变为"·"端为负，D_1 导通，储存在变压器绕组中的磁能通过电磁感应转换成电能向负载转移释放。

单端反激式变换电路在一次侧开关管导通时储存的能量，在开关管截止时才通过 N_s 向负载释放能量，高频变压器既是储能元件，又起变压隔离作用。因此，单端反激式变换电路又称为"电感储能式变换电路"。

单端反激式变换电路的特点如下：

(1) 由于一次侧、二次侧的电感量为常数，因此一次和二次电流按线性规律升降，其电流工作状态有三种：非连续态、临界态及连续状态；

(2) 该电路一般用在小功率场合；

(3) 变压器的磁路工作在单向脉动状态，利用率不高，容易产生磁饱和。

3）半桥式直流变换电路（Half-bridge DC converter）

半桥式直流变换电路及波形如图 5.1.9 所示。T_1、T_2 为功率开关，变压器为高频变压器，L 和 C 组成 LC 滤波电路，二极管 D_1、D_2 组成全波整流电路。

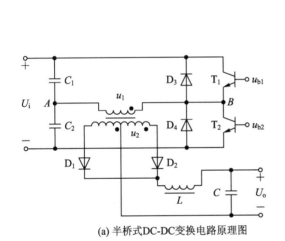

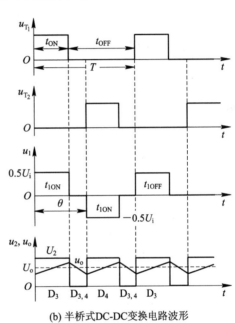

(a) 半桥式DC-DC变换电路原理图　　　　(b) 半桥式DC-DC变换电路波形

图 5.1.9　半桥式直流变换电路与波形

两个输入电容 C_1、C_2 的容量相同，其中 A 点电压是输入电压 U_i 的一半，多数情况下是在 C_1、C_2 两端各并联等值电阻，以均衡两者的电压，同时放掉电路停止工作时电容极板上遗留的电荷。开关管 T_1、T_2 的驱动信号分别由控制电路产生两个互为反相的 PWM 信号。

半桥式直流变换电路的特点如下：

(1) 具有一定的抗不平衡能力，对电路对称性要求不是很严格；

(2) 适应的功率范围较大，从几十瓦到几十千瓦都可以；

(3) 开关管耐压要求较低，电路成本比全桥电路低。这种电路常被用于各种非稳压输出的 DC 变换电路，如驱动荧光灯的电子镇流器等电路。

4）全桥式直流变换电路（Full bridge DC converter）

将半桥变换电路中的两个电解电容换成另外两个开关管，并配上相应的驱动电路，就构成了全桥式直流变换电路，如图 5.1.10 所示。

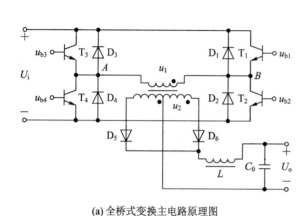

(a) 全桥式变换主电路原理图   (b) 全桥式变换电路波形

图 5.1.10　全桥式直流变换电路与波形

变压器连接在四个开关管组成的两桥臂中间，开关管 T_1、T_4 和 T_2、T_3 的驱动信号分别相同，并且 T_1 和 T_2 的驱动信号互为反相。相对桥臂上的两对功率开关器件 T_1、T_4 和 T_2、T_3 交替导通或截止，使变压器的二次侧有功率输出。当功率开关器件 T_1、T_4 导通时，T_2、T_3 截止，T_2、T_3 集射极两端承受的电压为输入电压 U_i，在功率开关器件关断过程中产生的尖峰电压被二极管 $D_1 \sim D_4$ 钳位于电压电源 U_i。

全桥式直流变换电路的特点如下：

（1）全桥功率开关器件的耐压值大于 U_{imax}；

（2）使用钳位二极管 $D_1 \sim D_4$ 有利于提高电源效率；

（3）电路使用了四个功率开关器件，同一桥臂上下管发射极不共地，所以四组驱动电路需要隔离。

6. 开关稳压电源设计实例

设计一个 Buck 电路，如图 5.1.11 所示，要满足下列要求：

（1）输入电压为 DC 48 V，平均输出电压为 DC 24 V，平均输出电流为 5 A；

（2）输出电压纹波小于 100 mV，输出电流纹波小于 0.25 A；

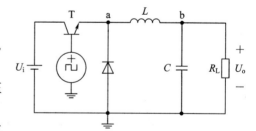

图 5.1.11　Buck 电路

（3）电源开关频率 $f_s = 250$ kHz。

需要计算的参数主要有 PWM 的占空比 D、电感 L、电容 C 和开关元件 T 的 MOS 管型号选取。

在计算时一般假设如下的前提条件：

（1）开关管和二极管均为理想型器件；

（2）电感 L 较大，使得在一个周期内电流连续，且无内阻；

（3）直流输出电压 U_o 恒定；

（4）整个电路无功耗；

（5）电路已达到稳态。

因此可知电路工作情况：当 $t = [0, T_{on}]$ 时，控制信号控制 MOS 管导通，续流二极管 D 截止，向电感 L 充电，向电容 C 充电，此时 V_a 就等于 U_i，V_b 就等于 U_o，所以电感 L 上的电压 $V_L = V_{on} = U_i - U_o$；当 $t = [T_{on}, T_{off}]$ 时，MOS 管截止，续流二极管 D 导通续流，电容 C 放电，电感 L 中电流下降维持负载工作，此时电感两端的电压等于二极管电压 V_D 加上电容两端的电压 V_C，而二极管的电压相对于 V_C 来说非常小，因此在计算时通常直接忽略，所以可得 $V_{off} = U_o = V_C$；为了 buck 电路输出相对稳定的电流，根据伏秒法则得：$T_{on}V_{on} = T_{off}V_{off}$。

将上述所得的方程式联立可得

$$\begin{cases} V_{on} = U_i - U_o \\ V_{off} = V_{out} \\ T_{on}V_{on} = T_{off}V_{off} \end{cases}$$

化简得到占空比为

$$\frac{T_{on}}{T_{on} + T_{off}} = \frac{U_o}{U_i}$$

当 buck 电路工作在连续模式下，由以上公式可知占空比为 U_o/U_i，对于本例可计算得占空比为 $24/48 = 50\%$。只要在这个占空比下，电感电路不会饱和，那这个电感就满足要求，对此需要选择相应的电感来满足设计要求。

通过快速使用 PWM 波来控制开关的闭合与断开，电感能够维持一个相对稳定的电流。然而，这种稳定并非绝对意义上的稳定，而是存在纹波的，即电流会出现波动，时而升高，时而降低。因此，我们通常所说的电感电流实际上是指其平均电流。图 5.1.12 中的直线就是平均电流，称为 I_{dc}，而 a 点和 b 点之间的电流差值 I_{ab} 称为纹波大小。

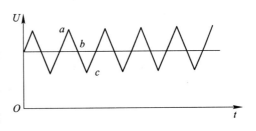

图 5.1.12 Buck 电路电流

对于电感通常有额定电流，当流过电感的电流小于额定电流时，电感可以正常抑制电流变化，但如果流过的电流大于额定电流，电感抑制电流的功能就会失效，这种现象称为电感饱和。电感饱和后，因电感不再具有抑制电流变化的功能，所以此时电感等同于导线。电感感值计算式为

$$L = \frac{U_o \times (1 - D)}{I_o \times r \times f}$$

式中，U_o 为负载所需电压，D 为占空比，I_o 为负载所需电流，r 为电流纹波率，f 为 PWM 频率，将数据代入可得 $L = 0.0000768\text{H} = 76.8\ \mu\text{H}$，取 $L = 100\ \mu\text{H}$。

对于电容，需要计算充放电的电荷量，观察纹波电流的示意图可知，当输出稳定的直流电压 V_{out} 时，电容上的电流 I_C 与横坐标所围成的面积即为电容的充电电荷和放电电荷，

对此由三角形的计算公式可得电荷量为：

$$\Delta Q_C = \frac{1}{2} \times \frac{I_{ab}}{2} \times \frac{T_{on} + T_{off}}{2} = \frac{I_{ab}}{8f}$$

由电容的计算公式 $\Delta Q_C = C * \Delta V$ 可得：

$$C = \frac{I_{ab}}{8f\Delta V}$$

将各数值代入，可得电容容值为 $C = 0.00000125F = 1.25\ \mu F$，取 $C = 2.2\ \mu F$。

最后再来选择合适的 MOS 管，可通过耐压和耐电流两个参数来确定 MOS 管，通常选取耐压 $V_{dss} \geqslant (1.2\sim1.5) * V_{max}$，耐电流 $I_d \geqslant (1.5\sim2) * I_{max}$。最终选用 MOS 管的型号为 AOT470，其漏源电压 V_{dss} 为 75 V，连续漏极电流 I_d 为 10 A，功率为 2.1 W，导通电阻 RDS 为 10.5 mΩ。最终设计电路如图 5.1.13 所示。

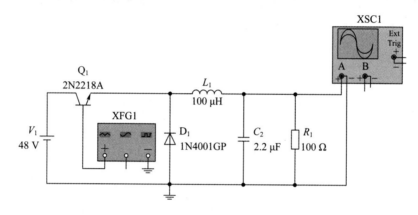

图 5.1.13　Buck 电路仿真

对上述电源电路进行仿真，由于 Multisim 中无 AOT470 的 MOS 管型号，因此选取相近参数的 2N2218A 进行仿真。将 XFG1 设置为方波，频率为 250 kHz、占空比为 50%、幅值为 5 V。示波器测量输出波形如图 5.1.14 所示，输出电压及纹波等满足设计要求。

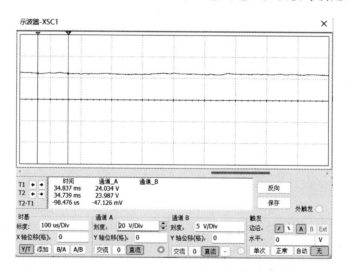

图 5.1.14　Buck 电路仿真波形

5.1.2　逆变电路基础

1. 原理与组成介绍

逆变电路是一种将直流电转换为交流电的电路装置，当交流侧与电网连接，即交流侧接有电源时，称为有源逆变电路；当交流侧直接和负载连接时，称为无源逆变电路。在不加说明时，逆变电路一般指无源逆变电路。无源逆变电路根据电源接入类型可分为电压型和电流型，按输出相数则可分为单相和三相。逆变器(DC/AC)作为整流器的逆向变换装置，能将直流电转换为任意幅度和频率的交流电，广泛应用于电力电子和新能源等领域，满足各种设备和系统对交流电的特殊需求。

逆变器主要由开关电路、逻辑控制、滤波三大部分电路组成，主要包括输入接口、电压启动回路、开关管、PWM 控制器、流变换回路、反馈回路、*LC* 振荡及输出回路、负载等单元电路。其中，开关管作为逆变器的核心元件，通过快速切换可实现直流到交流的转换。PWM 控制器则精确控制开关管的开关频率和占空比，以调节输出电压和频率。流变换回路则负责电流的变换和调节，确保输出的交流电符合要求。反馈回路则实时监测输出电压和电流，并将信息反馈给 PWM 控制器，实现闭环控制。此外，*LC* 振荡及输出回路则用于滤波和稳定输出电压，减少谐波和噪声。最终，逆变器通过负载将转换后的交流电输出，供各类设备使用。这些单元电路协同工作，确保逆变器能够高效、稳定地将直流电转换为交流电。

逆变器作为电力电子技术的关键装置，其类型众多，不同类型的逆变器各具特色，也有不同的应用场景，下面进行简要说明。

(1) 按输出性质分，可分为有源逆变器和无源逆变器两大主要类别。有源逆变器能够将直流电转换为与电网同频同相的交流电，并顺利并入电网，它在分布式光伏发电等领域发挥着重要作用，实现电能的有效传输和利用。而无源逆变器则直接为负载提供所需频率和幅值的交流电，其输出更加灵活，适用于各种负载需求。

(2) 从功率流向来看，可分为单向逆变器和双向逆变器，单向逆变器主要用于将直流电转换为交流电，供负载使用。而双向逆变器则能实现电能的双向流动，既可以逆变也可以整流，为能量回收和再利用提供了可能。

(3) 依据直流电源的特性，可分为电压型逆变器(VSI)和电流型逆变器(CSI)。电压型逆变器主要以电压源为输入，而电流型逆变器则以电流源为输入。这两种逆变器在电路设计和控制方式上都存在差异，以满足不同应用场景的需求。

(4) 按输出电压的不同可分为 CVCF(Constant Voltage and Constant Frequency，恒压恒频)、VVVF(Variable Voltage and Variable Frequency，变压变频)和脉冲型逆变器。CVCF 逆变器能够提供恒定的电压和频率，适用于对电源稳定性要求较高的场合；VVVF逆变器则能够根据负载需求调整输出电压和频率，实现电能的灵活利用；脉冲型逆变器则适用于需要高频脉冲信号的场合，如激光加工、医疗设备等。

(5) 从主电路结构方面可分为单端、半桥、全桥和推挽型逆变器，它们各有优缺点。单端逆变器结构简单，但输出能力有限；半桥和全桥逆变器则具有更高的输出能力和效率，但结构相对复杂；推挽型逆变器则适用于高压大电流的场合。

（6）开关器件及其换流关断方式的不同也决定了逆变器的类型。自关断逆变器能够实现开关器件的自主关断，提高了系统的可靠性；强迫关断逆变器则通过外部信号控制开关器件的关断；有源逆变器和负载反电动势、负载谐振换流逆变器等则利用负载特性实现开关器件的换流关断。

（7）从输出波形来看，方波逆变器、阶梯波逆变器和正弦波逆变器各有其特点。方波逆变器输出波形简单，但谐波含量较高；阶梯波逆变器则通过多级电压叠加来逼近正弦波，提高了波形质量；正弦波逆变器则能够输出高质量的正弦波交流电，适用于对电源波形要求较高的场合。

（8）从控制方式来看，逆变器可分为 PWM、SPWM（正弦波脉宽调制）、BSPWM（双极性正弦波脉宽调制）和 SVPWM（空间矢量脉宽调制）等类型。PWM 逆变器通过调节开关器件的导通时间（即脉冲宽度），来控制输出电压或电流的平均值。SPWM 逆变器则采用正弦波脉宽调制技术，使得逆变器的输出电压波形更接近正弦波。BSPWM 逆变器是在 SPWM 的基础上，通过调整开关器件的工作状态，使输出电压呈现出更加平滑的正弦波，提高系统的效率和稳定性。SVPWM 逆变器则采用空间矢量脉宽调制技术，控制三相电压型逆变电路不同开关模式的组合，以形成 PWM 波形。

（9）从输出相数来看，单相、三相和多相逆变器也各有其应用场景。单相逆变器主要用于单相负载的供电，三相逆变器则适用于三相负载的供电，而多相逆变器则能够满足更多复杂负载的需求。

2. 逆变器主电路

常见逆变器的主电路类型包括全桥型、半桥型和推挽型。中小容量逆变电源结构简单、控制便捷，因此常选择半桥式电路结构。对于中大容量逆变电源，则倾向于采用全桥式或推挽式结构以满足更高的转换需求。为消除高次谐波、优化电能质量，逆变桥后级普遍配置 LC 滤波器。小容量逆变电源因其低输出容量和较小的电压电流，通常选用 MOSFET 作为开关器件。而大容量正弦波输出逆变电源，因高电压大电流的工作特点，多采用 IGBT 作为开关器件。

1）单相电压型逆变器

单相电压型逆变器（VSI）主电路如图 5.1.15 所示。主电路由四只功率开关管 T_1、T_2、T_3、T_4 构成双桥臂，直流电源输入端接有大容量电容器 C，在开关管交替工作期间，驱动电压是很窄的脉冲，持续时间非常短，在导通期间可以认为输入直流电压恒定不变，可以用电压源替代电容。负载电压波形是对称正负方波，如图 5.1.16(a)所示。

电压型逆变器输出的电压波形是方波，电流波形会因为负载性质的不同而变化，如图 5.1.16(a)、(b)、(c)、(d)波形所示。

不同负载（电阻负载、电感负载、阻感负载）时，二极管和开关管导电情况不同。逆变器输出的方波电压可以表示成傅里叶级数 $u_{ab} = \sum_{n=1,3,5,\cdots}^{\infty} \dfrac{4U_D}{n\pi}\sin(n\omega t)$，总有效值 $U_{ab} = \sqrt{\dfrac{2}{T}\int_0^{T_0/2} U_D^2 \, dt} = U_D$，基波有效值 $U_1 = \dfrac{4U_D}{\sqrt{2}\,\pi} = \dfrac{2\sqrt{2}}{\pi}U_D = 0.9U_D$，基波峰值 $U_{1p} = \dfrac{4U_D}{\pi} = 1.27U_D$。

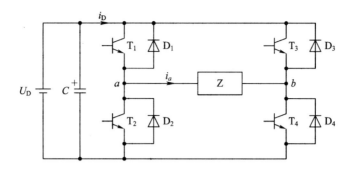

图 5.1.15　电压型全桥逆变器主电路

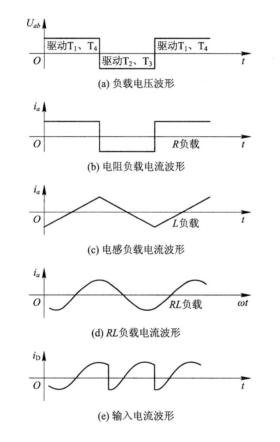

(a) 负载电压波形

(b) 电阻负载电流波形

(c) 电感负载电流波形

(d) RL 负载电流波形

(e) 输入电流波形

图 5.1.16　单相电压型逆变器波形

2）单相电流型逆变器

单相电流型逆变器(CSI)主电路如图 5.1.17 所示，由四只功率开关管 T_1、T_2、T_3、T_4 构成全桥，在直流电源输入端串入大电感 L 替代图 5.1.15 电路中的大电容器 C，在开关管交替工作期间，驱动电压是很窄的脉冲，持续时间非常短，可以认为流入开关的直流电流恒定不变，可用电流源替代电感。在方波信号驱动下 T_1、T_4 与 T_2、T_3 交替通断，负载电流波形是对称正负方波。

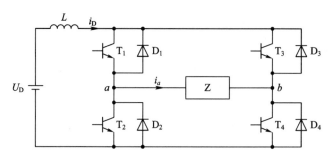

图 5.1.17 单相电流型逆变器主电路

3）电压型单相半桥逆变电路

电压型单相半桥逆变电路如图 5.1.18 所示，电容 C_{01}、C_{02} 分别与两只开关管 T_1、T_2 组成半桥电路，开关管 T_1、T_2 在以 T_0 为周期的方波信号驱动下交替导通、截止。负载可以为纯电阻性 R、纯电感性 L 或阻感性(R、L)，开关管、二极管交替导通(二极管续流)。

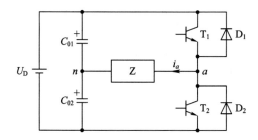

图 5.1.18 电压型单相半桥逆变电路

电压型单相半桥逆变器输出的电压、电流波形如图 5.1.19 所示。

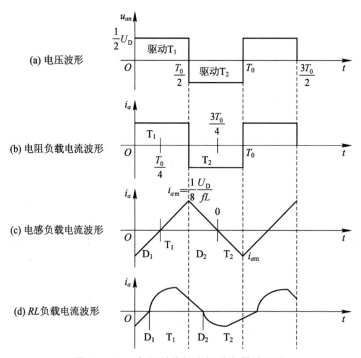

图 5.1.19 电压型单相半桥逆变器波形图

逆变器输出方波电压的傅里叶级数为 $u_{an} = \sum\limits_{n=1,3,5,\cdots}^{\infty} \dfrac{2U_D}{n\pi}\sin(n\omega t)$，基波的时域表达式

为 $u_{a1} = \dfrac{2U_D}{\pi}\sin\omega t$，基波有效值 $U_1 = \dfrac{2U_D}{\sqrt{2}\,\pi} = \dfrac{\sqrt{2}}{\pi}U_D = 0.45U_D$，基波峰值 $U_{1m} = \dfrac{2U_D}{\pi} =$

$0.64U_D$，负载基波电流 $i_a = \dfrac{\sqrt{2}U_1}{\sqrt{R^2 + (\omega L)^2}}\sin(\omega t - \varphi)$。

4）推挽单相逆变电路

在主变换电路与负载中间插入有中心抽头的变压器，变压器一次侧与开关管 T_1、T_2 组成推挽式单相逆变电路，如图 5.1.20 所示。仅需要两个开关管 T_1、T_2 轮流导通 $180°$，就可以通过互感在变压器二次侧正负半周合成完整的方波。截止开关管集电极承受电压为电源电压叠加一次绕组感应电压，最大值应比电源电压高一倍，为 $2U_D$。这种逆变电路需要输出变压器，适用于低压小功率、需要隔离和电压大变比的应用场合。

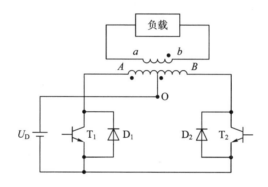

图 5.1.20　推挽单相逆变电路

5）三相电压型逆变电路

对于中、大功率的三相负载，都需要采用三相逆变器，比如三相桥式逆变器。采用 IGBT 作为开关管的三相电压型逆变电路如图 5.1.21 所示，它可以看成是 3 个单相电压型半桥逆变电路的组合，工作波形如图 5.1.22 所示。

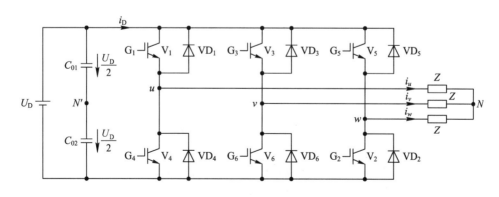

图 5.1.21　三相电压型逆变电路

三相电压型逆变电路的直流侧实际上只需并联一个大电容，但为了便于分析，假设中点为 N'，这里画成两个电容值相等的电容串联。三相桥由六组桥臂组成，将 V_1 和 VD_1 看

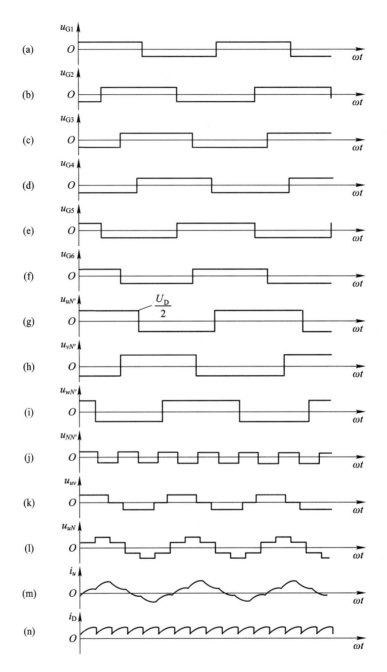

图 5.1.22 三相电压型逆变电路波形

作桥臂 1，V_2 和 VD_2 看作桥臂 2，依此类推，V_6 和 VD_6 看作桥臂 6。三相电压型逆变电路六个开关管的触发电平波形如图 5.1.22(a)～(f)所示，即开关管触发的规则是 $V_1 \sim V_6$ 依次后 60°触发。这样就使得桥臂 1 到桥臂 6 也依次滞后 60°导通，同一相上下两个桥臂交替导电，各导电 180°。这样，在任一瞬间将有三个桥臂同时导通，可能是上面一个桥臂下面两个桥臂同时导通，也可能是上面两个桥臂下面一个桥臂同时导通。每一次换流都是在同一相上下两个桥臂之间进行，即纵向换流。各桥臂导通情况如表 5.1.1 所示。

表 5.1.1　三相电压型逆变电路各桥臂在一个周期内的导通情况

各阶段	0°～60°	60°～120°	120°～180°	180°～240°	240°～300°	300°～360°
桥臂导通情况	桥臂 1 桥臂 6 桥臂 5	桥臂 1 桥臂 6 桥臂 2	桥臂 1 桥臂 3 桥臂 2	桥臂 4 桥臂 3 桥臂 2	桥臂 4 桥臂 3 桥臂 5	桥臂 4 桥臂 6 桥臂 5

　　根据 6 个开关管触发电平的规则以及各桥臂导通的状况，来分析输出相电压、线电压以及相电流和直流侧电流的波形。对于 u 相来说，当桥臂 1 导通时，$u_{uN'} = U_D/2$；当桥臂 4 导通时，$u_{uN'} = -U_D/2$。因此，$u_{uN'}$ 是幅值为 $-U_D/2$ 的矩形波，v、w 两相的情况与 u 相类似，u_{uN}、u_{vN}、u_{wN} 的波形如图 5.1.22（g）～（i）所示，三个波形是相位依次相差 120° 的矩形波。根据负载线电压公式

$$\begin{cases} u_{uv} = u_{uN'} - u_{vN'} \\ u_{vw} = u_{vN'} - u_{wN'} \\ u_{wu} = u_{wN'} - u_{uN'} \end{cases}$$

可以画出线电压 u_{uv}、u_{vw}、u_{wu} 的波形。其中，u 的波形如图 5.1.22(k)所示。负载线电压的波形是幅值为 U_D 的矩形波，但矩形波的正宽度为 120°，负宽度为 120°，其余角度为零电平。

　　根据回路电压方程，负载相电压公式为

$$\begin{cases} u_{uN} = u_{uN'} - u_{NN'} \\ u_{vN} = u_{vN'} - u_{NN'} \\ u_{wN} = u_{wN'} - u_{NN'} \end{cases}$$

式中，$u_{NN'}$ 为负载中点 N 与直流电源中点 N' 之间的电压。将上式中的三个等式相加得

$$u_{uN} + u_{vN} + u_{wN} = u_{uN'} + u_{vN'} + u_{wN'} - 3u_{NN'}$$

则有

$$u_{NN'} = \frac{1}{3}(u_{uN'} + u_{vN'} + u_{wN'}) - \frac{1}{3}(u_{uN} + u_{vN} + u_{wN})$$

　　考虑负载侧为三相对称负载，即 $u_{uN} + u_{vN} + u_{wN} = 0$ V，则有 $u_{NN'} = 1/3(u_{uN'} + u_{vN'} + u_{wN'})$，根据已画出的 $u_{uN'}$、$u_{vN'}$、$u_{wN'}$，可见图 5.1.22(g)～(i)，可以画出 $u_{NN'}$ 的波形，如图 5.1.22 (j) 所示。该波形是矩形波，频率为 $u_{uN'}$ 的 3 倍，幅值为 $u_{uN'}$ 的 1/3，即 $U_D/6$。再根据式 5.1.22 就能画出相电压 u_{uv}、u_{vw}、u_{wu} 的波形。相电压的波形为阶梯波，幅值为 $2U_D/3$，三相互差 120°。

　　除了以假想中点 N' 为参考点得到输出电压波形以外，还可以用另一种方法分析得到输出电压波形，即根据一个周期内各桥臂的导通情况画出等效电路，求解相应的输出线电压和相电压的值，然后得到输出相电压和线电压波形。根据开关管的触发规则，将一个周期分成六个阶段，每个阶段的电流通路不同，得到不同的电路，具体工作过程如表 5.1.2 所示。表 5.1.2 中给出了一个周期中每个阶段的线电压和相电压的值，所以很容易绘出负载线电压和相电压的波形。从图 5.1.22 中的线电压 u 和相电压 u_{uN} 波形可以看出，线电压是宽度为 120° 的交变矩形波，相电压是由 $\pm 1/3U_D$、$\pm 2/3U_D$ 四种电平组成的六阶梯波。线电压 u_{vw}、u_{wu} 的波形形状与 u_{uv} 相同，相位依次相差 120°。相电压 u_{vN}、u_{vN} 的波形形状也与 u_{uN} 相同，相位也分别依次相差 120°。

表 5.1.2　三相电压型逆变电路的分阶段工作情况

	阶段 I	阶段 II	阶段 III	阶段 IV	阶段 V	阶段 VI
导通桥臂	桥臂 1、5、6	桥臂 1、2、6	桥臂 1、2、3	桥臂 2、3、4	桥臂 3、4、5	桥臂 4、5、6
等效电路	（等效电路图）	（等效电路图）	（等效电路图）	（等效电路图）	（等效电路图）	（等效电路图）
线电压	$u_{uv}=U_D$ $u_{vw}=-U_D$ $u_{wu}=0\ \mathrm{V}$	$u_{uv}=U_D$ $u_{vw}=0\ \mathrm{V}$ $u_{wu}=-U_D$	$u_{uv}=0\ \mathrm{V}$ $u_{vw}=U_D$ $u_{wu}=-U_D$	$u_{uv}=-U_D$ $u_{vw}=U_D$ $u_{wu}=0\ \mathrm{V}$	$u_{uv}=-U_D$ $u_{vw}=0\ \mathrm{V}$ $u_{wu}=U_D$	$u_{uv}=0\ \mathrm{V}$ $u_{vw}=U_D$ $u_{wu}=-U_D$
相电压	$u_{uN}=\dfrac{1}{3}U_D$ $u_{vN}=-\dfrac{2}{3}U_D$ $u_{wN}=\dfrac{1}{3}U_D$	$u_{uN}=\dfrac{2}{3}U_D$ $u_{vN}=-\dfrac{1}{3}U_D$ $u_{wN}=-\dfrac{1}{3}U_D$	$u_{uN}=\dfrac{1}{3}U_D$ $u_{vN}=\dfrac{1}{3}U_D$ $u_{wN}=-\dfrac{2}{3}U_D$	$u_{uN}=-\dfrac{1}{3}U_D$ $u_{vN}=\dfrac{2}{3}U_D$ $u_{wN}=-\dfrac{1}{3}U_D$	$u_{uN}=-\dfrac{2}{3}U_D$ $u_{vN}=\dfrac{1}{3}U_D$ $u_{wN}=\dfrac{1}{3}U_D$	$u_{uN}=-\dfrac{1}{3}U_D$ $u_{vN}=-\dfrac{1}{3}U_D$ $u_{wN}=\dfrac{2}{3}U_D$

当负载参数已知时，可以由相电压的波形求出相电流的波形。下面以 u 相电流为例说明负载电流波形。负载的阻抗角（φ）不同，i_u 的波形形状和相位也有所不同，图 5.1.22(m)给出的是阻感负载下 $\varphi < \pi/3$ 的 i_u 波形。i_u 的波形即桥臂 1 和桥臂 4 导通时的波形。在 $u_{uN} > 0$ V 期间，桥臂 1 导电，其中 $i_u < 0$ A 时 VD_1 导通，$i_u > 0$ A 时 V_1 导通；在 $u_{uN} < 0$ V 期间，桥臂 4 导电，其中 $i_u > 0$ A 时 VD_4 导通，$i_u < 0$ A 时 V_4 导通。

桥臂 1 和桥臂 4 之间的换流过程和半桥逆变相似。桥臂 1 中的 V_1 由通态转换为断态时，因负载电感中的电流不能突变，故桥臂 4 中的 VD_4 先导通续流，待负载电流下降到零桥臂 4 中的 V_4 才能导通，电流反向。负载阻抗角越大，导通时间越长。

i_v、i_w 波形和 i 波形形状相同，相位依次相差 120°。把桥臂 1、3、5 的电流加起来，就可以得到直流侧电流 i_D 的波形，如图 5.1.22(n)所示。可以看出，i_D 每隔 60° 脉动一次，而直流侧电压则是基本无脉动的。

从以上分析可知，三相电压型逆变电路与单相电压型逆变电路相比，相电压和相电流的波形更接近于正弦波，谐波成分更少。

3. 逆变器电路参数计算

以三相电压型逆变电路输出的线电压 u_{uv} 为例，把它展开成傅里叶级数形式式得：

$$u_{uv} = \frac{2\sqrt{3}U_D}{\pi}\left[\sin(\omega t) - \frac{1}{5}\sin(5\omega t) - \frac{1}{7}\sin(7\omega t) + \frac{1}{11}\sin(11\omega t) + \frac{1}{13}\sin(13\omega t) - \cdots\right]$$

$$= \frac{2\sqrt{3}U_D}{\pi}\left[\sin(\omega t) + \sum_{n=6k\pm1}\frac{(-1)^k}{n}\sin(n\omega t)\right]$$

式中，k 为自然数。

输出线电压的有效值 U_{uv} 为

$$U_{uv} = \sqrt{\frac{1}{2\pi}\int_0^{2\pi}u_{uv}^2\,\mathrm{d}(\omega t)} \approx 0.816U_D$$

基波幅值 U_{uv1M} 和基波有效值 U_{uv1} 分别为

$$U_{uv1M} = \frac{2\sqrt{3}U_D}{\pi} \approx 1.1U_D$$

$$U_{uv1} = \frac{U_{uv1M}}{\sqrt{2}} = \frac{\sqrt{6}U_D}{\pi} \approx 0.78U_D$$

以输出的相电压 u_{uN} 为例，把它展开成傅里叶级数形式式得：

$$u_{uN} = \frac{2U_D}{\pi}\left[\sin(\omega t) + \frac{1}{5}\sin(5\omega t) + \frac{1}{7}\sin(7\omega t) + \frac{1}{11}\sin(11\omega t) + \frac{1}{13}\sin(13\omega t) + \cdots\right]$$

$$= \frac{2U_D}{\pi}\left[\sin(\omega t) + \sum_{n=6k\mp1}\frac{1}{n}\sin(n\omega t)\right]$$

式中，k 为自然数。

输出相电压的有效值 U_{uN} 为

$$U_{uN} = \sqrt{\frac{1}{2\pi}\int_0^{2\pi}u_{uN}^2\,\mathrm{d}(\omega t)} \approx 0.471U_D$$

基波幅值 U_{uN1M} 和基波有效值 U_{uN1} 分别为

$$U_{uN1M} = \frac{2U_{\mathrm{D}}}{\pi} \approx 0.637 U_{\mathrm{D}}$$

$$U_{uN1} = \frac{U_{uN1M}}{\sqrt{2}} = \frac{\sqrt{2}U_{\mathrm{D}}}{\pi} \approx 0.45 U_{\mathrm{D}}$$

经傅里叶展开分析可知,线电压和相电压除了基波分量之外,主要包含除了3倍频以外的奇次谐波,而且随着谐波次数的增加,谐波分量的幅值减小。

4. 逆变器的控制

在逆变器的应用中,开关管的驱动信号通常通过特定的调制脉冲来实现。这些调制技术包括PWM(脉宽调制)、SPWM(正弦脉宽调制)、BSPWM(双向正弦脉宽调制)以及SVPWM(空间矢量脉宽调制)等,选择这些技术主要依据具体的应用需求和系统性能的优化目标。PWM技术主要利用微处理器的数字输出来控制模拟电路。在这一过程中,一个需要调制的模拟信号与高频脉冲序列进行比较,进而生成一个占空比与原始模拟信号紧密相关的PWM信号。这种调制方式能够精确控制信号的功率、电压等关键特征,从而实现高效的能量转换和控制。

对于逆变器,实现任意控制输出电压的幅度和频率是至关重要的,特别是在需要精确调控输出特性的应用中。为了实现这一目标,逆变器控制系统必须能够精确控制输出电压基波的大小,同时确保输出电压波形的质量高,即谐波系数小且谐波频率高。常用的逆变电路方案有可控整流调压电路、斩波调压电路和逆变器自身调压电路等。

1) 可控整流调压电路

传统逆变器常采用可控整流桥进行变压,并通过逆变器实现变频功能。在这种设计中,变压和变频通常在两个独立的变换电路中进行,这就可能导致在动态过程中两者之间的配合不够协调。这种不协调可能会造成系统运行效率降低、波形失真、响应速度受限等不利影响。

可控整流调压电路如图5.1.23所示,这种电路结构的特点是主电路有两个可控的功率环节,需要两套控制系统,相对来说比较复杂。由于中间直流环节有滤波电容或电抗器等大惯性元件存在,因此系统的动态响应缓慢。可控整流器使供电电源的功率因数随变频装置输出频率的降低而变差,并产生高次谐波电流。

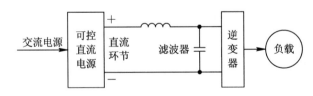

图 5.1.23 可控整流调压电路

2) 斩波调压电路

将通信系统中的调制技术引入交流变频领域,特别是在逆变器中采用脉宽调制(PWM)技术,可以同时实现变压和变频的功能,对非正弦供电电路来说,PWM可消除或削弱有害高次谐波。

该电路结构的特点显著,主电路仅包含一个可控功率环节,有效简化了整体结构,降低了复杂性。同时,采用不可控整流器显著提升了电网的功率因数,优化了电能利用效率。此外,逆变器兼具调频与调压功能,实现了快速动态响应,且其性能不受直流环节元件参数的影响,从而增强了系统的适应性和稳定性。该结构还能输出优于常规六拍阶梯波的电压波形,有效抑制低次谐波,使负载在近似正弦波电压下运行,降低了输出脉动,提升了系统性能。现在的逆变器普遍采用如图 5.1.24 所示的斩波调压电路结构。

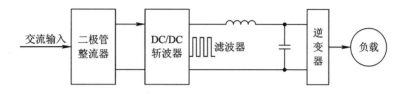

图 5.1.24 斩波调压电路

3）逆变器自身调制电路

基本逆变电路与基波电压的控制波形如图 5.1.25 所示。其中,图 5.1.25(a)是基本逆变电路;图 5.1.25(b)中,逆变器输出正负对称方波(脉宽 $\theta=180°$),电压基波幅度为最大,是 U_D 的函数;图 5.1.25(c)中,调整开关管的导通时间,逆变器输出电压波形正负对称但脉宽 $\theta<180°$,基波幅度是 U_D 和 θ 的函数;图 5.1.25(d)中,调制后的 SPWM 波驱动开关管输出波形的高度恒定、宽度受调制度控制,所以只要调整输入信号的调制度,即可调整逆变器输出电压滤波后基波的幅度。

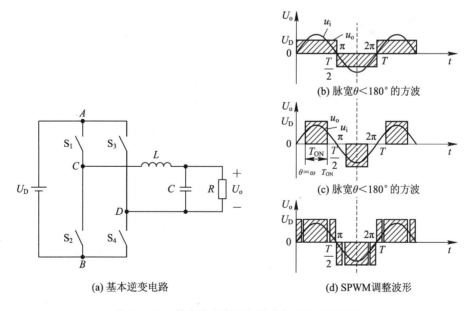

图 5.1.25 基本逆变电路与基波电压的控制波形

方波(或脉宽可控的方波)逆变器是靠滤波滤除输出方波中的高次谐波,保留基波,逆变器输出的频率取决于开关频率,输出电压大小决定于脉冲宽 θ。若开关管的控制(或驱动)信号是 SPWM 波,则逆变器输出的频率、波形、相位取决于形成 SPWM 的参考(或调制)信号,输出电压大小取决于 SPWM 的调制度,开关频率取决于载波比 f_c/f_r。

5. SPWM 波调制

根据 SPWM 控制的基本原理，如果给出了逆变电路的正弦波输出频率、幅值和半个周期内的脉冲数，则 SPWM 波中各脉冲的宽度和间隔可以准确地计算出来。按照计算结果控制逆变电路中各开关器件的通断，就可以得到所需要的 SPWM 波。这种方法称为计算法。但计算法中需要计算正弦波脉冲的面积，计算量很大；而且，当需要输出的正弦波的频率幅值或相位变化时，结果也要变化。因此，计算法不适合应用于实际控制中。

目前大多数逆变电路的控制方法是在调制法（基于调制波和三角形载波控制开关管通断时刻）的基础上进一步发展而来的。根据调制法生成控制开关管通断的 SPWM 波在电路中具体实现起来有三种方法：模拟电路（包括模拟/数字混合电路）实现方法、专用集成电路实现方法、微型计算机（包括单片机、数字信号处理器等）实现方法。

模拟电路实现方法为：用模拟或数字电路构成三角波发生器和正弦波发生器，再通过比较器确定两者的交点，在交点时刻对功率开关管的通断进行控制，这样就生成了决定开关管通断时刻的 SPWM 波。这种模拟电路的实时性好，但电路结构复杂，调试量大，难以实现精确控制，在微处理器不发达时多使用这种方法。

专用集成电路是实现 SPWM 波信号产生的有效方法。目前，市场上已有众多专门用于生成单相和三相 SPWM 波信号的集成电路，它们不仅性能优异，而且价格合理。通过使用这些专用集成电路，可以极大地简化控制电路和软件设计，从而提高整体系统的效率和稳定性。

微型计算机实现方法生成 SPWM 波时，常采用查表法和实时计算法。查表法是根据不同的调制度 a 和正弦调制波的角频率 ω_r，离线计算出各开关管的通断时刻，并将这些计算结果存储在内存中。在运行时，通过查表读取所需数据以实现实时控制。这种方法在计算量大或在线计算困难的场合中特别适用，但可能会占用较大的内存容量。实时计算法则是在程序运行时进行在线计算，以确定开关管的通断时刻，适用于计算量相对较小的场景。在实际应用中，常结合使用这两种方法：先离线进行必要的计算并将数据存入内存，运行时再进行较为简单的在线计算。这种方法既保证了控制的快速性，又不会占用大量的内存资源。

下面介绍几种基于调制原理并用微型计算机产生 SPWM 波的算法。

1）模拟调制法

在控制电路中，一个频率为 f_r、幅值为 U_r 的参考正弦波（作为逆变器输出的期望波，也叫调制信号）加载于频率为 f_c（远高于 f_r）、幅值为 U_c 的三角波（载波）后，通过比较器，得到一个脉冲宽度变化的 SPWM 波（已调制波）。已调制波的高低逻辑电平经分配、放大后去驱动逆变器的主开关元件，即可使逆变器输出与已调制波相似的 SPWM 电压波形，主电路输出的 SPWM 波经过滤器滤出高次谐波，即可得到幅度、频率、相位和功率满足需要的逆变电源。

SPWM 调制电路如图 5.1.26 所示。运算放大器的输入端有两个信号，一个是频率为 f_r 的正弦波参考（或叫目标）信号，另一个是频率为 f_c 的正三角波信号。当参考电压 $U_r > U_c$ 时，输出为高电平，驱动主电路桥开关管 T_1、T_4 导通；当参考电压 $U_r < U_c$ 时，输出为低电平，驱动主电路桥开关管 T_2、T_3 导通。f_r、f_c 是双极性波，运算放大器是双电源

供电，输出的是双极性 SPWM 波。

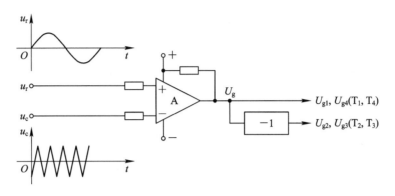

图 5.1.26 SPWM 调制电路

SPWM 调制有两个重要参数：参考信号（正弦调制波）幅值 U_{rm} 与正三角波幅值 U_{cm} 之比，称为调制度 $M = U_{\text{rm}}/U_{\text{cm}}$；正三角波频率 f_{c} 与正弦调制波参考信号频率 f_{r} 之比，称为载波比 $N = f_{\text{c}}/f$。

2）低次谐波消去法

以消去 SPWM 波中某些主要的低次谐波为目的，通过计算确定各脉冲的开关时刻，这种方法称为低次谐波消去法。这种方法已经不再比较载波和正弦调制波，但输出的波形仍然是等幅不等宽的脉冲序列，也可以认为是生成 SPWM 波的一种方法。图 5.1.27 所示是三相桥式 SPWM 逆变器中一相输出端子相对于直流侧中点的电压波形，相当于 $u_{uN'}$ 的波形，此处载波比 $N=7$。图 5.1.27 中，在输出电压的半个周期内，开关管导通和关断各 3 次（不包括 0 和 π 时刻），共有 6 个开关时刻可以控制。实际上，为了减少谐波并简化控制，需尽量使波形具有对称性。

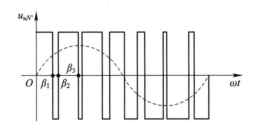

图 5.1.27 低次谐波消去法的输出电压波形

首先，为了消除偶次谐波，应使正、负两半周期波形镜像对称，即

$$u_{uN'}(\omega t) = - u_{uN'}(\omega t + \pi)$$

其次，为了消除谐波中的余弦项，简化计算过程，应使正或（负）半周期内前后 1/4 周期以 π/2 为轴线对称，即

$$u_{uN'}(\omega t) = - u_{uN'}(\pi - \omega t)$$

同时满足上述两式的波形称为 1/4 周期对称波形，可用傅里叶级数表示为

$$u_{uN'}(\omega t) = \sum_{n=1,3,5,\cdots}^{\infty} a_n \sin(n\omega t)$$

式中，

$$a_n = \frac{4}{\pi} \int_0^{\frac{\pi}{2}} u_{uN'}(\omega t) \sin(\omega t) \mathrm{d}(\omega t)$$

因为图 5.1.27 所示是 1/4 周期对称波形，所以在半个周期内的 6 个开关时刻(不包括 0 和 π 时刻)能够独立控制的只有 β_1、β_2、β_3 这 3 个时刻。该波形的 a_n 为

$$
\begin{aligned}
a_n &= \frac{4}{\pi} \Bigg[\int_0^{\beta_1} \frac{U_D}{2} \sin(n\omega t) - \int_{\beta_1}^{\beta_2} \frac{U_D}{2} \sin(n\omega t) + \\
&\quad \int_{\beta_2}^{\beta_3} \frac{U_D}{2} \sin(n\omega t) \mathrm{d}(\omega t) - \int_{\beta_3}^{\frac{\pi}{2}} \frac{U_D}{2} \sin(n\omega t) \mathrm{d}(\omega t) \Bigg] \\
&= \frac{2U_D}{n\pi} \left\{ \left[-\cos(n\omega t) \right] \Big|_0^{\beta_1} - \left[-\cos(n\omega t) \right] \Big|_{\beta_1}^{\beta_2} + \right. \\
&\quad \left. \left[-\cos(n\omega t) \right] \Big|_{\beta_2}^{\beta_3} - \left[-\cos(n\omega t) \right] \Big|_{\beta_3}^{\frac{\pi}{2}} \right\} \\
&= \frac{2U_D}{n\pi} \left[1 - 2\cos(n\beta_1) + 2\cos(n\beta_2) - 2\cos(n\beta_3) \right]
\end{aligned}
$$

式中，$n=1, 3, 5, \cdots$。

上式中含有 β_1、β_2、β_3 这 3 个可以控制的变量，根据需要确定基波分量 a_1 的值，再令 $a_5=0$、$a_7=0$ 就可以建立 3 个方程，联立求解可得 β_1、β_2、β_3。这样，就可以消去两种特别频率的谐波。通常在三相对称电路的线电压中，相电压所含的 3 次谐波相互抵消，因此考虑消去 5 次谐波和 7 次谐波，这样可以得到如下联立方程：

$$
\begin{cases}
a_1 = \dfrac{2U_D}{\pi} (1 - 2\cos\beta_1 + 2\cos\beta_2 - 2\cos\beta_3) \\[2mm]
a_5 = \dfrac{2U_D}{5\pi} \left[1 - 2\cos(5\beta_1) + 2\cos(5\beta_2) - 2\cos(5\beta_3) \right] = 0 \\[2mm]
a_7 = \dfrac{2U_D}{7\pi} \left[1 - 2\cos(7\beta_1) + 2\cos(7\beta_2) - 2\cos(7\beta_3) \right] = 0
\end{cases}
$$

对于给定的基波幅值 a_1，求解上述方程可得到一组控制角度 β_1、β_2、β_3。基波幅值 a_1 改变时，β_1、β_2、β_3 也相应改变。

上面是在输出电压的半个周期内开关管导通和关断各 3 次时的情况。一般来说，如果在输出电压半个周期内开关管导通和关断各 k 次，则共有 k 个自由度可以控制。除去一个自由度用来控制基波幅值外，可以消除 $k-1$ 种谐波。

低次谐波消去法可以很好地消除指定的低次谐波，但是剩余未消去的较低次谐波的幅值可能会相当大。不过，未消去的较低次谐波由于次数比所消去的谐波次数高，因此较容易滤除。

5.1.3 电源系统设计实例

集成稳压器因其体积小、使用方便且可靠性强等特点，得到了广泛的应用。本节以一个三端可调输出集成直流稳压电源实例来说明电源系统的设计，指标如下：输出电压为 $V_o=3\sim9$ V，连续可调；最大输出电流 $I_{omax}=500$ mA；电压调整率 $S_V \leqslant 5$ mV；纹波电压峰峰值 $V_{opp} \leqslant 5$ mV。

1. 选定电路形式和三端集成稳压器

可调式三端集成稳压器是指输出电压可调节的稳压器,其性能优于固定式三端集成稳压器。该集成稳压器分为正、负电压稳压器,CW117 为正系列电压稳压器,CW137 为负系列电压稳压器。

选定可调式三端集成稳压器为 CW117(LM117H),查得其特性参数为:输出电压为 $V_o = 1.2 \sim 37$ V,最大输出电流 $I_{omax} = 1.5$ A,最小输入、输出压差$(V_i - V_o)_{min} = 3$ V,最大输入、输出压差$(V_i - V_o)_{max} = 40$ V,基准电压 $V_{REF} = 1.25$ V。

设计电路如图 5.1.28 所示。

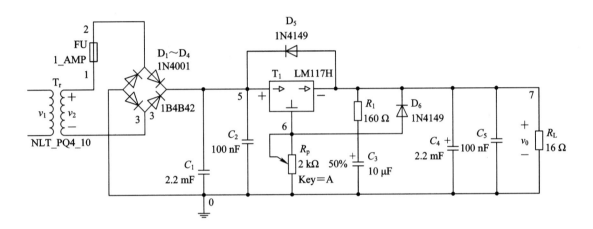

图 5.1.28　可调式三端集成直流稳压电源仿真设计实验电路

2. 电路参数设计

1)电源变压器

计算稳压电源的输入电压 V_i,有

$$[V_{omax} + (V_i - V_o)_{min}] \leqslant V_i \leqslant [V_{omin} + (V_i - V_o)_{max}]$$

$$(9 + 3)\text{V} \leqslant V_i \leqslant (3 + 40) \text{ V}$$

$$12 \text{ V} \leqslant V_i \leqslant 43 \text{ V}$$

变压器二次侧电压 V_2 越大,稳压器的压差越大,功耗越大,工程上一般取

$$V_2 \geqslant \left(\frac{V_{imin}}{1.1}\right)$$

$$I_2 \geqslant I_{omax}$$

兼顾到 $V_o = (3 \sim 9)\text{V}$, $12 \text{ V} \leqslant V_i \leqslant 43 \text{ V}$,有

$$V_2 \geqslant \left(\frac{12 \text{ V}}{1.1}\right) = 10.91 \text{ V}$$

取 $V_2 = 12$ V;$I_2 \geqslant I_{omax}$,取 $I_2 = 0.75$ A,则电源变压器二次侧输出功率

$$P_2 \geqslant I_2 V_2 = 0.75 \times 12 \text{ W} = 9 \text{ W}$$

查工程用表，可知二次侧功率为 $10\sim30$ V·A 的小型变压器的效率 $\eta\approx0.7$，则变压器一次侧的输入功率 $P_1\geqslant\left(\dfrac{P_2}{\eta}\right)=\dfrac{9}{0.7}\approx12.86$ W，取变压器 T_r 的功率为 15 W。

2）整流二极管及滤波电容

由变压器二次侧电压的最大值 $V_{DRM}\geqslant\sqrt{2}V_2\approx17$ V、$I_F\geqslant I_{omax}$，查器件手册，选定整流二极管 $D_{1\sim4}$ 为 1N4001，其最高反向工作电压 $V_{RM}\geqslant50$ V，$I_F=1$ A。

由滤波电容 C 的选择式 $C\geqslant\dfrac{(3\sim5)T}{2R_L}=\dfrac{(3\sim5)\cdot0.01}{R_L}$（此时式中的 R_L 应为稳压器的等效输入电阻 R_i），可等效为 $R_i=V_2/I_{omax}=12/0.5\ \Omega=24\ \Omega$，则有

$$C\geqslant\dfrac{(3\sim5)\cdot0.01}{24}$$

取系数为 3，有

$$C\geqslant\dfrac{3T}{2R_L}=\dfrac{3\times0.01}{24\ \text{F}}\approx1250\ \mu\text{F}$$

考虑到输出最大纹波电压 $\Delta V_{opp}\leqslant5$ mV，C 的耐压应大于 $\sqrt{2}V_i=12\sqrt{2}$ V≈17 V，取电容 C_1 为系列值 2200 μF/25 V。

由于 $I_{omax}=500$ mA，为了输出较大的脉冲电流，在输出端并联一个滤波电容 C_4，取 C_4 为 2200 μF/25 V；为抵消大电容的电感效应及电路连线的电感效应，并防止电路产生自激振荡，在稳压电路的输入、输出端分别接入一个 0.1 μF 的小电容 C_2 和 C_5。

3）调整电路

R_1 为泄放电阻，依 CW117 特性参数（$I_{omin}=3.5$ mA），取 $I_{omin}=8$ mA，则有

$$R_{1max}=\dfrac{V_{REF}}{I_{omin}}=\dfrac{1.25}{0.008}\approx156\ \Omega$$

取为 E24 系列（$+5\%$）标称值，$R_1=160\ \Omega$。

$$R_{pmax}=\left(\dfrac{V_{omax}}{V_{REF}}-1\right)R_1=\left(\dfrac{9}{1.25}-1\right)\times160$$

$$R_{pmin}=\left(\dfrac{V_{omin}}{V_{REF}}-1\right)R_1=\left(\dfrac{3}{1.25}-1\right)\times160$$

取 R_p 为 2 kΩ 的精密线绕电位器。

4）保护电路

由于输出端接有一容量较大的滤波电容 C_4（2200 μF/25 V），因此一旦输入端开路，C_4 将向稳压器放电，为保护稳压器，在稳压器的输入、输出端之间跨接了一个旁路二极管 D_5，取为 1N4148。

为减小由于调整 R_p 滑移动产生的纹波电压，与 R_p 并联了一个电容器，取为 10 μF/25 V。但在输出开路时，C_3 将向稳压器调整端放电，并使调整管发射结反偏，为保护稳压器，接入了一个保护二极管 D_6（取为 1n4148），以为 C_3 提供一个放电通路。

熔断器额定电流要略大于 $I_{omax}=500$ mA，取熔断器 FU 的熔断电流为 1 A。

3. 电路仿真检测、调试

1）工作状态检测、调试

为方便检测电路的性能指标，如图 5.1.28 所示，忽略变压器和熔断器，在 Multisim 平台搭建仿真检测电路如图 5.1.29 所示。

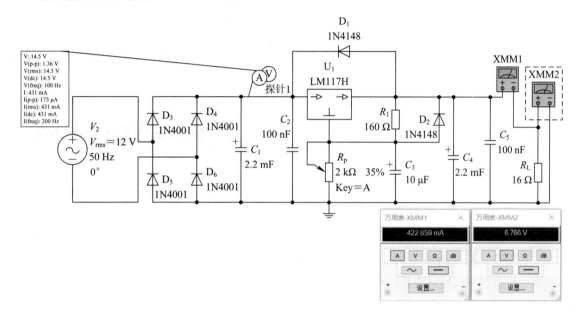

图 5.1.29　可调式三端集成直流稳压电源仿真检测电路

运行仿真，由于滤波电容 C_1 取值较大（2200F/25 V），可调式三端集成稳压器 LM117H 的输入端电压 $V_i \approx (15.0 \sim 13.7)$ V，不是定值且高于设计基准值 12 V；调整 2 kΩ 精密线绕电位器 R_p 的滑臂位置，使输出电压 V_o（输出电流 I_o）连续可调，$V_o \approx (1.25 \sim 11.8)$ V，$I_o \approx (78.4 \sim 736.5)$ mA；满足 $V_o = (3 \sim 9)$V 连续可调，$I_{omax} = 500$ mA 的设计要求。

2）检测电压调整率 S_v

在环境温度 T 和负载电流 I_o 不变，输入电压产生最大变化的条件下，即 V_i 相对变化 10%，输出电压产生的变化量 ΔV_o 称为电压调整 S_v（mV），S_v 越小，稳压性能越好，即

$$S_v = \frac{\Delta V_o / V_o}{\Delta V_i} = \frac{\Delta V_o}{V_0 \Delta V_i}, \ \Delta T = 0, \ \Delta I_o = 0$$

为稳定检测条件，将图 5.1.29 所示待测稳压电路中的可变电阻 R_2 替换为一个 1 kΩ 的固定电阻，并以此为基准状态（数据），如图 5.1.30 所示。依理论分析、估算，有

$$V_o = V_{REF}\left(1 + \frac{R_p}{R_1}\right) + I_{ADJ}R_p = \left[1.25 \times \left(1 + \frac{1}{0.16}\right) + 0.05 \times 1\right] V \approx 9.113 \ V$$

$$I_o = \frac{V_o}{R_L} = \frac{9.113}{16} A \approx 569.562 \ mA$$

仿真检测输出电压和输出电流数据与理论分析估算数据基本一致。

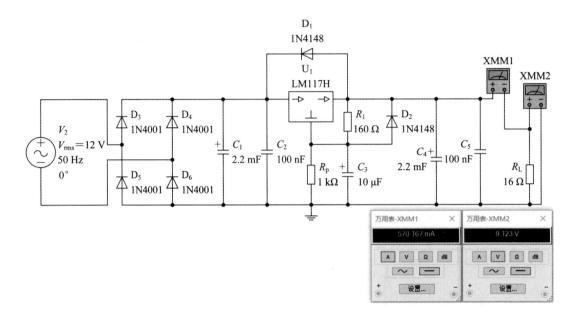

图 5.1.30　可调式三端集成直流稳压电源仿真检测基准电路

调整输入电压增加 10%，即 $V_2 = 13.2$ V，可调整负载电阻 R_L 使基准输出电流 I_o 基本不变，检测对应的输出电压；再调整输入电压减少 10%，即 $V_2 = 10.8$ V，可调整负载电阻 R_L，使基准输出电流 I_o 基本不变，检测对应的输出电压；并依据 $S_v = \dfrac{\Delta N_o}{V_o \Delta V_i}$ 将仿真检测数据填入表 5.1.3 中。

表 5.1.3　电压调整率 S_v 的仿真检测数据

输入电压 V_2/V	负载电阻 R_1/Ω	输入电压 I_o/mA	输入电压 V_o/V	输入电压 S_v/mV
12	16	570.168	9.123	——
13.2	16	570.385	9.126	0.274
10.8	16	569.947	9.119	0.366

如表 5.1.3 所示，在输出电流 I_o 基本不变的情况下，调整输入电压变化 $\pm 10\%$，依式 $S_v = \dfrac{\Delta N_o}{V_o \Delta V_i}$，电压调整率 $S_{v\max} = 0.366$ mV，满足电压调整率 $S_v \leqslant 5$ mV 的设计要求。

3) 检测输出纹波电压 ΔV_{opp}

纹波电压 ΔV_{opp} 是叠加在直流输出电压 V_o 上的交流分量，通常在额定输出电流的条件下用示波器检测、并用峰-峰表示，单位一般为 mV，其数值愈小愈好。

用示波器检测输出纹波电压 ΔV_{opp}，如图 5.1.31 所示。由于滤波电路设计较为完善，输出纹波电压 $\Delta V_{opp} \approx 443.1$ μV，满足 $\Delta V_{opp} \leqslant 5$ mV 的设计要求。

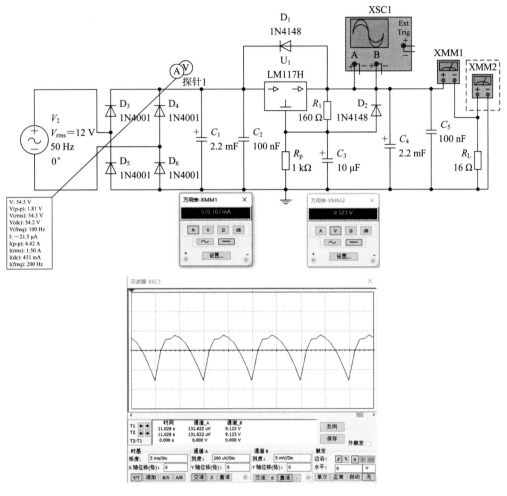

图 5.1.31　输出纹波电压 ΔV_{opp} 的检测

5.2.1　转换电路设计

在测量系统设计中，经常需要将模拟信号进行转换，如交/直流转换、电压/电流转换、电阻/电压转换、电压/频率转换以及电桥电路等。以下分别对几种转换电路进行简要介绍。

1. 交/直流转换电路

交流（AC）到直流（DC）的转换电路也称为整流电路。常用的整流电路有半波整流、全波整流和桥式整流。整流的工作原理主要是利用半导体二极管的单向导电性，把交流信号转变成直流信号。仅采用二极管构成的整流电路，当被整流的信号电压低于二极管的导通电压（硅管约 0.7 V）时，无法实现整流作用，而且电路因为二极管的非线性而存在非线性误差。而采用运算放大器构成的精密整流电路能够克服二极管整流电路的上述缺点。采用运算放大器构建的精密正、负半波整流电路分别如图 5.2.1、图 5.2.2 所示。

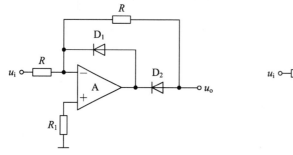

图 5.2.1　精密正半波整流电路

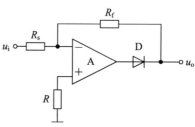

图 5.2.2　精密负半波整流电路

半波整流的电压利用率最高只有 $1/2$，而全波整流可以实现将交流电所有波形全部转换成单一方向的电流，利用运算放大器构建的精密全波整流电路如图 5.2.3 所示。

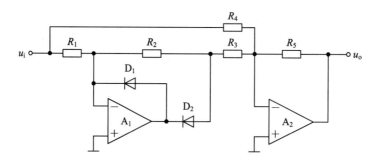

图 5.2.3　精密全波整流电路

图 5.2.3 是精密全波整流电路的经典形式，优点是可以通过更改 R_5 来调节增益，并且可以在电阻 R_5 上并联滤波电容来改善输出特性。该电路中，电阻匹配关系为 $R_1 = R_2$，$R_4 = R_5 = 2R_3$。

另外，还有一些各具特点的精密全波整流电路形式，四个二极管型精密全波整流电路如图 5.2.4 所示，高输入阻抗型精密全波整流电路如图 5.2.5 所示。

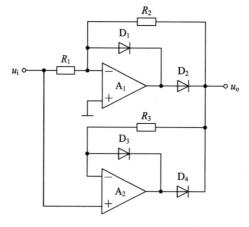

图 5.2.4　四个二极管型精密全波整流电路

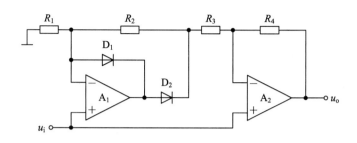

图 5.2.5　高输入阻抗型精密全波整流电路

图 5.2.4 的优点是匹配电阻少，只要求 $R_1 = R_2$ 便能实现电路的匹配。图 5.2.5 的优点是输入高阻抗，匹配电阻要求 $R_1 = R_2$，$R_4 = 2R_3$。

2. 电流/电压转换电路

由于电流不能直接由模数转换器转换，因此必须先将其转变成电压信号，然后才能进行后续的模/数转换。所以，电流/电压（I/V）转换电路在测试系统中经常见到。常见的电流/电压转换形式有以下几种。

1）分压器方法

如图 5.2.6 所示，在电路中串入精密电阻，通过直接采集电阻两端的电压来获取电流，并且可以使用电位器调节输出电压的大小，实现电流到电压的转换。这是最简单的电流电压转换电路，但是当电流较大时，电阻上消耗的电能将较大，不仅转换电路的效率较低，电阻发热还会影响到电流电压转换精度。而当电流很小时，从电阻上直接取得的电压值又可能太小，影响测量准确度。因此，采用分压器实现电流/电压转换电路很难选择一个合适的精密电阻值，以适应不同的电流变化范围，这是该类电路的缺点。

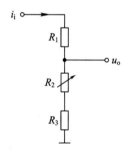

图 5.2.6　分压器电流/电压转换电路

2）霍尔传感器方法

该类电流/电压转换电路利用了霍尔效应，即当元件两端通过电流 I 并在元件垂直方向上施加磁感应强度为 B 的磁场时，即会输出电压 U，且满足下式：

$$U = \frac{R_{\mathrm{H}} I B}{d}$$

其中，R_{H} 为霍尔常数，I 为输入电流，B 为磁感应强度，d 为霍尔元件厚度。

这种方法多用于对电流的测量，虽然也可以实现转换，但是精度有限。

3）利用运放构成电流/电压转换电路门

利用运放构成电流/电压转换电路如图 5.2.7 所示，该电流/电压转换电路的变换系数就是 R_f 的值，并且运算放大器的输出阻抗很低，具有较好的带负载能力。但是当电流 I_d 很小时，为了要有一定的输出电压值，就应该取较大的 R_f，但 R_f 值越大，其精度就越差，输出端的噪声也越大。

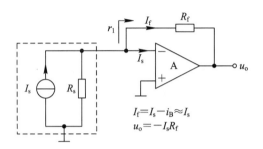

$$I_f = I_s - i_B \approx I_s$$
$$u_o = -I_s R_f$$

图 5.2.7　利用运放构成电流/电压转换电路

一种改进的方式是采用 T 形电阻网络替代大阻值电阻，这时可采用较小阻值的电阻实现大的变换系数。同时为了降低噪声，可以在电阻 R_f 的两端并联一个电容 C_f，得到如图5.2.8 所示的微弱电流信号的电流/电压转换电路。

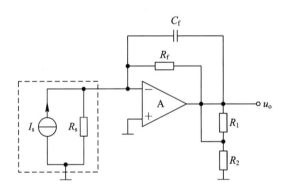

图 5.2.8　微弱电流信号的电流/电压转换电路

该类电流/电压转换电路中，当电流很微弱时，电流 I_s 的下限值受运算放大器本身的输入电流 i_B 限制，i_B 值越大则带来的测量误差也越大，通常希望 i_B 的数值应比 I_s 低 1～2个数量级以上。一般采用通用型集成运算放大器本身的输入电流在数十至数百 nA 量级，因此只适宜用来转换 μA 量级电流，若需转换更微弱的电流，可采用 CMOS 场效应管作为输入级的运算放大器，该运算放大器的输入电流可降至 pA 量级以下，可用于转换 nA 量级电流。

4）采用电流/电压(I/V)转换芯片

MAX472 是一种常用的电流/电压转换芯片，其内部结构如图 5.2.9 所示。

A_1 和 A_2 两个运算放大器构成差动输入，可以增强抗干扰能力，提高小电流信号的测量准确度；T_1 和 T_2 是两个晶体管；COMP 是一个比较器；R_{sence} 是电流取样电阻，采用热稳定性好漂移小的康铜丝制作。

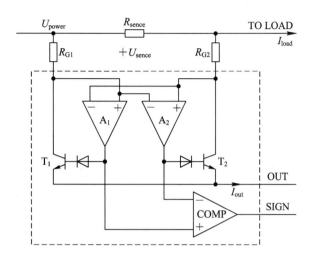

图 5.2.9　MAX472 内部结构

电压/电流转换的比例 P 由下式给出:

$$P = \frac{U_{\text{out}}}{I_{\text{load}}} = R_{\text{sence}} \times \frac{R_{\text{out}}}{R_{\text{G1}}} \qquad (5-2)$$

对于小电流,可以通过($R_{\text{out}}/R_{\text{G1}}$)把比例 P 设置为一个合适的值,获得较大的输出测量电压 U_{out},避免电流信号太小的缺点;对于较大的电流,也不会对电路的带载能力产生较大的影响。

典型的电流/电压转换电路如图 5.2.10 所示。电流流过电阻 R_1 就能产生电压 U_i,R_2、R_3、R_4、R_5 与 A_1 组成差分放大器,抑制共模干扰,将 U_i 放大为输出电压 U_o。

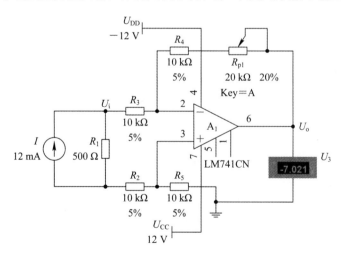

图 5.2.10　电流/电压转换电路

3. 电阻/电压转换电路

把电阻值转换成电压的电路如图 5.2.11 所示,让恒定的电流 i_s 流过待测电阻,然后测量其两端的电压,求出阻值。其电路特点是,当 i_s 恒定时,输出电压与电阻成线性比例。

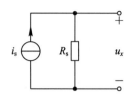

图 5.2.11　测量电阻的原理图

上述的转换电路需要一个恒流源，并且恒流源的内阻会影响电阻，电压转换的精度。另一种常用的电阻/电压转换电路由运算放大器组成，如图 5.2.12 所示。其中，基准电压放大器 A_1 将基准电压 U_s 放大到所需要的数值，作为参考电压 U_{ref}。由于转换放大器的输入阻抗非常高，因此参考电阻 R_{ref} 上的电流就等于 $I_{ref} = U_{ref}/R_{ref}$，这样 A_2 的输出电压为

$$U_o = \frac{U_{ref}}{R_{ref}} R_x \tag{5-3}$$

如果在电路中变换不同的 U_R 以改变 U_{ref} 和 R_{ref}，则可变更转换器的测量范围，这种类型的电阻/电压转换器的量程通常在 $200\ \Omega \sim 20\ M\Omega$，其转换精度约为 0.02%。

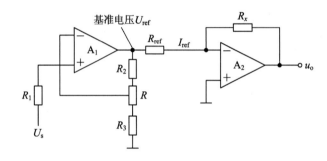

图 5.2.12　由运算放大器构成的电阻/电压转换电路

4. 电压/频率转换电路

电压/频率 (V/f) 转换器将模拟直流电压转换为频率与其电压幅值相对应的输出信号，是一种输出频率与输入电压成正比的电路，故也称为电压控制振荡器（Voltage Contolled Oscillation，VCO），简称压控振荡电路。其优点是能够实现不受干扰的远距离传输模拟信号而又不损失精度，在通信、仪器仪表、雷达、远距离传输等领域得到广泛的应用。

电压/频率转换（Voltage-Frequency Converter，VFC）电路主要常用的类型有：由集成运算放大器构成的电荷平衡式 VFC、多谐振荡器式 VFC，如图5.2.13 所示。

电荷平衡式 VFC 由积分器、比较器和精密电荷源组成。其工作原理是将输入信号加到积分器充电，当积分器输出电压达到比较器的阈值电压时，电荷源被触发并且有固定的电荷从该积分器中被迁移。电荷放电的速率与被施加的电压一致，因此电荷源被触发的频率与积分器的输入电压成正比。

多谐振荡器式 VFC 的工作原理是先把输入电压转换成电流，电流要对电容器进行充电，然后通过比较器和触发电路对电容器放电。用稳定的基准设置切换阈值电压，实现输出频率与输入信号成正比。

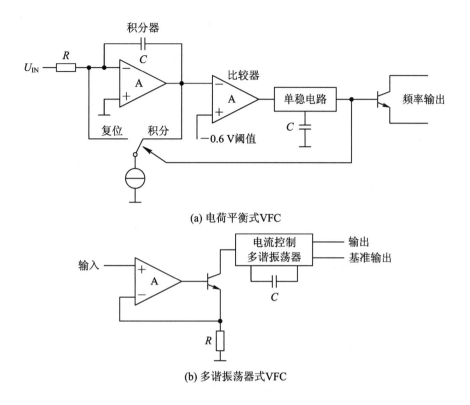

(a) 电荷平衡式VFC

(b) 多谐振荡器式VFC

图 5.2.13　由运放构成的电压/频率转换电路

上述两个电路各具优缺点，多谐振荡器式 VFC 结构简单、功耗低，其缺点是精度低于电荷平衡式 VFC，而且不能对负输入信号积分。电荷平衡式 VFC 比较精确，缺点是输入阻抗较低，其输出波形不是单位方波。

5. 电桥电路

用比较法测量各种量(如电阻、电容、电感等)的仪器，最简单的是由四个支路组成的电路，即电桥。电桥的特点是，当被测参数对应的测量值非常微弱时，电桥也能反映出这种微弱的变化。

常见的四臂电桥电路形式如图 5.2.14 所示，主要包括电桥电路、信号源和指零电路三部分。四个阻抗元件 $Z_1 \sim Z_4$ 称为桥臂，组成电桥电路；$\dot{U}_s$ 为信号源；P 为指零仪，用以指示电桥的平衡状态。根据 $\dot{U}_s$ 的不同，电桥可以分为直流电桥和交流电桥，一般而言，直流电桥可以用于测量元件参数(如电阻)，而交流电桥可以用于测量电容或电感等电路的交流参数。

在图 5.2.14 所示电桥电路中，电桥各臂的阻抗分别为 Z_1、Z_2、Z_3、Z_4，$\dot{U}_s$ 为电桥的电源电压。根

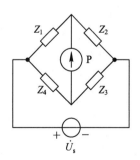

图 5.2.14　常见的四臂电桥电路形式

据桥臂上电阻的值可以分为等臂电桥——$Z_1=Z_2=Z_3=Z_4$、输出对称电桥——$Z_1=Z_2\neq Z_3=Z_4$ 和电源对称电桥——$Z_1=Z_4\neq Z_2=Z_3$。

工作方式方面，如果电桥中只有一个臂接入被测量，其他三个臂采用固定电阻，则称为惠斯通电桥；如果电桥中两个臂接入被测量，另两个臂为固定电阻，又称为半桥形式或开尔文电桥；全桥方式，则是四个桥臂都接入被测量。

用于测电阻的惠斯通电桥如图 5.2.15 所示，该电桥中的元件均为纯电阻。

根据电桥的平衡条件有

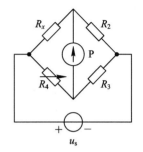

$$R_x = \frac{R_2 R_4}{R_3} \qquad (5-4)$$

式中，R_2、R_3 为固定电阻，R_4 为可调标准电阻，u_s 为直流电压源。该电桥可以对直流电阻进行测量。

图 5.2.15　惠斯通电桥

5.2.2　程控增益放大电路

程控可调增益放大电路(PCA)是一种用软件控制放大器增益的放大电路。例如，在信号采集系统中，当信号的幅度变化比较大时，如果采用固定增益的放大电路，那么输出的信号幅度有可能超过 A/D 转换的最大输入幅度，需要根据信号的强弱相应地调整放大器的增益。

程控可调增益放大电路主要由程控电路和可调增益放大电路构成，其中程控电路主要包含开关、数字电位器以及 D/A 转换器等。而可调增益放大电路主要包含多个固定增益（或衰减）以及可控增益放大器等。程控可调增益放大电路的关键指标除了和放大电路一样的几项指标以外，还有放大器增益挡位、增益控制范围、增益分辨率、零点误差和增益偏差等。

不同的程控电路与可调增益放大电路的组合就构成了不同的程控可调增益放大电路，受电路自身性质影响，不同的电路有不同的特点。比如，利用模拟开关选切换网络的方式，增益可调的位数取决于外围网络的数目，电路庞大且复杂，一般适用于大增益步进的程控可调增益放大电路中；而采用数字电位器替代放大电路中的增益调节电阻，实现程控可调增益放大电路，其结构简单，但因数字电位器抽头数不高，一般为 32 或 64 抽头，较少达到 1024 抽头，所以分辨率有限，影响放大器的增益调节精度，一般适用于中等增益步进的电路；而采用 D/A 输出控制电压控制增益放大器(VGA)来实现增益可调，因为 D/A 输出位数较高，所以可以实现较高的增益分辨率。

本节以开关选切换网络的方式进行程控增益放大电路的仿真，如图 5.2.16 所示，通过切换开关 S_1、S_2 和 S_3 之间的开闭状态来调整电路的放大倍数。

对于上述电路，S_2 开关闭合，S_1 和 S_3 开关断开的情况下，计算放大倍数得到

$$1 + \frac{R_6}{R_1 + R_5} = 1 + \frac{90}{1 + 10} \approx 10$$

综上可知放大倍数为 10 倍，因此电路输出电压应为 1 V，使用电压表测量电路输出电压，测量结果为 1 V，仿真结果与理论计算一致。

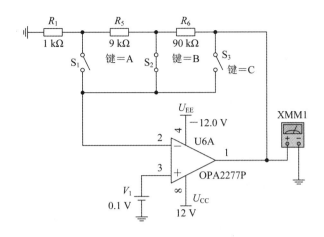

图 5.2.16　程控增益放大电路仿真

程控可调增益放大电路除了可以由基本的单元电路构成以外,近年来,一些著名的厂商,如德州仪器和亚德诺半导体等都推出了一系列具有程控增益功能的芯片,其中比较有代表性的集成芯片有:TI 公司的 PGA112、PGA116 系列,它们能够输出二进制增益 1、2、4、8、16、32、64 和 128;TI 公司的 PGA113 和 PGA117 系列,能够输出的增益为 1、2、5、10、20、50、100、200;AD 公司的 AD524 是一款精密单芯片仪表放大器,对于固定增益 1、10、100 和 1000,AD524 不需要任何外部器件,对于 1 与 1000 之间的其他增益设置,该器件只需要一个外部电阻;AD 公司的 AD8369 是编程增益运放,其原理是通过改变控制端数值逻辑电平来实现增益的控制;AD603 是压控增益运放,其原理是通过改变控制端电压来实现增益的控制。

程控可调增益放大电路集成芯片的原理是通过数字控制信号或电压信号来实现对增益的调节,其基本工作流程如下:

(1) 输入信号进入前置放大器:输入信号首先经过前置放大器,该放大器负责增益调节前的信号放大。它可以是一个低噪声放大器,以保持信号的高质量。

(2) 控制电路接收控制信号:控制电路负责接收来自外部的数字控制信号或电压信号,以控制增益的大小。这些信号可以通过 SPI、I^2C 等数字接口传输,也可以通过模拟电压输入来控制。

(3) 数字控制信号转换为控制电流或控制电压:控制电路将接收到的数字控制信号转换为控制电流或控制电压,用于调节增益。这通常通过内部的 DAC(数字模拟转换器)或电流源来实现。

(4) 增益调节:控制电流或控制电压被送至增益调节单元,根据信号的大小来调整放大电路的增益。增益调节单元可以是电阻网络、可变电容、可变电感等,通过改变电阻、电容或电感的值来改变增益。

(5) 输出信号放大:调节后的信号从增益调节单元经过放大电路再次进行放大。这部分放大可以是固定增益或者是进一步调节的增益,具体取决于应用需求。

5.2.3　数字滤波器设计

数字滤波器是一种能够对数字信号进行滤波处理的电路或算法。其作用是在时间域或频率域中改变输入信号的幅度和相位,以实现特定的滤波效果。数字滤波器广泛应用于音频、视频、图像和通信等领域。例如,数字滤波器可以用于去除信号中的噪声、滤波掉不需要的频率成分、增强信号的某些频率成分等。

数字滤波器通常可以分为两种类型:有限长冲激响应(FIR)滤波器和无限长冲激响应(IIR)滤波器。FIR 滤波器的输入信号通过一组固定系数的加权延迟线,然后进行加和运算得到输出信号。该滤波器所采用的计算方式为卷积,即将输入信号与一组离散时间函数卷积,从而得到输出信号;IIR 滤波器采用递归式差分方程来描述系统的特性,其中包含了反馈环路。输入信号经过前向传输和反馈传输两个通道,在传输过程中对信号进行滤波处理。FIR 滤波器具有线性相位和稳定性,但需要更多的计算资源;而 IIR 滤波器则具有更高的滤波效率,但可能存在不稳定性等问题。

数字滤波器的工作方式与模拟滤波器有所区别,模拟滤波器完全依靠电阻器、电容器、晶体管等电子元件组成的物理网络实现滤波功能;而数字滤波器是通过数字运算器件对输入的数字信号进行运算和处理,从而实现设计要求的特性。如果要处理的是模拟信号,可通过 ADC 和 DAC 在信号形式上进行匹配转换,同样可以使用数字滤波器对模拟信号进行滤波。数字滤波器工作在数字信号域,它处理的对象是经由采样器件将模拟信号转换而得到的数字信号。

本节以 FIR 滤波器为例来介绍数字滤波器的设计,主要介绍一种灵活直观的图形化滤波器设计方法,即利用 MATLAB 自带的 Filter Designer 工具箱,通过设置相关参数即可完成 FIR 数字滤波器的设计,还可以将滤波器系数生成 coe 文件用于 FPGA 实现。

以设计一个 FIR 低通滤波器来将包含有直流、20 Hz、2000 Hz 三种频率成分的信号(频谱图如图 5.2.17 所示)中的 2000 Hz 高频成分滤除为例,介绍数字滤波器的设计。

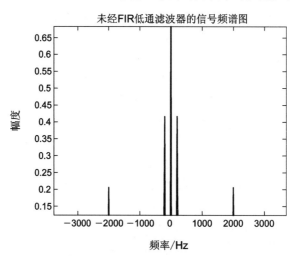

图 5.2.17　未滤波前的信号频谱图

FIR 滤波器的设计方法有多种,最常用的是窗函数设计法(Window)、等波纹设计法(Equiripple)和最小二乘法(Least-Squares)等。窗函数设计法在实际应用中很少使用,因为如果采用窗函数设计法达到所期望的频率响应,与其他方法相比往往阶数会更多;而且窗函数设计法一般只参照通频带 ω_p、抑制频带 ω_s 和理想增益来设计滤波器,但是实际应用中通频带和抑制带的波纹也是需要考虑的,因此在这种情况下一般采用等波纹设计法。

采用低通滤波器，选择 FIR 等波纹设计法来进行 FIR 数字滤波器的设计，采样率设置为 15000 Hz，为了尽量不衰减 200 Hz 低频分量，通带频率设置为 250 Hz，为了对 2000 Hz 高频分量起到较好的衰减效果，阻带频率设置为 1500 Hz，阻带衰减设置为 60 dB。参数设计完成后点击"Design Filter"，即可看到所设计的滤波器的幅频响应如图 5.2.18 所示。

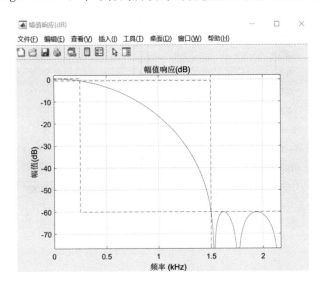

图 5.2.18　MATLAB 中所设计的滤波器的幅频响应曲线

从上图的幅频响应可以看出在 2000 Hz 处有约 60 dB 的衰减，根据 $-60=20\lg$（衰减前幅值/衰减后幅值）可知，衰减后的幅值是衰减前的千分之一，即可以较好地滤除 2000 Hz 的频率成分。

在 Filter Designer 中将该滤波器生成对应的 VHDL 和 Verilog 代码用于 FPGA 实现，也可生成相应的 M 代码进行数字滤波。生成的 M 代码如下：

```
function y = doFilter(x)
%DOFILTER 对输入 x 进行滤波并返回输出 y
persistent Hd;
if isempty(Hd)
    Fpass = 250;        % Passband Frequency
    Fstop = 1500;       % Stopband Frequency
    Apass = 1;          % Passband Ripple (dB)
    Astop = 60;         % Stopband Attenuation (dB)
    Fs    = 15000;      % Sampling Frequency
    h = fdesign.lowpass('fp, fst, ap, ast', Fpass, Fstop, Apass, Astop, Fs);
    Hd = design(h, 'equiripple', ...
        'MinOrder', 'any', ...
        'StopbandShape', 'flat');
    set(Hd, 'PersistentMemory', true);
end
y=filter(Hd, x);
```

将本例给出的信号通过该滤波器进行滤波，将输出的结果进行 FFT 处理，可得滤波后的信号频谱如图 5.2.19 所示，可见 2000 Hz 的高频成分被滤除。

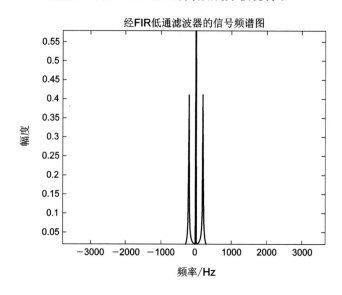

图 5.2.19　数字滤波后的信号频谱图

通信系统是完成信息传输过程的技术及相关系统的总称。现代通信系统主要借助电磁波在自由空间的传播或在导引媒体中的传输来实现，前者为无线通信系统，后者为有线通信系统。

5.3.1　有线通信

有线通信（Wire Communication）是指传输媒质为架空明线、电缆、光缆或波导等形式的通信。有线通信的技术成熟、调试方便、组建容易，但其灵活性较差，每个设备都需要物理电线的连接，在工业应用中设备较多，往往需要繁杂的连线，给操作带来了极大的不便。

有线通信主要包括并行通信和串行通信两种形式。并行通信是指数据在传输时能够同时发送和接收，这种方式速度快，但所需的传输线较多，成本较高，因此更适合近距离的数据传输。而串行通信则是逐位传输数据，虽然速度相对较慢，但仅需两根数据传输线，因此在长距离传输数据时成本较低，应用也更加广泛。接下来简要介绍电子系统中常见的有线通信方式及其特点。

1. SPI 总线

SPI（Serial Peripheral Interface）是一种同步串行通信协议，由一个主设备和一个或多个从设备组成，主设备启动与从设备的同步通信，从而完成数据的交换。SPI 是一种高速全双工同步通信总线，标准的 SPI 仅仅使用 4 个引脚，主要应用在 EEPROM、Flash、实时时钟（RTC）、数模转换器（ADC）、数字信号处理器（DSP）以及数字信号解码器之间。

SPI 规定了两个 SPI 设备之间通信必须由主设备来控制次设备。一个主设备可以通过提供时钟以及对从设备进行片选来控制多个从设备，SPI 协议还规定从设备的时钟由主设备通过 SCK 管脚提供给从设备，从设备本身不能产生或控制时钟，没有时钟则从设备不能正常工作。主设备会根据将要交换的数据来产生相应的时钟脉冲，时钟脉冲组成的时钟信号通过时钟极性和时钟相位控制着两个 SPI 设备间何时进行数据交换，以及何时对接收到的数据进行采样，来保证数据在两个设备之间是同步传输的。

SPI 总线传输共有 4 种模式，这 4 种模式分别由时钟极性和时钟相位来定义，其中 CPOL 参数规定了 SCK 时钟信号空闲状态的电平，CPHA 规定了数据是在 SCK 时钟的上升沿被采样还是下降沿被采样。这四种模式的时序图如图 5.3.1 所示。

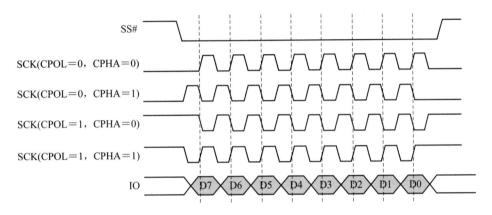

图 5.3.1　SPI 时序图

模式 0：CPOL= 0，CPHA=0。SCK 串行时钟线空闲时为低电平，数据在 SCK 时钟的上升沿被采样，数据在 SCK 时钟的下降沿切换。

模式 1：CPOL= 0，CPHA=1。SCK 串行时钟线空闲时为低电平，数据在 SCK 时钟的下降沿被采样，数据在 SCK 时钟的上升沿切换。

模式 2：CPOL= 1，CPHA=0。SCK 串行时钟线空闲时为高电平，数据在 SCK 时钟的下降沿被采样，数据在 SCK 时钟的上升沿切换。

模式 3：CPOL= 1，CPHA=1。SCK 串行时钟线空闲时为高电平，数据在 SCK 时钟的上升沿被采样，数据在 SCK 时钟的下降沿切换。

SPI 设备间的数据传输之所以又被称为数据交换，是因为 SPI 协议规定一个 SPI 设备不能在数据通信过程中仅仅只充当一个"发送者（Transmitter）"或者"接收者（Receiver）"。在每个 Clock 周期内，SPI 设备都会发送并接收一个 bit 大小的数据，相当于该设备有一个 bit 大小的数据被交换。

一个 Slave 设备要想能够接收到 Master 发过来的控制信号，则必须在此之前能够被 Master 设备进行访问。所以，Master 设备必须首先通过 SS/CS pin 对 Slave 设备进行片选，把想要访问的 Slave 设备选上。

在数据传输的过程中，每次接收到的数据必须在下一次数据传输之前被采样。如果之前接收到的数据没有被读取，那么这些已经接收完成的数据将有可能被丢弃，导致 SPI 物理模块最终失效。因此，在程序中一般都会在 SPI 传输完数据后去读取 SPI 设备里的数据。

以一款 SPI NOR 闪存芯片 GD25Q127CSIG 的使用为例，来说明 SPI 的接口电路，如

图 5.3.2 所示。

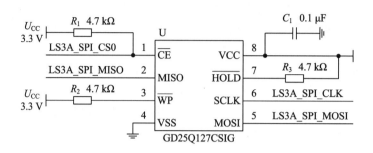

图 5.3.2　GD25Q127CSIG 的 SPI 接口电路

其中，CE 脚为片选信号，因为是低电平触发，所以该管脚接了上拉电阻，默认不选中；WP 脚为写保护，该管脚为低电平时，写保护打开，主机不能写入数据，这里关闭写保护，上拉至 VCC；HOLD 管脚为暂停收发控制管脚，该管脚为低电平时，表示不管此时该芯片在接收还是发送数据，都将暂停收发过程，忽略数据。

2. IIC 总线

IIC(Inter－Integrated Circuit)总线(或写为 I^2C)是一种由 NXP(原 PHILIPS)公司开发的两线式串行总线，用于连接微控制器及其外围设备。其多用于主控制器和从器件间的主从通信，在小数据量场合使用，传输距离短，任意时刻只能有一个主机。由于 IIC 是为了与低速设备通信而发明的，因此 IIC 的传输速率比不上 SPI。

IIC 共有两条总线，如图 5.3.3 所示，一条是双向的串行数据线 SDA，另一条是串行时钟线 SCL。所有连接到 I^2C 总线设备上的串行数据 SDA 都接到总线的 SDA 上，各设备的时钟线 SCL 连接到总线的 SCL 上。I^2C 总线上的每个设备都有自己一个唯一的地址，来确保不同设备之间访问的准确性。

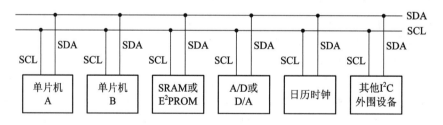

图 5.3.3　IIC 总线

通常把 IIC 设备分为主设备和从设备，基本上谁控制时钟线(即控制 SCL 的电平高低变换)谁就是主设备。IIC 的一个优点是它支持多主控，其中任何一个能够进行发送和接收的设备都可以成为主总线，但是在任何时间点上只能有一个主控。

IIC 总线在传送数据过程中共有三种类型的信号，它们分别是开始信号、结束信号和应答信号。

开始信号：SCL 为高电平时，SDA 由高电平向低电平跳变，开始传送数据。

结束信号：SCL 为高电平时，SDA 由低电平向高电平跳变，结束传送数据。

应答信号：接收数据的 IIC 在接收到 8 bit 数据后，向发送数据的 IIC 发出特定的低电平脉冲，表示已收到数据。CPU 向受控单元发出一个信号后，等待受控单元发出一个应答信号；CPU 接收到应答信号后，根据实际情况作出是否继续传递信号的判断。若未收到应答信号，则判断为受控单元出现故障。

IIC 信号在数据传输过程中，当 SCL＝1 为高电平时，数据线 SDA 必须保持稳定状态，不允许有电平跳变，只有在时钟线上的信号为低电平期间，数据线上的高电平或低电平状态才允许变化。SCL＝1 时数据线 SDA 的任何电平变换都会看作是总线的起始信号或者停止信号。

每当主机向从机发送完一个字节的数据时，主机总是需要等待从机给出一个应答信号，以确认从机是否成功接收到了数据，主机 SCL 拉高，读取从机 SDA 的电平。应答信号为低电平时，规定为有效应答位（ACK，简称应答位），表示接收器已经成功地接收了该字节；应答信号为高电平时，规定为非应答位（NACK），一般表示接收器没有成功接收该字节。

当一个字节按数据位从高位到低位的顺序传输完后，紧接着将从设备拉低 SDA 线，回传给主设备一个应答位 ACK，此时才认为一个字节真正的被传输完成，如果一段时间内没有收到从机的应答信号，则自动认为从机已正确接收到数据。

AT24C02 为 IIC 接口的 EEPROM 模块，提供 2048 位串行可擦除和可编程只读存储器。以 51 单片机与 AT24C02 的 IIC 通信为例，说明 IIC 的接口电路，如图 5.3.4 所示。

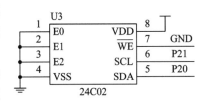

图 5.3.4　ATC24C02 的 IIC 总线连接

其中，高四位固定为 1010，而低三位对应 E0、E1、E2 为 000，所以该器件地址为 1010000，SCL、SDA 连接 51 单片机的 P21、P20 引脚。

3. UART 通信

通用异步收发器（Universal Asynchronous Receiver Transmitter，UART）是一种串行、异步、全双工的通信协议，在嵌入式领域应用非常广泛。如图 5.3.5 所示，UART 作为异步串行通信协议的一种，将传输数据的每个二进制位一位接一位地传输。在 UART 通信协议中信号线上的状态为高电平时代表"1"，信号线上的状态为低电平时代表"0"。其特点是通信线路简单，只要一对传输线就可以实现双向通信，大大降低了成本，但传送速度较慢。

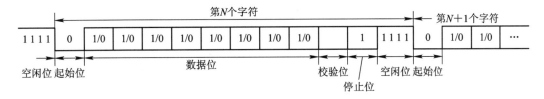

图 5.3.5　UART 数据通信格式

（1）空闲位：UART 协议规定，当总线处于空闲状态时信号线的状态为"1"，即高电平，表示当前线路上没有数据传输。

（2）起始位：每开始一次通信时发送方先发出一个逻辑"0"的信号（低电平），表示传输字符的开始。因为总线空闲时为高电平，所以开始一次通信时先发送一个明显区别于空闲状态的信号，即低电平。

（3）数据位：起始位之后就是所要传输的数据，数据位可以是 5、6、7、8、9 位等，构成一个字符（一般都是 8 位），如 ASCII 码（7 位）、扩展 BCD 码（8 位）。先发送最低位，最后发送最高位。使用低电平表示"0"、高电平表示"1"完成数据位的传输。

（4）奇偶校验位：数据位加上这一位后，使得"1"的位数应为偶数（偶校验）或奇数（奇校验），以此来校验数据传送的正确性。

（5）停止位：它是一个字符数据的结束标志，可以是 1 位、1.5 位、2 位的高电平。

（6）波特率：数据传输速率使用波特率来表示，单位为 b/s(bits per second)，常见的波特率有 9600 b/s、115 200 b/s 等。其他标准的波特率是 1200 b/s、2400 b/s、4800 b/s、19 200 b/s、38 400 b/s、57 600 b/s。如果串口波特率设置为 9600 b/s，那么传输 1 bit 需要的时间是 $1/9600$ s$\approx$104.2 μs。

4. RS-232 接口

RS-232-C 接口（又称 EIA RS-232-C）是目前最常用的一种串行通信接口，RS-232-C 是美国电子工业协会 EIA(Electronic Industry Association)制定的一种串行物理接口标准。它是在 1970 年由 EIA 联合贝尔、调制解调器厂家及计算机终端生产厂家共同制定的用于串行通信的标准，它的全名是"数据终端设备(DTE)和数据通信设备(DCE)之间串行二进制数据交换接口技术标准"。

经过许多年来 RS-232 器件以及通信技术的改进，RS-232 的通信距离已经大大增加。但 RS-232 接口标准出现较早，难免有不足之处，主要体现在以下四点：

（1）接口的信号电平值较高，易损坏接口电路的芯片；

（2）与 TTL 电平不兼容，需使用电平转换电路方能与 TTL 电路连接；

（3）传输速率较低，传输距离有限，最大传输距离理论上有 50 m，但实际上一般为 15 m 左右；

（4）接口使用一根信号线和一根信号返回线构成共地的传输形式，这种共地传输容易产生共模干扰，抗噪声干扰性弱。

以 MAX232 为例来说明 RS-232 的接口电路，如图 5.3.6 所示。

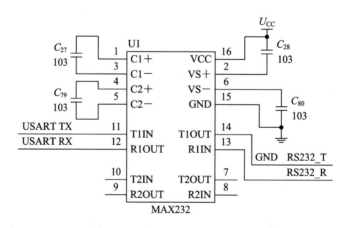

图 5.3.6　基于 MAX232 的 RS-232 接口电路

5. RS-485 接口

RS-485 和 RS-232 一样，都是串行通信标准，标准名称是 TIA485/EIA-485-A，但是习惯称为 RS-485 标准，RS-485 常用在工业、自动化、汽车和建筑物管理等领域。

RS-485 总线弥补了 RS-232 通信距离短、速率低的缺点，通信速率可高达 10 Mb/s，理论通信距离可达 1200 m。RS-485 和 RS-232 的单端传输不一样，是差分传输，使用一对双绞线，一根线定义为 A，另一根定义为 B。RS-485 是对 RS-232 的改进，其优点如下。

(1) 接口电平低，不易损坏芯片。RS-485 的电气特性，逻辑"1"以两线间的电压差为 +(2 ~ 6)V 表示，逻辑"0"以两线间的电压差为 -(2~6)V 表示。RS-485 的接口信号电平比 RS-232 降低了很多，不易损坏接口电路的芯片。

(2) 传输速率高。传输距离为 10 m 时，RS-485 的数据最高传输速率可达 35 Mb/s；在 1200 m 时，传输速度可达 100 kb/s。

(3) 抗干扰能力强。RS-485 接口是采用平衡驱动器和差分接收器的组合，抗共模干扰能力增强，即抗噪声干扰性好。

(4) 传输距离远，支持节点多。RS-485 总线最长可以传输 1200 m 以上(速率≤100 kb/s)，一般最大支持 32 个节点，如果使用特制的 485 芯片，则可以达到 128 个或者 256 个节点。

以 MAX485 为例来说明 RS-485 的接口电路，如图 5.3.7 所示。

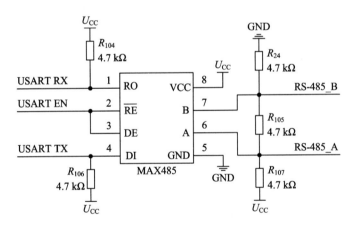

图 5.3.7 基于 MAX485 的 RS-485 接口电路

6. CAN 总线通信

CAN 是控制器局域网络（Controller Area Network）的简称，由德国 BOSCH 公司开发，并最终被采纳为局域网国际标准，包括 ISO11519 和 ISO11898。CAN 是国际上应用最广泛的现场总线之一，为分布式控制系统实现各节点之间实时、可靠的数据通信提供了强有力的技术支持，其高性能和可靠性已被认同，并被广泛地应用于自动化、船舶、医疗设备、工业设备等方面。

不同于 I²C、SPI 等同步通信方式，CAN 通信是一种异步通信，其并不通过时钟信号来同步，而是通过 CAN_High 和 CAN_Low 两条信号线组成一组差分信号线，以差分信号的形式进行通信。由于 CAN 通信属于异步通信，因此挂载在 CAN 总线上的各个节点会像串口异步通信一样使用同样的波特率进行通信。同时，为防止信号干扰，CAN 通信的协议层采取了位同步的方式来吸收误差，实时地对总线电平信号采样并确保通信正常。

CAN 总线的典型特点如下：

（1）CAN 总线通信接口中集成了 CAN 协议的物理层和数据链路层功能，可完成对通信数据的成帧处理，包括位填充、数据块编码、循环冗余检验、优先级判别等工作。

（2）CAN 协议的一个最大特点是废除了传统的站地址编码，而代之以对通信数据块进行编码。采用这种方法的优点是可使网络内的节点个数在理论上不受限制。数据块的标识符可由 11 位或 29 位二进制数组成，因此可以定义 2 个或 2 个以上不同的数据块，这种按数据块编码的方式还可使不同的节点同时接收到相同的数据，这一点在分布式控制系统中非常有效。数据段长度最多为 8 个字节，可满足通常工业领域中控制命令、工作状态及测试数据的要求。同时，8 个字节不会占用总线时间过长，从而保证了通信的实时性。CAN 协议采用 CRC 检验并可提供相应的错误处理功能，保证了数据通信的可靠性。

（3）数据通信没有主从之分，任意一个节点都可以向任何其他（一个或多个）节点发起数据通信，依靠各个节点信息优先级的先后顺序来决定通信次序。多个节点同时发起通信时，优先级低的避让优先级高的，不会对通信线路造成拥塞；通信距离最远可达 10 km（速率低于 5 kb/s），速率可达到 1 Mb/s（通信距离小于 40 m）。CAN 总线传输介质可以是双绞线，也可以是同轴电缆。

CAN 总线适用于大数据量短距离通信，或者长距离小数据量、实时性要求比较高、多主多从机或者各个节点平等的现场中使用。为有效的控制通信，CAN 的通信协议共规定了如表 5.3.1 所示的五种帧类型，包括数据帧、遥控帧、过载帧、错误帧和帧间隔。

表 5.3.1　CAN 通信协议所规定帧的类型及其用途

帧类型	用　　途
数据帧	用于节点与节点之间传输数据
遥控帧	用于向节点请求数据
过载帧	通知节点未做好接收数据准备
错误帧	通知节点数据错误，请求重新发送
帧间隔	用于分隔帧

如图 5.3.8 所示，数据帧一般是由帧起始、仲裁段、控制段、数据段、CRC 段、ACK 段和帧结束七段组成。其中控制节点是否接收报文的为仲裁段，总线会根据仲裁段的内容决定报文是否能被传输和是否能被接收。仲裁段的主要内容为数据帧的 ID（标识符），其通过显性电平优先于隐性电平的物理层特性来设定报文的优先级。仲裁段除了控制优先级外，也可以区别数据帧的格式。通常数据帧具有标准格式和扩展格式两种，其中标准格式具备 11 位 ID，而扩展格式具备 29 位 ID，使总线最大节点数量显著提升。

数据帧中另一个重要的段落为数据段，其代表了数据帧的核心内容，一般由 0～8 字节组成，总线节点可以通过该段落来传递数据，因为其具有短帧的结构，实时性好，适合应用于汽车和工控领域。以 CAN 收发器 TJA1050 为例，来说明 CAN 总线的接口电路，如图

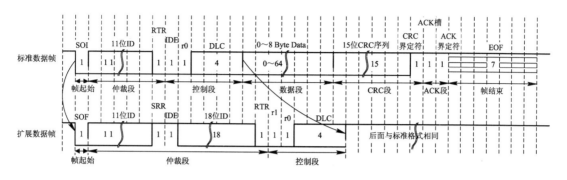

图 5.3.8　CAN 数据帧格式

5.3.9 所示。

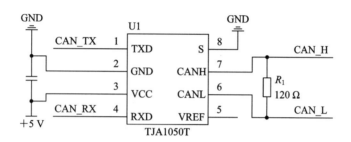

图 5.3.9　基于 TJA1050 的 CAN 总线接口电路

5.3.2 无线通信

1. 无线通信系统构成

通信系统主要由发送端、接收端和传输媒介组成，发送端由信号源、变换器和发射器组成，接收端由接收机、变换器和终端设备组成，信号一般通过空间电磁波传送。典型的无线通信系统组成框图如图 5.3.10 所示。

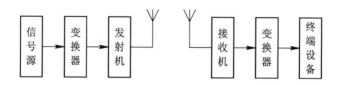

图 5.3.10　无线通信系统组成框图

射频系统是空间传播的电磁波和数字处理部分之间的桥梁，实现对空间电磁波的处理功能，主要可分为发射机和接收机两大部分。

发射机是无线通信系统的重要子系统。在任何一个无线系统中，信号被生成后都需要经由天线发射。生成射频信号的部分就是发射机，发射机的具体参数取决于它的应用。发射机一般包括振荡器、调制器、上变频器、滤波器、功率放大器，信息经过调制（可以是调幅、调频、调相或者数字调制），上变频到更高的频率，利用功率放大器来增加输出功率，然后通过天线发射出去。典型的发射机结构如图 5.3.11 所示。

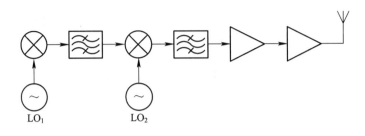

图 5.3.11 典型的发射机结构框图

发射机按照调制类型分类，可大致分为连续波、调频、调幅单边带发射机等。虽然种类繁多，但其组成的主要部分基本相同，如图 5.3.12 所示。发射机的任务是完成基带信号对载波的调制，将其变为模拟信号并搬移到指定的射频频段上，最后对其功率放大并通过天线发射出去。

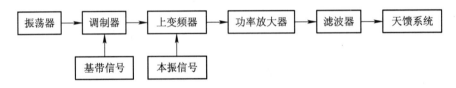

图 5.3.12 发射机组成的主要部分

发射机的主要技术指标有输出功率与效率、邻道功率抑制比、频率稳定度、射频输出频谱等。

接收机进行的工作是发射机的逆过程，在系统中的主要功能是接收信号并变频。如图 5.3.13 所示，接收机通过天馈系统从空间中的电磁波里提取出有用的射频信号，将射频信号通过频谱搬移转换为基带信号，放大到解调器所要求的电平值，最后由解调器解调。接收机的主要技术指标有灵敏度、噪声系数、动态范围和带宽等。

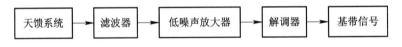

图 5.3.13 接收机的组成

2. 常见的无线通信协议

下面介绍一些常见的无线通信协议。

1) WiFi

WiFi(Wireless Fidelity)是一种无线网络通信技术，基于 IEEE 802.11 系列标准，并由 WiFi 联盟(WiFi Alliance)管理。它通过使用无线电波将数据传输到连接在同一网络中的设备之间，无需使用传统的有线连接。WiFi 技术的主要优势是提供了便捷、灵活和高速的无线互联网连接，适用于家庭、办公室、公共场所以及各种移动设备。

(1) 标准和频段：WiFi 技术基于 IEEE 802.11 系列标准，包括 IEEE 802.11a、802.11b、802.11g、802.11n、802.11ac 等。这些标准规定了使用的频段、传输速率、调制方式以及其他相关规范。WiFi 主要使用 2.4 GHz 和 5 GHz 频段进行通信，其中 2.4 GHz 频段覆盖范围更广，但可能受到干扰，而 5 GHz 频段提供更高的速率但覆盖范围较小。

（2）网络结构：WiFi 网络由一个或多个无线接入点（AP）组成，通常由无线路由器充当。无线路由器负责将互联网连接传输给连接的设备，并提供网络安全和管理功能。设备通过无线网卡或内置的 WiFi 模块连接到无线路由器，并可以在网络中进行数据传输。

（3）加密和安全性：WiFi 网络使用各种加密协议来保护数据的安全性。常见的加密协议包括 WEP（Wired Equivalent Privacy）、WPA（WiFi Protected Access）和 WPA2 等。这些协议提供了数据加密、身份验证和访问控制等功能，以防止未经授权的访问和数据泄露。

（4）速率和性能：WiFi 技术在不同的标准和频段下提供不同的传输速率和性能。早期的标准（如 802.11b 和 802.11g）提供的速率通常在几 Mb/s 到几十 Mb/s 之间，而现代的标准（如 802.11n 和 802.11ac）可以提供更高的速率，甚至超过 Gb/s 级别。

（5）可靠性和范围：WiFi 信号的可靠性和范围受到多种因素的影响，包括信号强度、障碍物、干扰源和设备性能等。为了增强覆盖范围和信号质量，可以使用多个无线接入点创建扩展网络或使用信号增强器（repeater）进行信号放大。

WiFi 经历的版本及相关主要信息如表 5.3.2 所示。

表 5.3.2　不同 WiFi 版本的信息

WiFi 版本	WiFi 标准	发布时间	最高速率	工作频段
WiFi 7	IEEE802.11be	2022 年	300 Gb/s	2.4 GHz、5 GHz、6 GHz
WiFi 6	IEEE802.11ax	2019 年	11 Gb/s	2.4 GHz 或 5 GHz
WiFi 5	IEEE802.11ac	2014 年	1 Gb/s	5 GHz
WiFi 4	IEEE802.11n	2009 年	600 Mb/s	2.4 GHz 或 5 GHz
WiFi 3	IEEE802.11g	2003 年	54 Mb/s	2.4 GHz
WiFi 2	IEEE802.11b	1999 年	11 Mb/s	2.4 GHz
WiFi 1	IEEE802.11a	1999 年	54 Mb/s	5 GHz
WiFi 0	IEEE802.11	1997 年	2 Mb/s	2.4 GHz

在智能装备中，通常需要使用一些电子模块来实现 WiFi 通信，常见的 WiFi 模块有 ESP8266 等。ESP8266 是一款低成本、低功耗的 WiFi 模块，由乐鑫科技（Espressif Systems）推出。它集成了微控制器和 WiFi 功能，并具有强大的通信能力和广泛的应用领域。ESP8266 作为 WiFi 模块，可以通过无线网络传输数据到服务器，用于远程数据采集和监控系统。ESP8266 的接口电路如图 5.3.14 所示。

2）蓝牙

蓝牙（Bluetooth）是一种短距离无线通信技术，旨在实现不同设备之间的数据传输和通信。它通过无线电波在 2.4 GHz 频段进行通信，并且能够在设备之间建立稳定的无线连接。蓝牙技术最初是由瑞典电话公司 Ericsson 于 1994 年提出，并由丹麦国王哈罗德·布卢图斯命名为"Bluetooth"。它的目标是通过简化设备之间的通信而取代有线连接。蓝牙技术的发展经历了多个版本，目前最常见的是蓝牙 4.2、蓝牙 5.0 和蓝牙 5.2。蓝牙技术广泛应用于各个领域，最常见的应用是无线音频传输，如蓝牙耳机、音箱和汽车蓝牙系统。此外，蓝牙还用于数据传输，如文件传输、打印机连接、键盘、鼠标、智能家居设备、健康追踪器等。

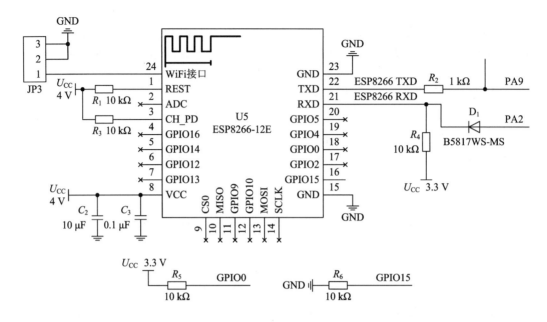

图 5.3.14 ESP8266 接口电路

蓝牙设备之间的连接是通过主从模式建立的。一个设备作为主设备，可以同时连接多个从设备。主设备负责管理连接和数据传输，而从设备则接受主设备的指令并提供相关服务。这种拓扑结构使得多个设备可以方便地进行通信和协作。

蓝牙技术提供了不同的传输速率，从较低的数据速率到较高的速率。早期版本的蓝牙通常提供较慢的数据传输速率，但现代版本（如蓝牙 5.0 和蓝牙 5.2）则支持更高的速率。此外，蓝牙技术也注重降低功耗，以延长设备的电池寿命。

蓝牙技术采用了多种安全措施来保护数据的传输和设备的安全。在设备之间建立连接之前，它们需要进行配对过程，以确保双方的身份和数据的安全。配对过程可以使用 PIN 码、数字证书或者物理按键等方式进行。

在智能装备中，通常需要使用一些电子模块来实现蓝牙通信，常见的蓝牙模块有 HC05/06 等，基于蓝牙 3.0 SPP 设计，工作频段为 2.4 GHz，调制方式为 GFSK，最大发射功率为 8 dB，最大发射距离为 30 m，支持用户通过 AT 命令修改设备名、波特率等。其典型参数如表 5.3.3 所示。

表 5.3.3 HC05 蓝牙模块参数

工作频率	2.4 GHz	蓝牙版本	Bluetooth 3.0 SPP
通信接口	UART	SMT 焊接温度	<260℃
工作电压	5.0 V	未连接工作电流	4.7 mA
工作温度	−40℃~80℃	BLE 连接后电流	7.3 mA
天线	内置 PCB 天线	发射功率	8 dB(最大)
传输距离	30 m	接收灵敏度	−97 dBm
主从支持	从机	SPP 最大吞吐量	16K b/s(Android，Windows)

3）LoRa

LoRa(Long Range)是由 Semtech 公司开发的一种无线通信技术，旨在解决物联网应用中设备之间的长距离通信问题。LoRa 技术采用了低功耗调制解调器，能够通过低功耗单片机和传感器等设备实现长达几公里甚至几十公里的通信。它具有低功耗、抗干扰性强、大容量和长距离传输的特点。

LoRa 使用了扩频调制技术(Chirp Spread Spectrum)，通过在信号上加入宽频带的扩频序列来将信号的带宽扩大，从而提高信号的抗干扰性和传输距离。LoRa 技术还采用了自适应速率和自动重传机制，以确保在不同环境下能够获得最佳的通信效果。

架构和拓扑结构方面，LoRa 技术的架构包括终端节点(End Device)、网关(Gateway)和网络服务器(Network Server)。终端节点是物联网设备，使用 LoRa 模块进行通信。网关是连接终端节点和网络服务器的中间设备，负责接收终端节点的数据并将其转发给网络服务器。网络服务器则管理整个 LoRa 网络，负责解析和路由数据。

LoRa 技术支持不同的传输速率，可以根据应用需求选择不同的速率。低速率可以实现更长的通信距离，而高速率则能够提供更高的数据传输速率。LoRa 技术具有低功耗的特点，使得终端节点能够使用较小容量的电池实现长时间的运行。

LoRa 技术在物联网领域有广泛的应用，广泛应用于城市物联网、农业、环境监测、智能电表等多个领域。LoRa 技术可以连接大量的终端设备，实现设备之间的数据传输和通信，从而实现智能化和远程监控。

5.3.3　通信系统设计实例

本节将以一种数据采集器的设计，来介绍常见通信系统的设计方法。对于该数据采集器，其具备的主要功能如下：

（1）RS-485 通信转以太网；

（2）8 路开关量输入；

（3）8 路开关量输出；

（4）6 路模拟量输入(0～10 V/0～20 mA)。

1. 方案设计

为实现设计功能，对于硬件部分，将从以下几点进行讨论和分析：

（1）选用 STM32F103 VCT6 作为数据采集器的主控芯片；

（2）使用 485 芯片完成 485 与单片机之间的通信和 485 与 TCP 之间的通信；

（3）选用 W5500 来实现以太网通信，W5500 芯片是一款采用全硬件 TCP/IP 协议栈的嵌入式以太网控制器，它能使嵌入式系统通过 SPI 接口轻松地连接到网络；

（4）利用模拟量信号处理与变换，将 6 路模拟量输入(0～10 V/0～20 mA)转换为可供单片机接收的 0～3.3 V 的电压信号；

（5）使用光电耦合器将输入端与系统进行隔离，提高系统的稳定性。

2．硬件电路设计

1）电源电路

将外部宽电压输入(12～24 V)通过 MP1584 转换为 5 V，给 MAX485 和 AMS1117-3.3 V 芯片供电。AMS1117-3.3 V 是 DC-DC 电源芯片，将 5 V 转换为 3.3 V 给 STM32F103VCT6、MAX485、W5500、ESP8266-12E 等芯片供电使用。为保证 STM32F103 的稳定运行，系统单独设置一片 AMS1117-3.3 V 芯片给其供电。

MP1584 是一款集成了内部高端高压功率 MOSFET 的高频降压开关稳压器，采用电流控制模式，可通过简单补偿设计提供 3 A 的电流输出并提供快速环路响应。MP1584 电源的经典应用如图 5.3.15 所示，4.5 V 至 28 V 的宽输入范围使其适用于各种降压应用，包括汽车环境中的应用。100 μA 的工作静态电流允许其使用在电池供电应用中。通过在轻载条件下降低开关频率以减少开关和栅极驱动损耗，MP1584 实现了宽负载范围内的高转换效率。降频功能有助于防止启动过程中的电感电流失控，过温保护确保了工作的稳定性和可靠性。采用 1.5 MHz 的高频频率，MP1584 能在一些应用中防止 EMI 噪音干扰问题。

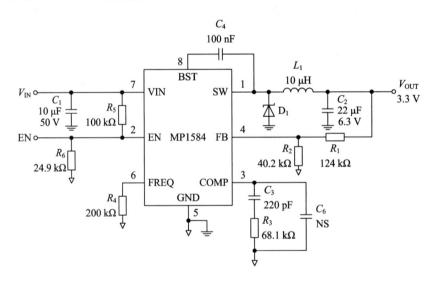

图 5.3.15　MP1584 电源典型电路

2）485 通信电路

选用 MAX485 芯片实现 485 通信。MAX485 系列是用于 RS-485 通信的低功率收发器，为半双工应用设计。每个部件包含一个驱动单元和一个接收单元。MAX485 系列的驱动转换速率是不受限制的，允许它们最多传输 2.5 Mb/s。这些收发器在空载或满载禁用驱动器时，可吸收 120 μA 到 500 μA 之间的电源电流。MAX485 的短路电流有限，并通过热关闭电路防止过多的功率耗散，使驱动器输出处于高阻抗状态。接收器输入具有故障安全功能，如果输入是开路，则保证逻辑高输出。MAX485 的管脚如图 5.3.16 所示。

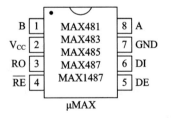

图 5.3.16　MAX485 管脚

本系统的 485 电路分为 2 个模块,分别实现 485 设备间的通信和 TCP 转 485 的通信,如图 5.3.16 所示。如图 5.3.17(a)所示,485 芯片的终端与 DP9 端子相连,主要用于实现 TCP 转 485 功能。如图 5.3.17(b)所示,485 芯片的终端与接线端子相连,主要用于实现 485 之间的通信。其中,稳压二极管 SMAJ 的作用是把 A、B 引脚对地的电压牵制到 6.5 V 以内,保护 485 芯片。MAX485 芯片上引脚旁的电阻为限流电阻,起保护芯片的作用。

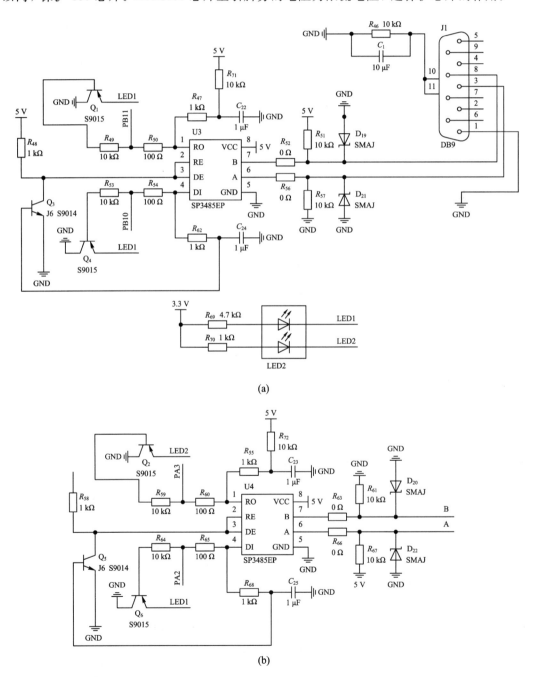

图 5.3.17 RS-485 电路设计

3）W5500 以太网通信电路

W5500 芯片是一款采用全硬件 TCP/IP 协议栈的嵌入式以太网控制器，它能使嵌入式系统通过 SPI 接口轻松地连接到网络。W5500 具有完整的 TCP/IP 协议栈和 10/100 Mb/s 以太网网络层（MAC）和物理层（PHY），因此 W5500 特别适合那些需要使用单片机来实现互联网功能的情况。W5500 是由全硬件 TCP/IP 协议栈、以太网网络层和物理层整合而成。其全硬件的 TCP/IP 协议栈全程支持 TCP、UDP、IPv4、ICMP、ARP、IGMP 和 PPPoE 协议。W5500 使用 32 KB 缓存作为其数据通信内存。

通过使用 W5500，只需要通过使用一个简单的 socket 程序就能实现以太网的应用，而不再需要处理一个复杂的以太网控制器。W5500 支持高达 80 MHz 的 SPI 通信速率。为了降低系统功率的消耗，W5500 提供了网络唤醒和休眠模式，W5500 收到原始以太网数据包形式的 magic packet 时将被唤醒，本系统 W5500 通信电路如图 5.3.18 所示。

3. Modbus 通信软件设计

对于所设计的数据采集器，采用 Modbus 协议来进行软件设计。Modbus 是由 Modicon（现为施耐德电气公司的一个品牌）在 1979 年发明的，是全球第一个真正用于工业现场的总线协议。Modbus 网络是一个工业通信系统，由带智能终端的可编程序控制器和计算机通过公用线路或局部专用线路连接而成。其系统结构既包括硬件也包括软件。它可应用于各种数据采集和过程监控。为更好地普及和推动 Modbus 在基于以太网上的分布式应用，目前施耐德公司已将 Modbus 协议的所有权移交给 IDA（Interface for Distributed Automation，分布式自动化接口）组织，并成立了 Modbus-IDA 组织，为 Modbus 今后的发展奠定了基础。在中国，Modbus 已经成为国家标准，标准编号为 GB/T 19582—2008，标准名称为《基于 Modbus 协议的工业自动化网络规范》，该标准分 3 个部分：《GB/T 19582.1—2008 第 1 部分：Modbus 应用协议》《GB/T 19582.2—2008 第 2 部分：Modbus 协议在串行链路上的实现指南》《GB/T 19582.3—2008 第 3 部分：Modbus 协议在 TCP/IP 上的实现指南》。

Modbus 串行链路协议是一个主从协议，在同一时刻，只有一个主节点连接于总线，一个或多个子节点（最大编号为 247）连接于同一个串行总线。Modbus 通信总是由主节点发起，子节点在没有收到来自主节点的请求时不会发送数据，子节点之间从不会互相通信，主节点在同一时刻只会发起一个 Modbus 事务处理。主节点以如下两种模式对子节点发出 Modbus 请求。

（1）单播模式，主节点以特定地址访问某个子节点，子节点接到并处理完请求后，向主节点返回一个报文（一个应答）。在这种模式下，一个 Modbus 事务处理 2 个报文：一个来自主节点的请求，一个来自子节点的应答。每个子节点必须有唯一的地址（1 到 247），这样才能区别于其他节点被独立的寻址。

（2）广播模式，主节点向所有的子节点发送请求，对于主节点广播的请求没有应答返回。广播请求一般用于写命令，所有设备必须接受广播模式的写功能，地址 0 是专门用于表示广播数据的。

Modbus 通信协议存在多个变种，使得其能支持串口通信（主要是 RS-485 总线）、以太网通信等，其中，最为人熟知的三个变种是 Modbus RTU、Modbus ASCII 和 Modbus

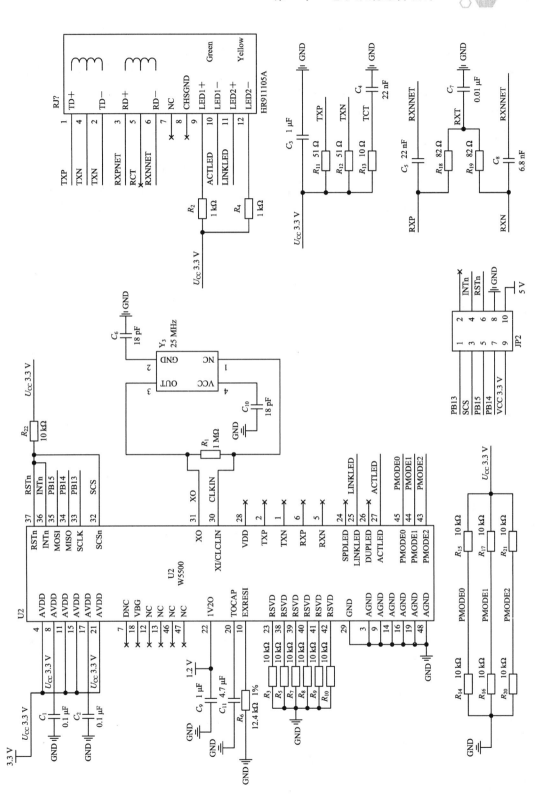

图5.3.18　W5500以太网通信电路

TCP。在工业现场一般都是采用 Modbus RTU 协议，一般说的基于串口通信的 Modbus 通信协议都是指 Modbus RTU 通信协议。与 Modbus RTU 协议相比较，Modbus TCP 协议则是在 RTU 协议上加一个 MBAP 报文头，并且由于 TCP 是基于可靠连接的服务，RTU 协议中的 CRC 校验码就不再需要，因此在 Modbus TCP 协议中没有 CRC 校验码。

图 5.3.19 表示了对 RTU 传输模式状态图的描述。主节点和子节点的不同角度均在相同的图中表示。

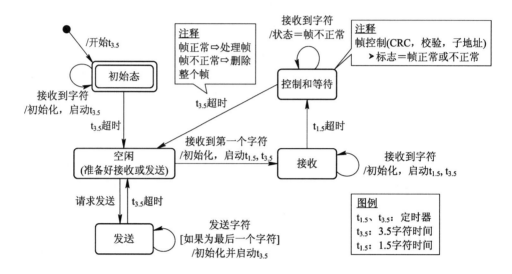

图 5.3.19　Modbus RTU 传输模式状态图

Modbus 中的常用功能码如表 5.3.4 所示。

表 5.3.4　Modbus 的常用功能码

功能码	含义	功能码	含义
0x01	读线圈	0x04	读输入寄存器
0x05	写单个线圈	0x03	读保持寄存器
0x0F	写多个线圈	0x06	写单个保持寄存器
0x02	读离散量输入	0x10	写多个保持寄存器

Modbus RTU 协议中的指令由地址码(2 字节)、功能码(1 字节)、起始地址(2 字节)、数据(N 字节)、校验码(2 字节)五个部分组成。

数据由数据长度(2 字节，表示的是寄存器个数，假定为 M)和数据正文(M 乘以 2 字节)组成，例如：

发送：01 03 01 8E 00 04 25 DE　//读取数据(0x03)，从寄存器地址 01 8E 开始读取，读 4 个寄存器 00 04。

接收：01 03 08 00 01 00 01 00 01 00 01 28 D7　//08 表示数据长度，00 01 00 01 00 01 00 01 表示读到的数据。

Modbus TCP 协议是在 RTU 协议前面添加 MBAP 报文头，由于 TCP 是基于可靠连接的服务，因此在 Modbus TCP 协议中没有 CRC 校验码。MBAP 报文＝事务处理标识(2 字节)＋协议标识(2 字节)＋长度(2 字节)＋单元标识符(1 字节)。其中,事务处理标识可以理解为报文的序列号,一般每次通信之后都要加 1 以区别不同的通信数据报文。协议标识符 00 00 表示 Modbus TCP 协议;长度表示接下来的数据长度,单位为字节;单元标识符可以理解为设备地址。更详细的 Modbus 协议及应用请参考 GB/T 19582—2008。

5.4　控制系统设计

控制系统由相互关联的元件按一定的结构构成,它能够提供预期的系统响应。控制系统按照控制方式可分为人工控制系统和自动控制系统。人工控制系统是指整个系统均由人来实现控制的系统。自动控制技术是指在没有人直接参与的情况下,利用控制装置使被控制对象的某个工作状态或参数自动按照预定的规律运行的系统。

5.4.1　控制系统的基础

1. 控制系统的原理与组成

控制系统的工作原理可归纳为:测量实际输出与理论输出的偏差,然后利用偏差通过控制理论达到减小或者消除偏差的目的。为了便于研究问题,通常把实际的物理系统画成方框图。方框图用于表示系统结构中各元件的功用以及它们之间的相互连接和信号传递线路。方框图包含三种基本组成单元,如图 5.4.1 所示。

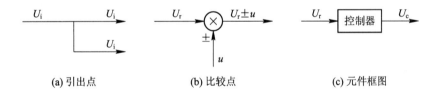

(a) 引出点　　　　　　(b) 比较点　　　　　　(c) 元件框图

图 5.4.1　方框图的基本组成单元

(1) 引出点:如图 5.4.1(a)所示,表示信号的引出或信号的分支,箭头表示信号传递方向,线上标记信号为传递信号的时间函数。

(2) 比较点:如图 5.4.1(b)所示,表示两个或两个以上的信号进行加或减的运算。"＋"表示信号相加,"－"表示信号相减。

(3) 元件方框:如图 5.4.1(c)所示,方框中写入元部件名称,进入箭头表示其输入信号,引出箭头表示其输出信号。

最常见的控制方式有 3 种,开环控制、闭环控制和复合控制。

开环控制系统是指系统的输出、输入端之间不存在反馈回路,输出量对控制作用没有影响的系统。开环控制系统方框图如图 5.4.2 所示。

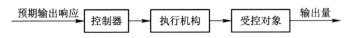

图 5.4.2　开环控制系统方框图

闭环控制系统是指系统的输出与输入端之间存在反馈回路，即输出量对控制作用有直接影响的系统。与开环控制系统不同，闭环控制系统增加了对实际输出的测量，并将实际输出与预期输出进行比较，输出的测量值称为反馈信号。一个简单的闭环反馈控制系统如图 5.4.3 所示。

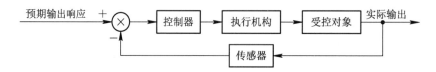

图 5.4.3　闭环反馈控制系统方框图

一般来说开环控制系统结构比较简单，成本较低，工作稳定。当系统控制量的变化能预先知道，并且不存在外部扰动时，一般采用开环控制系统。但是由于开环控制系统没有反馈回路，因此它没有纠正偏差的能力，抑制干扰能力差，对外扰动和系统参数的变化比较敏感，从而引起系统的控制精度降低。

相比之下，闭环控制系统则因其引入反馈机制而具备显著优势。通过实时检测输出信号并与设定值进行比较，闭环系统能够自动纠正由外扰动或系统内部参数变化引起的偏差，从而展现出强大的抗干扰能力。这种自动校正的特性使得闭环系统在复杂和多变的环境中能够保持较高的控制精度和稳定性。

2. 数字控制系统的工作原理

随着计算机技术的发展，数字控制器在许多场合取代了模拟控制器。数字控制系统是一种以数字计算机作为控制器去控制具有连续工作状态的被控对象的闭环控制系统，其典型框图如图 5.4.4 所示。

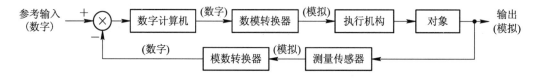

图 5.4.4　数字控制系统流程图

如果控制系统中有一处或多处信号是一串脉冲或数码，则这样的系统称为离散时间控制系统，简称离散系统。通常，当离散系统中的离散信号是脉冲序列形式时，称为取样控制系统。若离散系统中的离散信号是数码序列，则称为数字控制系统或计算机控制系统。

数字控制系统用数字信号和数字计算机控制受控对象。如图 5.4.4 所示，测量数据可通过模数转换器由模拟形式变成数字形式，然后输入计算机。数字计算机处理输入信号后，输出数字形式的信号，输出信号又通过数模转换器变换成模拟信号。

假设计算机总是按同一固定的周期 T 接收或输出数据，就称这个周期 T 为取样周期。这样，图 5.4.4 中所示的参考输入就是一列取样值，即为离散信号。

基本的取样器可以看作是一个理想的开关，它每隔 T 就瞬间闭合一次。将取样器的输入记为 $r(t)$，输出记为 $r^*(t)$。在当前的取样时刻 $t = nT$ 时，$r^*(t)$ 的取值为 $r(nT)$。因此，有 $r^*(t) = r(nT)\delta(t-nT)$，其中 δ 是脉冲函数。用取样器对信号 $r(t)$ 进行取样，就得到了

取样信号 $r^*(t)$。它实际上是幅值为 $r(kT)$ 的脉冲信号串，其中的冲脉信号从 $t=0$ 时刻开始，每隔 T 出现一次，如图 5.4.5 所示，若输入信号如图 5.4.5(a)所示，那么取样后的信号 $r(kT)$ 的图像如图 5.4.5(b)所示。

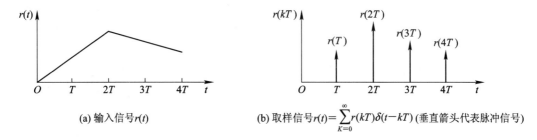

(a) 输入信号 $r(t)$　　　　(b) 取样信号 $r(t)=\sum_{K=0}^{\infty}r(kT)\delta(t-kT)$（垂直箭头代表脉冲信号）

图 5.4.5　取样原理图

数模转换器可以将离散信号 $r^*(t)$ 转换为连续信号 $p(t)$，它可以用图 5.4.6 给出的零阶保持器来表示。零阶保持器就是在 $kT\leqslant t<(k+1)T$ 的时间段内，保持取样信号幅值 $r(kT)$ 不变。

图 5.4.6　取样器和零阶保持器

当取样周期 T 越来越小时，取样器和零阶保持器组合的输出可以精确跟踪原有的输入信号。图 5.4.7 给出了针对两种不同的取样周期，零阶保持器对指数信号的响应，可以清楚地看到，当取样周期 T 趋近于零（即取样越来越频繁）时，输出 $p(t)$ 将趋近于输入 $r(t)$。

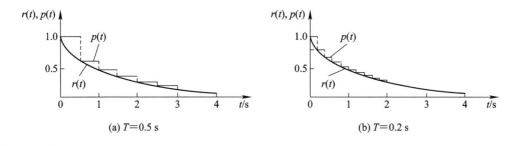

(a) $T=0.5$ s　　　　　　　　　　　(b) $T=0.2$ s

图 5.4.7　针对两种不同的取样周期，零阶保持器对指数信号的响应

信号取样后，采集点间信息会丢失，而且采集信号经保持器输出后会有一定的延时，所以相比连续系统，离散系统的性能会有所降低，但是离散系统具备如下优势：

（1）数字计算机构成的数字控制器控制规律由软件实现，因此，与连续式控制装置相比，控制规律修改调整方便、控制灵活；

（2）数字信号的传递可以有效地抑制噪声，从而提高了系统的抗扰能力；

（3）可以采用高灵敏度的控制元件，提高系统的控制精度；

（4）可以用一台计算机分时控制若干个系统，提高设备的利用率。

离散系统的建模与性能分析可将其近似等效为连续系统，利用上述连续系统分析方法后再考虑离散系统的特殊性。

3. PID 控制

PID 控制作为闭环控制中的一种常用算法,其通过比例、积分和微分三个环节的组合对误差信号进行精细调节,以实现对被控对象的精确控制。因此,当系统需要较高的控制精度和稳定性,并且对外部扰动和系统参数变化较为敏感时,采用闭环系统结合 PID 控制算法是一个理想的选择。下面将具体展开说明 PID 控制算法。

将偏差的比例(Proportion)、积分(Integral)和微分(Differential)通过线性组合构成控制量,用这一控制量对被控对象进行控制,这样的控制器称 PID 控制器。PID 按其控制量可分为模拟 PID 控制和数字 PID 控制,其中数字 PID 控制算法又分为位置式 PID 控制算法和增量式 PID 控制算法,但是无论哪种分类,都大致符合图 5.4.8 所示的 PID 模型。

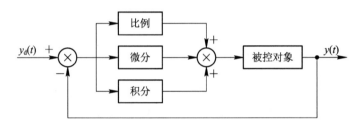

图 5.4.8 模拟 PID 控制系统原理框图

PID 控制器是一种线性控制器,根据给定的 $y_d(t)$ 与实际输出值 $y(t)$ 构成控制偏差:

$$\text{error}(t) = y_d(t) - y(t)$$

PID 的控制规律为

$$u(t) = k_p\left[\text{error}(t) + \frac{1}{T_1}\int_0^t \text{error}(t)\mathrm{d}t + \frac{T_D\text{derror}(t)}{\mathrm{d}t}\right]$$

或写成传递函数的形式

$$G(s) = \frac{U(s)}{E(s)} = k_p\left(1 + \frac{1}{T_1 s} + T_D s\right)$$

其中,k_p 为比例系数;T_1 为积分时间常数;T_D 为微分时间常数。

PID 控制器中的各校正环节在控制过程中各自扮演着关键的角色。

(1)比例环节:这个环节直接成比例地反映了系统的偏差信号 error(t)。一旦检测到偏差,比例环节就会立即产生相应的控制作用,以迅速减小这个偏差。比例环节的强度可以通过调整比例系数来实现,系数越大,对偏差的响应就越迅速。

(2)积分环节:这个环节的主要目的是消除静态误差,提高系统的控制精度。积分环节会累积过去的偏差信号,并根据累积的结果来产生控制作用。积分作用的强弱由积分时间常数 T_1 决定。时间常数 T_1 越大,积分作用越弱,反之则越强。通过调整积分时间常数,可以控制积分环节对系统性能的影响。

(3)微分环节:这个环节能够反映偏差信号的变化趋势,即偏差信号的变化速率。偏差信号即将变得过大之前,微分环节能够在系统中引入一个有效的早期修正信号,从而加快系统的响应速度,并减少调节时间。微分环节的加入有助于增加系统的稳定性,并减少由于系统惯性或延迟引起的控制误差。

1）位置式 PID 控制算法

位置式 PID 控制算法是 PID 控制理论中的一种具体应用形式，其核心在于通过调整控制对象的执行位置来实现对系统状态的精确控制。具体来说，位置式 PID 控制算法的输出直接对应于执行机构的位置。每次控制输出都是根据当前偏差计算得到的，这个输出值与执行机构的实际位置一一对应。这种算法的优点为直观和易于理解，同时计算过程相对简单，便于实现。

具体来说，按模拟 PID 控制算法，以一系列的采样时刻点 kT 代表连续时间 t，以矩形法数值积分近似代替积分，以一阶后向差分近似代替微分，即

$$t \approx kT \quad (k = 0, 1, 2, \cdots)$$

$$\int_0^t \text{error}(t)\,\mathrm{d}t \approx T \sum_{j=0}^{k} \text{error}(jT) = T \sum_{j=0}^{k} \text{error}(j)$$

$$\frac{\mathrm{d}\text{error}(t)}{\mathrm{d}t} \approx \frac{\text{error}(kT) - \text{error}((k-1)T)}{T} = \frac{\text{error}(k) - \text{error}(k-1)}{T}$$

可得离散 PID 代表式

$$u(k) = k_\text{p}\left(\text{error}(k) + \frac{T}{T_1}T\sum_{j=0}^{k}\text{error}(j) + \frac{T_D}{T}(\text{error}(k) - \text{error}(k-1))\right)$$

$$= k_\text{p}\text{error}(k) + k_i \sum_{j=0}^{k}\text{error}(j)T + k_\text{d}\frac{\text{error}(k) - \text{error}(k-1)}{T}$$

式中，$k_i = \dfrac{k_\text{D}}{T_1}$，$k_\text{d} = k_\text{p}T_\text{D}$。$T$ 为采样周期，k 为采样周期数，$k = 1, 2, \cdots$，$\text{error}(k-1)$ 和 $\text{error}(k)$ 分别为第 $(k-1)$ 和第 k 时刻所得的偏差信号。

位置式 PID 控制系统如图 5.4.9 所示。

图 5.4.9　位置式 PID 控制系统

根据位置式 PID 控制算法得到其程序框图如图 5.4.10 所示。

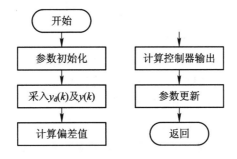

图 5.4.10　位置式 PID 控制算法程序框图

2）积分分离 PID 控制算法

在普通 PID 控制中引入积分环节的目的，主要是为了消除静差，提高控制精度。但在

过程的启动、结束或大幅度增减设定时，短时间内系统输出有很大的偏差，会造成 PID 运算的积分积累，致使控制量超过执行机构可能允许的最大动作范围对应的极限控制量，引起系统较大的超调，甚至引起系统较大的振荡，这在生产中是绝对不允许的。

积分分离控制的基本思路是：当被控量与设定值偏差较大时，取消积分作用，以免由于积分作用使系统稳定性降低，超调量增大；当被控量接近给定值时，引入积分控制，以便消除静差，提高控制精度。其具体实现步骤如下：

(1) 根据实际情况，人为设定阈值 $\varepsilon > 0$；

(2) 当 $|\text{error}(k)| > \varepsilon$ 时，采用 PD 控制，可避免产生过大的超调，又使系统有较快的响应；

(3) 当 $|\text{error}(k)| \leqslant \varepsilon$ 时，采用 PID 控制，以保证系统的控制精度。

积分分离控制算法可表示为

$$u(k) = k_{\text{p}}\left(\text{error}(k) + \beta k_i \sum_{j=0}^{k} \text{error}(j)T + \frac{k_{\text{d}}(\text{error}(k) - \text{error}(k-1))}{T}\right)$$

式中，T 为采样时间，β 为积分项的开关系数。

$$\beta = \begin{cases} 1 & |\text{error}(k)| \leqslant \varepsilon \\ 0 & |\text{error}(k)| > \varepsilon \end{cases}$$

根据积分分离式 PID 控制算法，得到其程序框图如图 5.4.11 所示。

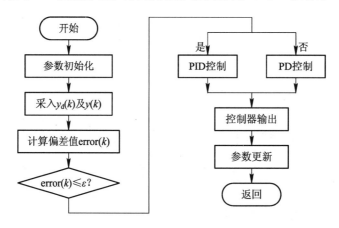

图 5.4.11 积分分离式 PID 控制算法程序框图

3) 抗积分饱和 PID 控制算法

所谓积分饱和现象，是指若系统存在一个方向的偏差，则 PID 控制器的输出由于积分作用的不断累加而加大，从而导致执行机构达到极限位置 $X_{\max}$（如阀门开度达到最大），如图 5.4.12 所示。若控制器输出 $u(k)$ 继续增大，而阀门开度不再增大，此时就称计算机输出控制量超出了正常运行范围而进入了饱和区。一旦系统出现反向偏差，则 $u(k)$ 逐渐从饱和区退出。进入饱和区越深则退出饱和区所需的时间越长。在这段时间内，执行机构仍停留在极限位置而不能随偏差反向立即做出相应的改变，这时系统就像失去控制一样，造成控制性能恶化，这种现象称为积分饱和现象或积分失控现象。

抗积分饱和算法是一种控制系统中防止积分饱和现象出现的措施。当系统响应受到积分器输出的限制，导致积分器无法正常工作时，就会出现积分饱和现象。抗积分饱和算法

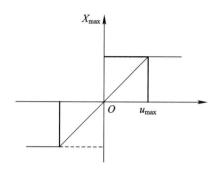

图 5.4.12 执行机构饱和特性

通过调整积分器的阈值和更新策略，使得系统能够更好地适应积分饱和问题，从而提高系统的性能和稳定性。

该方法的思路是在计算 $u(k)$ 时，首先判断上一时刻的控制量 $u(k-1)$ 是否已超出限制范围。具体来说，抗积分饱和算法的基本思想是通过不断迭代优化积分器的阈值和更新策略，使系统能够适应不同的输入信号和环境变化。当偏差值较小时，引入积分作用，以便消除静差，提高控制精度。然而，当偏差长期存在时，控制器中的积分控制作用可能引发积分过量问题。为了避免这种情况，抗积分饱和算法会在计算控制量时先判断上一时刻的控制量是否已超出限制范围。如果超出，算法会调整积分作用，避免控制量长时间停留在饱和区。若 $u(k-1)>u_{max}$，则只累加负偏差；若 $u(k-1)<u_{max}$，则只累加正偏差。这种算法可以避免控制量长时间停留在饱和区。

4）基于前馈补偿的 PID 控制算法

前馈补偿的 PID 控制算法是一种结合了前馈控制与 PID 控制技术的控制策略。在高精度伺服控制中，前馈控制可用来提高系统的跟踪性能。经典控制理论中的前馈控制设计是基于复合控制思想的，当闭环系统为连续系统时，使前馈环节与闭环系统的传递函数之积为 1，从而实现输出完全复现输入。利用前馈控制的思想，针对 PID 控制设计的前馈补偿，可以提高系统的跟踪性能，其结构如图 5.4.13 所示。

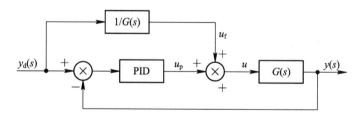

图 5.4.13 PID 前馈补偿控制结构

设计前馈补偿控制器为

$$u_f(s) = y_d(s)\frac{1}{G(s)}$$

总控制输出为 PID 控制输出加上前馈控制输出：

$$u(t) = u_p(t) + u_f(t)$$

写成离散形式为

$$u(k) = u_p(k) + u_f(k)$$

通过这种方式，前馈补偿的 PID 控制算法能够在 PID 控制的基础上进一步减小系统对输入变化的敏感性，提高系统的响应速度和稳定性。特别是在处理具有快速变化或不可预测干扰的系统时，前馈补偿的 PID 控制算法往往能够取得更好的控制效果。

5）基于卡尔曼滤波器的 PID 控制

卡尔曼滤波器是一种递归滤波算法，用于估计动态系统的状态，基于系统的状态方程和观测方程。它能够通过对系统的状态进行递推估计，结合系统模型的预测和实际的测量数据，得到最优的状态估计值。通过不断地更新状态的均值和协方差矩阵，实现对系统状态的优化估计。这种估计过程分为预测和更新两个阶段：在预测阶段，根据系统的动态模型和前一状态的估计值，预测出当前状态的估计值；在更新阶段，根据实际的观测值和观测噪声，对预测结果进行修正，得到更精确的状态估计。卡尔曼滤波器的结构如图 5.4.14 所示。

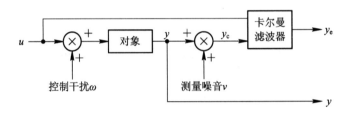

图 5.4.14　卡尔曼滤波器结构图

基于卡尔曼滤波器的 PID 控制算法是一种结合了卡尔曼滤波器的状态估计能力与 PID 控制器的调节能力的控制策略。这种算法通过卡尔曼滤波器对系统状态进行精确估计，然后利用 PID 控制器根据估计的状态信息对系统进行调节，以实现更精确和鲁棒的控制，其结构图如图 5.4.15 所示。具体而言，卡尔曼滤波器可以为 PID 控制器提供更为准确的状态估计，降低噪声和不确定性对控制系统的影响。而 PID 控制器则可以根据卡尔曼滤波器的估计结果实时调整控制输出，实现精确的控制。

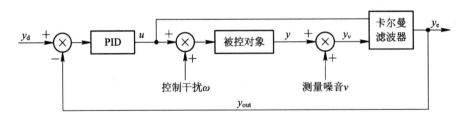

图 5.4.15　基于卡尔曼滤波的 PID 控制系统结构

在单片机中使用 PID 算法时，由于单片机的处理能力和内存资源有限，因此通常使用整型变量而不是浮点数来执行 PID 计算。这有助于减少计算复杂性和减少内存的使用，尽管这可能会降低精度。然而，对于许多实际应用来说，这种降低的精度是可以接受的。以下是一个简单的整型 PID 算法实例，用于单片机控制。

```
#include <stdint.h>
// PID 控制器的结构体
typedef struct {
```

```
        int32_t kp;           // 比例系数
        int32_t ki;           // 积分系数
        int32_t kd;           // 微分系数
        int32_t setpoint;     // 设定值
        int32_t last_error;   // 上一次误差
        int32_t integral;     // 误差积分
    } PID_Controller;
    // PID 计算函数
    int32_t PID_Compute(PID_Controller * pid, int32_t feedback) {
        int32_t error = pid->setpoint - feedback;      // 计算误差
        pid->integral += error;                        // 误差积分
        int32_t derivative = error - pid->last_error;  // 计算误差的微分
        //计算 PID 输出
        int32_t output = (pid->kp * error) + (pid->ki * pid->integral) + (pid->kd *
derivative);
        //更新上一次的误差
        pid->last_error = error;
        //返回 PID 输出
        return output;
    }
    //初始化 PID 控制器
    void PID_Init(PID_Controller * pid, int32_t kp, int32_t ki, int32_t kd, int32_t setpoint) {
        pid->kp = kp;
        pid->ki = ki;
        pid->kd = kd;
        pid->setpoint = setpoint;
        pid->last_error = 0;
        pid->integral = 0;
    }
    //示例：在单片机主循环中使用 PID
    int main() {
        PID_Controller myPID;
        PID_Init(&myPID, 10, 1, 1, 1000);   // 假设比例、积分、微分系数分别为 10、1、1,
                                            //   设定值为 1000
        int32_t feedback = 0;               // 假设的反馈值, 根据实际情况获取
        int32_t output = 0;                 // PID 控制输出
        while(1) {
            //读取反馈值(例如从传感器)
            // feedback = read_sensor();

            //计算 PID 输出
            output = PID_Compute(&myPID, feedback);
```

```
//根据 PID 输出控制执行机构(例如 PWM 控制电机)
// control_actuator(output);
//延时或其他任务处理
// delay_or_other_tasks();
}

    return 0;
}
```

在上面的代码中，PID_Controller 结构体包含了 PID 控制器所需的所有参数和状态变量。PID_Compute 函数用于计算 PID 输出，而 PID_Init 函数用于初始化 PID 控制器的参数。请注意，这个示例假设所有的系数和变量都已经被放大了 10 倍，以便使用整型运算。这种放大可以帮助保持计算精度，同时仍然使用整型变量。在实际应用中，需要根据具体的硬件和控制系统来调整 PID 控制器的参数(比例系数 k_p、积分系数 k_i 和微分系数 k_d)，并确定如何从传感器读取反馈值以及如何根据 PID 输出控制执行机构。

如果使用的是像 STM32 这样的高级单片机，它支持浮点运算，那么可以考虑使用浮点数的 PID 实现来获得更高的精度。然而，即使使用整型 PID，对于许多应用来说，其精度也已经足够满足需求了。

4. 模糊控制

模糊控制系统是以模糊集合论、模糊语言变量以及模糊逻辑推理为基础的数字控制系统。模糊控制实质上是一种非线性控制，从属于智能控制的范畴。模糊控制的核心是模糊控制器，其设计过程包括确定输入和输出变量、模糊化、模糊规则库的建立、模糊推理和去模糊化等步骤。模糊控制系统结构框图如图 5.4.16 所示。

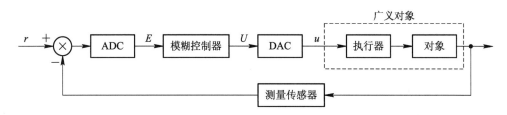

图 5.4.16　模糊控制系统结构框图

具体来说，模糊控制首先将精确的输入量进行模糊化处理，变成模糊量，然后用制定的模糊控制规则进行模糊推理，得到模糊控制输出量，再将其转化为精确的输出量，用于控制被控对象。模糊控制规律由计算机程序实现。计算机的取样值为被控量的精确值，将它与给定值比较便可得到偏差信号，次偏差经过 ADC 转换后作为模糊控制器的输入。控制器首先对偏差进行模糊化处理，并用相应的模糊语言值(实际上是一个模糊向量)表示。根据模糊控制规则经推理合成进行模糊决策，便可以得到模糊控制向量。控制向量经非模糊(即清晰)化处理转化成精确量，由 DAC 输出实现对系统的精确控制。

模糊控制系统的特点主要体现在以下几个方面。

(1) 无须精确的数学模型：模糊控制不依赖于被控对象的精确数学模型，这使得它特别适用于那些难以建立精确数学模型或模型参数时变的复杂系统。它依据现场操作人员的经验、知识和实际系统的运行状况来设计，是一种语言化、定性化的控制方法。

（2）鲁棒性强：由于模糊控制不依赖于精确的数学模型，因此它对被控对象的参数变化和环境变化具有较强的鲁棒性。这使得模糊控制系统在面临各种不确定性和干扰时，能够保持稳定的控制效果。

（3）适应性好：模糊控制能够处理具有不确定性和非线性特性的被控对象。它可以根据被控对象的实际运行情况动态地调整控制策略，以适应各种复杂和变化的环境。

（4）控制策略灵活：模糊控制可以根据实际需要方便地增加或减少控制规则，以满足不同场景下的控制需求。这种灵活性使得模糊控制在处理复杂和多变的问题时具有独特的优势。

（5）易于理解和实现：模糊控制以人类自然语言为基础，使用"如果……则……"形式的模糊条件语句，因此它更易于理解和实现。这使得模糊控制在工程实践中得到了广泛的应用。

5.4.2　控制系统模块化设计

微控制器在现代控制系统中被广泛使用，尽管微控制器的种类各异，应用场合各异，但是微控制器与被控对象之间的接口方式大体相同。接口方式分为过程输入通道和过程输出通道，过程输入通道是将被控对象的参数变换成微控制器可以接收的数字代码；过程输出通道是将微控制器输出的控制命令或数据变换成可以对被控对象进行控制的信号。过程输入通道又分为模拟量输入通道和数字量输入通道，过程输出通道又分为模拟量输出通道和数字量输出通道。

1. 模拟量输入通道

模拟量输入通道的组成与结构框图如图 5.4.17 所示，可以看出模拟量输入通道通常由信号变换器、前置滤波器、多路模拟开关、前置放大器、取样保持器、ADC（Analog-to-Digital Converter，数模转换器）、接口电路与控制电路等部分组成。

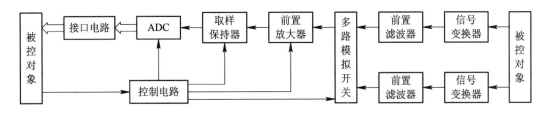

图 5.4.17　模拟量输入通道的组成与结构框图

此处的前置滤波器又称为抗混叠滤波器，其本质上是模拟低通滤波器，常用的有 RC 无源滤波器、巴特沃斯有源滤波器、切比雪夫有源滤波器等。

在模拟—数字信号的转换过程中，对连续信号进行取样时，必须遵循奈奎斯特采样定理，即采样频率 f_{sample} 至少大于信号中最高频率 f_{max} 的 2 倍，即 $f_{sample} > 2f_{max}$，这样采样之后的数字信号才能够完整地保留原始信号中的信息。实际应用中，一般保证采样频率 f_{sample} 为被测目标信号最高频率 f_{max} 的 3～5 倍。

2. 模拟量输出通道

模拟量输出通道通常由接口电路、DAC(Digital-to-Analog Converter，模/数转换器)、取样保持器等部分组成。模拟量输出通道组成与结构图有两种形式，一是每个通道配置一个 DAC，如图 5.4.18(a)所示，这种结构的优点是结构简单，转换速度快，通道相互独立；缺点是需要多个 DAC，成本高。二是通过多路模拟开关共用一个 DAC，如图 5.4.5(b)所示，这种结构的优点是节省了 DAC 的个数，但缺点是电路复杂，占用较多主机的时间，每一路通道都需要配置一个取样保持器。

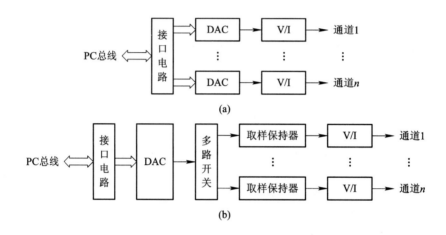

图 5.4.18　模拟量输出通道的组成与结构图

3. 数字量输入通道

数字量输入通道的基本功能是把来自现场的数字信号或开关信号、脉冲信号按照一定的时序要求送入微处理器。

在控制系统中，数字量输入信号按变化速度快慢可以分为低速信号和高速信号。低速变化的信号，如限位开关信号、按键信号等状态信号，通常是接入微控制器的普通输入引脚，在控制程序中通过不断扫描该引脚的高低电平状态来获知输入信号的状态。高速变化的信号，如用于电机测速的光电编码器信号，通常是接入微控制器某些具有特殊功能的引脚(如具有计数功能的引脚)，在控制程序中通过使用该引脚的特殊功能来接收高速变化的信号。

4. 数字量输出通道

数字量输出通道的基本功能是把微处理器输出的数字控制信号按照一定的时序要求，送入输出通道中的数字执行机构，如继电器、电机驱动器等，通过数字执行机构的动作实现对被控对象的控制作用。

数字量输入与输出通道的设计经常需要利用到光耦，其作用是将输入/输出与微处理器隔离开来，如图 5.4.19 所示。

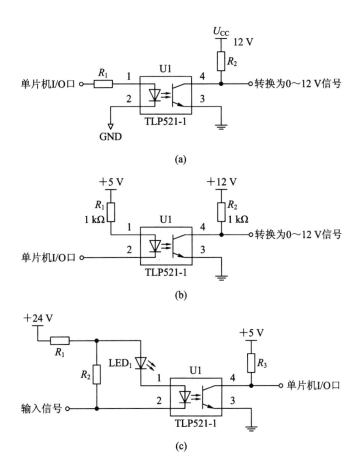

图 5.4.19　常见单片机光耦隔离电路

5.4.3　控制系统设计实例

对于控制系统设计，本节将以一种独轮机器人的控制为例展开介绍。独轮机器人是在多轮机器人的基础上衍生而来的，是具有生存能力和调速能力优良、能够适应更多复杂的地形等优势的移动机器人。其与地面的接触为点接触，属于非完整约束。同时，俯仰方向和横滚方向的控制具有相关性，因此独轮机器人是一个强耦合、非线性、静态不稳定的多输入多输出系统。也正因如此，相比多轮机器人，独轮机器人的动力学建模与平衡控制更加困难。

独轮机器人由 STM32 模块、YJ901 模块、编码器模块、电机驱动模块等部分构成。独轮机器人的自平衡通过如下方式实现：利用 YJ901 惯性导航模块采集独轮机器人的俯仰角、横滚角以及对应的角加速度，并进行姿态解算，将数据经过处理传给 STM32，同时 STM32 通过编码器采集电机转过的角度以及转速对俯仰方向和横滚方向执行相应的控制算法，控制输出经过电机驱动模块来改变电机的旋转，系统控制框图如图 5.4.20 所示。

在本例中，要对三个电机进行调速控制，并且每个电机都配有编码器，尽管水平动量轮选用的控制方法中无须用到编码器，但车轮和垂直动量轮都需要编码器进行信息反馈。此外，为了使得采样时间足够准确，还需要设置一个定时器中断，由此可见要用到的定时器数量较多，故应选用定时器数量足够的微控制器。另外，由于 YJ901 和上位机的信息通

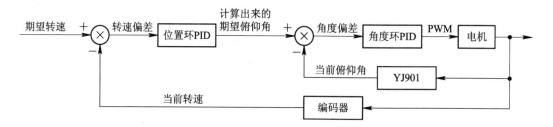

图 5.4.20　独轮机器人系统控制框图

信都需要用到串口通信，故选用的微控制器应同时具备串口通信功能。因此，本例以 STM32F103RCT6 为主控芯片，它共有 51 个 I/O 口、2 个基本定时器、4 个通用定时器以及 2 个高级定时器，另外还有 2 个 IIC、2 个 IIS、3 个 SPI、1 个 CAN、5 个 UART、1 个 USB、2 个 DMA、2 个 DAC 和 3 个 ADC 等硬件资源，能够满足要求。

　　独轮机器人的自平衡本质上就是对俯仰角、横滚角以及偏航角的控制。为了对其进行控制，首先就要能够检测当前时刻的三个角度的值，并且得到平衡时刻的俯仰角和横滚角作为期望值。选用的 YJ901 惯性导航模块集成了高精度的陀螺仪、加速度计、地磁场传感器，可向控制器发送模块当前的实时运动姿态，其原理图如图 5.4.21 所示。

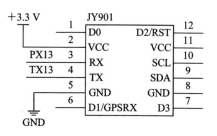

图 5.4.21　YJ901 惯性导航模块原理图

　　由于单片机 I/O 端口的驱动能力弱，不能直接连接直流电机，故需要驱动芯片进行驱动。驱动芯片能够将输入的弱电信号放大成足够强、可用于外部设备的强电信号。电机驱动芯片的特点是采用标准的 TTL 逻辑电平信号控制，并且具有两个使能控制端，可以在不受输入信号影响的情况下允许或禁止器件工作。常用的直流电机驱动模块有很多，如 A4950、DRV8870、AS4950 和 L298N 等，选择 L298N 作为车轮电机的驱动芯片。L298N 能够接收高电压，在 6 V 到 46 V 的电压范围内可以提供 2 A 的电流，同时具有过热自断和反馈检测功能，其原理图如图 5.4.22 所示。通过主控芯片的 I/O 输入对其控制电平进行设定，就能够驱动电机正反转，操作简单、稳定性好，其驱动控制逻辑如表 5.4.1 所示。

表 5.4.1　L298N 的驱动控制逻辑

使能端 A/B	输入引脚 IN1	输入引脚 IN2	电机运动方式
1	1	0	前进
1	0	1	后退
1	0	0	制动
1	1	1	制动
0	×	×	停止

　　通过上述外设的介绍来进行主控芯片的电路设计，最终设计结果原理图如图 5.4.23 所示。图中的电路包含了电源电路、复位电路、晶振电路和下载电路，对此也称只包括这些电路的结构为 STM32 最小系统。

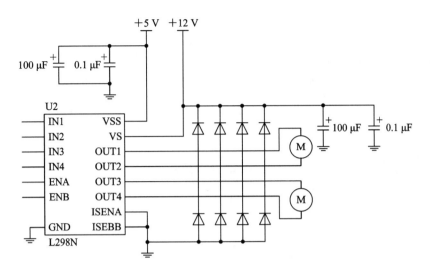

图 5.4.22　L298N 原理图

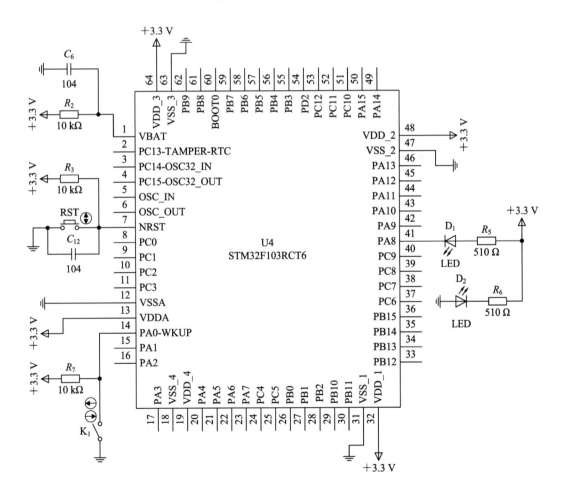

图 5.4.23　主控芯片的结构原理图

独轮机器人的设计主要解决三大问题——姿态检测方法、姿态平衡控制策略和电机控制策略。准确、实时地检测独轮自平衡车的运行姿态信息是实现姿态平衡控制的基本条件；姿态平衡控制策略是实现独轮自平衡车运行姿态闭环控制的核心；电机控制策略是提高控制系统控制性能的关键。软件设计也同样从这三个方面入手，程序的执行过程包括系统初始化、姿态识别及解算、控制算法程序设计以及电机驱动设计四个部分。

1）系统初始化

独轮机器人系统的初始化包括：

（1）车轮电机初始化（配置的 TIM3 的通道 1）；

（2）车轮电机编码器初始化（配置的 TIM2）；

（3）中断优先级配置（定时器中断优先级与串口中断优先级配置）；

（4）定时器中断初始化；

（5）控制算法中各个参数初始化；

（6）串口初始化等，具体初始化算法见本节结尾。

2）姿态识别及解算

YJ901 模块通过串口传递数据，则姿态识别及计算程序主要通过串口中断服务程序来实现。YJ901 自带姿态解算算法，在这里只需要通过串口将检测到的数据读取出来，并进行相应的计算转换即可。YJ901 使用的是串口 3，在此之前需要对串口 3 进行初始化和优先级设置。而中断服务程序首先定义了 SAcc、SGyro、SAngle 三个结构体，每个结构体中都定义了一个数组，用来存放传感器检测到的角速度、角度和角加速度。根据 YJ901 的使用手册可知，输出不同参数对应的串口通信协议不同，加速度、角速度和角度的通信协议分别如表 5.4.2、5.4.3、5.4.4 所示，具体算法见本节结尾。

表 5.4.2　YJ901 加速度通信协议

0x55	0x51	AxL	AxH	AyL	AyH	AzL	AzH	TL	TH	SUM

表 5.4.3　YJ901 角速度通信协议

0x55	0x52	wxL	wxH	wyL	wyH	wzL	wzH	TL	TH	SUM

表 5.4.4　YJ901 角度通信协议

0x55	0x53	RollL	RollH	PitchL	PitchH	YawL	YawH	TL	TH	SUM

本例中需要的数据有俯仰角、横滚角，查芯片手册可知其对应的数据计算公式如下：

$$Pitch = ((PitchH \ll 8) | PitchL)/32768 * 180$$
$$Roll = ((RollH \ll 8) | RollL)/32768 * 180$$

3）控制算法程序设计

在本例中采用 PID 算法来控制电机从而改变机器人的角度。PID 算法是控制理论中最经典、最简单而又最能体现反馈控制思想的算法。具体算法通过调整三个系数 P（比率）、L（积分）和 D（微分）实现，其基本环节如图 5.4.24 所示。

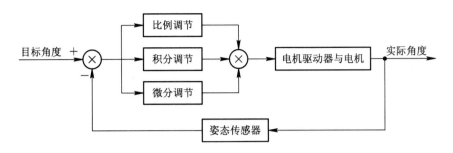

图 5.4.24　PID 控制原理图

在控制时，当系统长时间出现同向偏差时，积分环节会发生持续累加，使得 PID 控制器的输出持续增大，但由于执行器的执行能力有限，因此当输出值超过极限值后，PID 控制器再增大无意义。此时若出现反向偏差，则控制器需一定时间才能退出饱和区，对此在进行程序设计时应考虑到积分饱和现象，并进行抗饱和处理。在该控制器中处理积分饱和现象的方案为对积分环节进行积分限幅，设置积分上限，在输出时判断是否超过上限，如超过上限，则取积分环节输出为上限值。除了积分限幅外，本系统还采用了积分分离的办法来提高快速性并减小静态误差。积分分离即：在控制信号发生较大幅度的变化时容易使得积分环节输出过大，超出系统可承载范围，引起较大的振荡，对此可在系统输出偏差过大时去除积分环节，只保留比例环节和微分环节。而当控制器输出接近给定输入和偏差较小时，再加入积分环节，以便减小静态误差，提高控制精度。具体方案如下所示：

$$
I(k)_{\text{out}} =
\begin{cases}
I_{\text{limit}}, & \left| k_i \sum_{j=0}^{k} e(j) \right| \geqslant I_{\text{limit}} \\[4mm]
k_i \sum_{j=0}^{k} e(j), & \left| k_i \sum_{j=0}^{k} e(j) \right| < I_{\text{limit}}
\end{cases}
$$

$$
u(k) =
\begin{cases}
\text{out}(k) = K_P e(k) + K_I I(k)_{\text{out}} + K_D [e(k) - e(k-1)], & |e(k)| \leqslant \varepsilon \\
\text{out}(k) = K_P e(k) + K_D [e(k) - e(k-1)], & |e(k)| > \varepsilon \\
u_{\text{limit}}, & \text{out}(k) > u_{\text{limit}}
\end{cases}
$$

4）电机驱动设计

电机的驱动程序按照驱动方式分为全桥和半桥两种。车轮的电机采用 L298N 模块进行驱动。L298N 模块集成了两个 H 桥，可以驱动两个电机，本项目只用了其中一个。通过 H 桥可以使其连接的负载或输出端两端电压反向，进而使得其驱动的电机正反转。为了驱动车轮电机，首先要判断控制程序计算出来的 PWM_OUT 的正负，然后结合 L298N 控制逻辑执行下一步操作。若 PWM_OUT 为正，则拉高 IN3，拉低 IN4，电机正转，并将 PWM_OUT 输入给使能端；若 PWM_OUT 为负，则拉低 IN3，拉高 IN4，电机反转，并将 PWM_OUT 的绝对值输入给使能端。

最终通过 Keil5 编写 STM32F103RCT6 主控程序如下：

```
//————————————————————————————————————————————
//函数名称：sys_Init
//函数功能：初始化系统各项参数、使能时钟
//————————————————————————————————————————————
```

```
void sys_Init(void)
{
    __disable_irq();    //关闭总中断
    NVIC_PriorityGroupConfig(NVIC_PriorityGroup_2);    //设置 NVIC 中断分组 2：2 位抢占优
先级，2 位响应优先级
    My_NVIC_Init();
    uart_init(115200);              //波特率初始化为 115200
    parameter_Init();               //PID 参数初始化
    TIM3_Init(7199, 0);             // 电机 PWM 初始化
    Encoder_Init_TIM2();            // 编码器初始化
    TIM1_Int_Init(7199, 49);        //定时器初始化 5 ms 中断
    start_flag=1;
    pit= pit_chu;
    __enable_irq();                 //开启总中断
}
```

//————————————————————————————————
//函数名称：USART3_IRQHandler
//函数功能：串口 1 中断服务函数，主要功能为通过串口接收陀螺仪反馈的角度数据，并通过触
    发中断更新数据。
//————————————————————————————————

```
void USART3_IRQHandler(void)
{
    char temp;
    if(USART_GetITStatus(USART3, USART_IT_RXNE) ! = RESET)//判断中断
    {
        temp = USART_ReceiveData(USART3);    //读取数据，并清除中断标志
        rev_buff[rev_num++]=temp;
        if(rev_buff[0]! =0x55)                //数据头不对，则重新开始寻找 0x55 数据头
        {
            rev_num=0;
        }
        else if(rev_num>10)
        {
            switch(rev_buff[1])              //判断数据类型，并赋值给相应结构体
            {
            case 0x51:    memcpy(&stcAcc, &rev_buff[2], 8); break;
            case 0x52:    memcpy(&stcGyro, &rev_buff[2], 8); break;
            case 0x53:    memcpy(&stcAngle, &rev_buff[2], 8); break;
            }
            pitch =(float)stcAngle. Angle[1]/32768 * 180;
            roll =(float)stcAngle. Angle[0]/32768 * 180;
            gyroy =(float)stcGyro. w[1]/32768 * 2000;
            gyrox =(float)stcGyro. w[0]/32768 * 2000;
```

```
    rev_num＝0;                                    //清空缓存区
  }
 }
}
//———————————————————————————————————
//函数作用：计算 PID 数据
//输入参数：PID 参数(结构体)、期望值、反馈值
//输出参数：PID 计算结果值
//———————————————————————————————————
float pid_calc(pid_struct_t ＊ pid, float ref, float fdb)
{
    pid－＞ref ＝ ref;                              //赋值目标值
    pid－＞fdb ＝ fdb;                              //赋值反馈值
    pid－＞err[1] ＝ pid－＞err[0];                 //赋值上一次偏差
    pid－＞err[0] ＝ pid－＞ref － pid－＞fdb;        //计算并赋值本次偏差
    pid－＞p_out  ＝ pid－＞kp ＊ pid－＞err[0];      //计算比例环节
    pid－＞d_out  ＝ pid－＞kd ＊(pid－＞err[0] － pid－＞err[1]);  //计算微分环节
if(pid－＞err[0]＜pid－＞e&&pid－＞err[0]＞0－pid－＞e)  //积分分离
{
    pid－＞i_out ＋＝ pid－＞ki ＊ pid－＞err[0];     //计算积分环节
    LIMIT_MIN_MAX(pid－＞i_out, －pid－＞i_max, pid－＞i_max);  //积分限幅
    pid－＞output ＝ pid－＞p_out ＋ pid－＞i_out ＋ pid－＞d_out;  //PID 控制器
    LIMIT_MIN_MAX(pid－＞output, －pid－＞out_max, pid－＞out_max);  //PID 输出限幅
    return pid－＞output;                           //返回 PID 输出值
}
else if(pid－＞err[0]＞＝pid－＞e&&pid－＞err[0]＜＝0－pid－＞e)       //积分分离
{
pid－＞output ＝ pid－＞p_out ＋ pid－＞d_out;  //PD 控制器
LIMIT_MIN_MAX(pid－＞output, －pid－＞out_max, pid－＞out_max);  //PD 输出限幅
return pid－＞output;                           //返回 PD 输出值
}
}
```

思　考　题

5-1　集成功率放大电路一般由哪四部分组成？各有什么作用？

5-2　什么是推挽电路？其特点是什么？

5-3　简述 OTL、OCL、BTL 功放电路的特点及区别。

5-4　简述 L298N 功放芯片的主要特点。

5-5　数字滤波器与模拟滤波器的主要区别是什么？数字滤波器主要有哪些种类？

5-6　设计一个小信号变换电路，采用 5 mV/1 kHz 的交流电源作为输入，要求电压

增益 120，并在频率 20 Hz～120 kHz 中实现有效传输。

5-7　利用集成运放设计一个带通滤波电路，输入信号为幅值 500 mV、频率 5 kHz 的正弦波信号，上下限截止频率为(1 kHz，12 kHz)。

5-8　试设计一个电压/频率变换电路，要求输入电压为 0～1 V，转换频率范围为 0～1000 Hz。

5-9　在 Multisim 或 Proteus 中设计一个直流电机的驱动电路，可实现电机正反转、调速、转速显示等功能。

5-10　简述 UART 通信与 SPI 通信的联系与区别。

5-11　2.4 GHz 无线通信方式主要有哪些？各有哪些特点？

5-12　简述 PID 控制的数字化方法，并采用 C 语言以函数的形式实现 PID 控制。

第6章 电子系统 PCB 的设计基础

6.1 PCB 的设计方法

6.1.1 PCB 设计概述

PCB(Printed Circuit Board，印制电路板)又称为印刷线路板，是现代电子工业的重要部件之一。在当今，只要是电子设备通常都使用了 PCB，从常见的计算机设备、通信设备到现代武器设备和航空航天装置都可以见到 PCB 的身影。PCB 的出现大大简化了电子产品的接线、装配和焊接工作，显著提高了电子产品的可靠性和质量。同时由于 PCB 上连接导线的紧密性较好，因此电子产品得以小型化、微型化。此外，由于具有产品一致性高，可以统一采用标准化设计等特性，PCB 可以实现机械化和自动化的生产，因此大大提高了电子产品的生产效率。

PCB 主要由绝缘底板、铜箔层、连接导线、导线过孔、焊盘、阻焊层等组成。绝缘底板通常采用酚醛树脂、环氧树脂或玻璃纤维等具有绝缘和隔热性能的材料，以支撑整个电路结构。铜箔层是 PCB 的核心部分，通过该层实现电路的电气连接，铜箔层的数量决定了 PCB 的层数。连接导线用于在不同元件之间形成电气连接路径，以传输电信号。导线过孔则用于在多层 PCB 中连接不同层的导电路径，实现层间导通。焊盘提供安装和焊接元器件的位置，便于焊接元件引脚或贴片。阻焊层是覆盖在铜箔上的非焊接区域，起到绝缘保护作用，防止铜箔氧化或短路，并减少焊接时的误焊。

上述结构使得 PCB 具有导电和绝缘的双重作用，从而可以代替电子元件之间复杂的布线，提供所要求的电气特性。另外，PCB 为规模大、数量多的电子封装元件提供了小型化的载体。

目前 PCB 主要以电路层数和材料来划分类型。

以 PCB 的电路层数来划分，可分为单面板、双面板和多层板，而常见的多层板一般为四层板或六层板。

单面板是指 PCB 上的电子元件和导线只出现在一面上(拔插件可出现在背面)。覆铜面采用蚀刻工艺将多余的铜箔腐蚀掉，剩下的铜箔构成电子线路，用于实现元件间的电气连接。单面板的另一面采用丝网印刷的方法印上文字与符号(通常为白色)，以标示各元件在电路板上的位置，这一面称为丝网印刷面。单面板制造工艺简单，可以手工制作，成本不高。但是单面板在线路设计上有许多严格的限制。因为只有一面，布线间不能交叉，对于复杂的电路布通率降低，有时候不得不采用飞线，电路间信号串扰的概率也会增大，影响电路美观和性能，所以只有较为简单的电路板才使用单面板。

双面板是指 PCB 两面均有布线，两侧的电路通过过孔连接。过孔是指通过在 PCB 上钻孔，并通过电镀使孔的表面充满金属，从而使得两面的导线可以通过该孔相连接。通过过孔技术可以解决单面板中布线相交的问题。为了便于区分，通常把上下两个覆铜层分别称为顶层(Top Layer)和底层(Bottom Layer)，但是也可以根据实际需要使用不同的命名。顶层和底层都可以进行电气布线、元件安装和焊接。但是从便于组装、焊接的角度，应尽量将直插式元件放在同一层。

多层电路板是在双面电路板的基础上发展起来的，通过采取更多单层或双层的 PCB 相组合的方式。例如，两块单面板夹着一块双面板就形成了四层印刷电路板了。如图 6.1.1 所示，四层板可以将电源与信号隔离开来，从而使得 PCB 获得更好的电气性能。但是板子层数并不代表布线层的层数，有时也会通过空层来实现一些特殊的功能(如控制板厚)。目前对于大部分电子系统，四层板足以满足系统的需求，而目前的制作水平理论上能制作出近百层的 PCB。

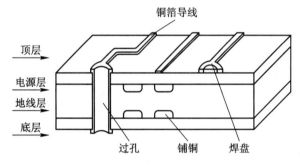

图 6.1.1 四层 PCB 板结构示意图

如表 6.1.1 所示，按材料类型可将 PCB 划分为 FR-4(玻璃布基板)、CEM 2/3(复合基板)、FR-1(纸基覆铜板)、金属基覆铜板(主要是铝基，少数是铁基)。不同的材料主要指的是 PCB 基层材料的不同，通过改变不同的基层材料可以实现一些特殊的需求，如散热功能好、翘曲度小和涨缩能力小等。

表 6.1.1　常用覆铜板的组成与用途

规格	基本类型	组成部分	特征
XPC	纸基板	纸＋酚醛树脂＋铜箔	经济性 可冷性
XXXPC			高电性 可冷性
FR-1			经济性、阻燃
FR-2			
FR-4	玻璃布基板	玻璃布＋环氧树脂＋铜箔	高电性、阻燃、强度高
CEM-2	复合基板 纸(芯)＋玻璃布(面)	纸＋玻璃布＋环氧树脂＋铜箔	非阻燃
CEM-3	复合基板 玻璃毡(芯)＋玻璃布(面)	玻璃毡＋玻璃布＋环氧树脂＋铜箔	高电性、阻燃、强度低于 FR-4

近年来，CAD 印制线路板技术蓬勃发展，PCB 在制作中实现了高度的机械化和自动化，使用者只需通过 PCB 设计软件设计出自己所需的 PCB 并将图纸递交到专业厂家，即可通过 PCB 生产线自动完成 PCB 的生产。PCB 的生产技术工艺流程主要为：接收客户文件、文件审查、内层 PCB 处理、层压、外侧 PCB 处理和测试，其具体流程如图 6.1.2 所示。

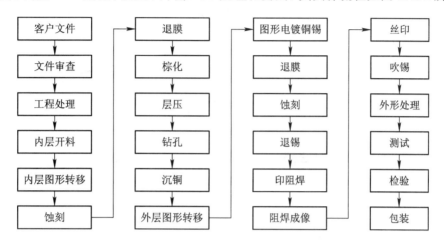

图 6.1.2　多层 PCB 生产流程图

　　目前常用的 PCB 设计软件有 Altium Designer、Cadence allegro、PADS 等，本章将以 Altium Designer 20 为例，介绍 PCB 设计的一般方法。

6.1.2　PCB 设计流程

　　电子设计部门接到设计任务之后需提交设计方案，在设计方案中将产品功能划分为多个功能模块，再将各功能模块进一步划分为软件部分和硬件部分，软件部分交由软件工程师设计详细的方案，硬件部分由硬件工程师设计详细的方案。

　　一般来说，PCB 设计任务在硬件设计部门完成。首先由硬件工程师利用 EDA 工具精心绘制出详尽的原理图，随后 Layout 工程师专注于将原理图转化为实际的 PCB 设计。在这个过程中，两者的职责各有侧重：原理图设计工程师主要负责确定电路设计的内容，即解决"画什么"的问题；而 PCB 工程师则侧重于解决"怎么画"的问题，即如何将设计转化为可制造的电路板。这两个岗位对技术背景的要求也不尽相同。原理图设计工程师需要精通数字电路、模拟电路等基础知识，以确保设计的准确性和可靠性；而 PCB 工程师则更侧重于对制程工艺的了解和实现，确保设计的电路板能够满足生产要求并具备良好的性能。

　　硬件工程师接到设计任务之后的首要工作是设计符合要求的原理图，原理图设计要求工程师熟悉电路的基本知识，掌握电路设计的基本准则，明确需要利用哪些芯片才能实现既定的功能。在开始绘制原理图之前，首先需要把相关芯片的资料准备好，做到心中有数。与芯片相关的资料主要是指芯片的数据手册（Datasheet），其定义了芯片的主要功能、电特性、引脚功能、原理图符号和 PCB 封装尺寸。数据手册是硬件工程师设计电路的主要依据。通常，芯片制造商在发布芯片时都会发布相应的数据手册，数据手册相当于芯片的使用手册，有的数据手册中甚至包含了参考电路和布线规则要求。硬件工程师可通过网络搜索数据手册或者向芯片供应商索要各芯片的数据手册。有了数据手册之后，根据数据手册的内容制作芯片的原理图和 PCB 封装。这些前期工作准备就绪之后，便可以利用 Altium Designer 集成开发环境进行原理图设计。设计好原理图之后，需要对原理图进行编译和验证，通过 Altium Designer 的仿真工具对电路进行仿真，实现对原理图的验证，若在仿真过程中发现错误，则需要修改原理图。仿真结果无误并确保电路符合设计要求之后原理图的设计工作才基本完成，此时生成网表，将网表同步到 PCB 设计环境中供布线工程师使用。原理图设计的输入、输出如图 6.1.3 所示。

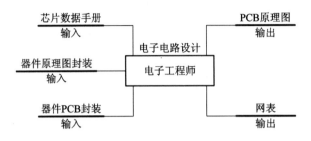

图 6.1.3　原理图设计的输入、输出

原理图设计好之后，布线工程师便可以着手开展 PCB 的布局工作。在开始布线前，布线工程师需要和结构工程师进行 PCB 结构的确认，从结构工程师那里获取电路板的尺寸，并将电路板结构尺寸图导入 Altium Designer 中，以明确 PCB 的机械尺寸。之后布线工程师依据原理图的具体情况（是否为高速板、是否为高密度板）以及 PCB 的面积、电路的复杂程度、主频的高低等多种因素做具体分析，定义出 PCB 的设计规则。至此，布线工程师便可以开始 PCB 的布局工作。布局工作是制作 PCB 的关键环节，它占据了 PCB 设计工作90％的工作量，好的元器件布局综合考虑了电磁防护、电磁兼容等诸多因素，能够为后期布线工作提供良好的基础。完成元器件布局之后，便开始着手布线，可以手动布线，也可以自动布线。自动布线可以大大提高设计效率，为首选。当然，针对 PCB 上的一些特殊信号线，比如差分对、低电压差分信号（Low-Voltage Differential Signaling，LVDS）等，也可采用半自动布线，即手动布线和自动布线结合。通常，先布信号线，再布电源线，最后处理地线和地平面。当所有元器件上引脚的信号线均布通之后，再进行设计规则检查（Design Rules Checking，DRC），DRC 主要检查设计是否符合设计规则以及是否存在违反规则的情况。Altium Designer 会自动对违反设计规则之处进行错误提示，并且会对发现的错误进行修正，修正检查出来的所有错误之后，输出装配图、物料清单等文件，最终生成 Gerber 文件并提交给制板厂商打样。至此，PCB 的设计工作告一段落。PCB 设计的输入、输出如图 6.1.4 所示。

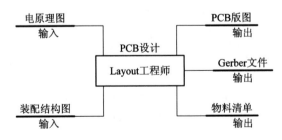

图 6.1.4　PCB 设计的输入、输出

PCB 设计完成后，硬件设计的主要任务便告一段落。然而，一个完善的产品的研发必然伴随着配套软件的调试安装以及制作工艺的选择等一系列复杂流程。总体而言，PCB 设计的质量直接决定了产品的主要性能水平，因此，它在整个产品设计过程中占据至关重要的地位。至于如何评估 PCB 设计的质量，显然并非仅仅取决于其外观是否美观大方、布局是否整齐。尽管这些因素构成了设计的基本标准，但衡量 PCB 设计好坏的维度远不止这些。作为电路设计的一部分，电性能是否符合设计要求无疑是首要考量因素。在布线过程中，线宽、线长、线距等参数均对 PCB 的性能产生直接影响。只有当电性能（如电压、电流、阻抗、时序）满足设计要求，且能实现产品的基本功能时，PCB 方可被视为合格。此外，除了满足电性能要求，还需综合考虑热设计、电磁兼容性（EMC）以及安全规范设计等因素。对于高速板，还需特别关注传输线的设计，这通常需要借助专业的工具来完成。因此，PCB 布线并非简单的连线任务，它对布线工程师的技能要求相当高。

　　PCB 设计流程是本章的核心内容，依据上述设计流程，将原理图设计和 PCB 版图设计分为两节进行详细讲解：6.2 节说明如何利用 Altium Designer 20 进行原理图设计，6.3 节说明如何利用 Altium Designer 20 进行 PCB 设计。本章通过简单的实例带领读者熟悉设计流程，完成简单 PCB 的设计。案例中从设计到最终制作出 PCB，主要经历以下几个流程。

　　（1）案例分析：确定设计需求和规划，决定电路原理图的设计方式。

　　（2）电路仿真：使用仿真工具验证电路设计方案，确认关键元器件参数。

　　（3）绘制原理图元器件：设计自己的元器件库，以满足设计需求。

　　（4）绘制电路原理图：根据电路复杂程度绘制原理图，利用错误检查工具进行修正直至无错误。

　　（5）绘制元器件封装：设计新的元器件封装库，以满足设计需求。

　　（6）设计 PCB：绘制 PCB 图轮廓，确定工艺要求，将原理图传输到 PCB 图中，按照设计规则进行布局和布线。

　　（7）设计规则检查：利用检查工具进行设计规则检查，确保电路设计的可靠性。

　　（8）文件保存：保存原理图、PCB 图和元器件清单等文件，以备后续维护和修改。

　　下面对 PCB 设计中的一些具体工作进行说明。

　　（1）准备正确的原理图。

　　现在绝大部分的 PCB 设计都离不开原理图。原理图的准确性是 PCB 设计成功的基础。因此，应该认真、反复地检查原理图，确保电路原理正确、导线无错连漏连，并加上详细的注释信息方便将来识图、理解。

　　（2）确定电路板尺寸形状和板层数量。

　　印制电路板的尺寸、形状受到产品机械外壳的限制，在设计 PCB 前应和产品结构设计工程师有效沟通，明确 PCB 的最大可能尺寸和相关定位孔的位置。同时，还要考虑印制电路与外接元器件的连接形式，根据它们的相对布局合理布置插座形式和位置。选择印制电路板层数的主要依据是元件的多少、布线的密度、电路板的尺寸和电气性能的要求，其次还要考虑成本。

　　（3）元器件选型。

　　在进行 PCB 设计之前，还应根据电路的实际工作需求选用合适的元件型号，进而确定元件封装。封装决定了元件在印制电路板上所占的面积以及焊盘的形式，对于元件布局布线以及后续电路板加工制造都非常重要。

如果某些元件的封装不在系统自带库中，PCB 设计工程师就要根据元件的说明书或者实物获取元件精确的几何尺寸后自行绘制封装。所有的元件封装都准备齐全后，才可以进行 PCB 设计工作。在满足电路电气性能的前提下，应尽量选择贴片元件。贴片元件体积小、质量轻，只有传统插装元件的 1/10 左右。其组装密度高、可靠性高、焊点缺陷率低、高频特性好、易于实现自动化安装，可提高生产效率。

目前，元器件的封装类型主要有以下两类。

① 直插式元件(也称为针脚式或通孔式元件)：直插式元件焊接时先将元件引脚插入通孔焊盘再焊锡。

② 表面贴片元件(简称表贴式元件)：SMT(Surface Mounted Technology，表面贴装技术)是指在电路板表面进行元器件安装的技术，使用 SMT 进行安装的元件称为表贴式元件。表贴式元件又分为 SMC 和 SMD 两类：SMC 主要指表面安装的无源元器件，包括贴片式的电阻、电容、电感、电阻网络与电容网络等；SMD 主要指表面安装的有源元器件，包括贴片式二极管、晶体管、晶体振荡器、贴片式集成电路芯片等。表贴式元件的焊盘只限在表面板层。

6.2　原理图设计基础

6.2.1　Altium Designer 的基础

随着计算机技术与电子工业的飞速发展，人们对于电子设计自动化技术的需要也越发强烈。20 世纪 80 年代末，计算机操作系统 Windows 的出现引发了计算机辅助设计(Computer Aided Design，CAD)软件一次大的变革。在电子 CAD 领域，Protel Technology 公司(Altium 公司的前身)在 EDA 软件产品的推陈出新方面扮演了一个重要角色。从 1991 年开始，该公司推出了一系列 Protel 软件，Protel 系列经历了多个版本的发展和升级。2001 年，Protel Technology 公司更名为 Altium 公司，并于 2002 年推出了 Protel DXP 版本，这一版本引入了许多新功能，还做了很多改进，为用户提供了更好的设计体验。随后，Altium 公司于 2004 年推出了 Protel 2004 版本，这一版本进一步增强了电路板设计软件的功能和性能。随着 Altium Designer 06 的推出，Altium 公司将其名称融入到产品中，标志着一个里程碑的达成。Altium Designer 06 继承了过去所有版本的优点，并引入了更多功能，做了更多改进，为工程师提供了更高效和全面的设计工具。它提供了一套完整的工具和功能，能够满足电子设计过程中各个方面的需求，包括原理图设计、PCB 布局、仿真、调试和制造输出等。

下面以 Altium Designer 20 版本为例，介绍说明 Altium Designer 软件的组成、功能和操作方法。Altium Designer 20 涵盖了实现电子产品开发所必需的编辑器和软件引擎，包括文档编辑、编译和处理在内的所有操作均可在 Altium Designer 20 中进行。Altium Designer 20 的底层是 X2 集成平台，它将 Altium Designer 的各种特性和功能集合到一起，为用户进行电子设计提供了一个统一的用户界面。即在 AltiumDesigner 20 中既可以编辑原理图，又可以布局印制电路板，还可以创建新的元器件、设置输出文件，甚至可以在同一环境中打开 ASCI 输出文件。这是电子设计自动化业界唯一将原理图设计、PCB 版图设计等多种功能集成到一个开发环境中的 EDA 设计工具，其他 EDA 设计工具往往将原理图设计和 PCB 版图设计拆分到不同的开发环境中。AltiumDesigner 20 统一的集成开发环境可以极大地提高设计工程师的工作效率。

1. Altium Designer 20 的主窗口

Altium Designer 20 启动后便可进入主窗口，如图 6.2.1 所示。用户可以在该窗口中进行工程文件的操作，如创建新工程、打开文件等。

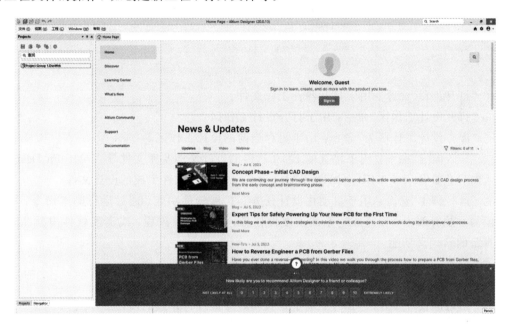

图 6.2.1　Altium Designer 20 的主窗口

主窗口类似 Windows 窗口的界面风格，主要包括快速访问栏、菜单栏、工具栏、工作窗口、工作面板五部分。

（1）快速访问栏：快速访问栏位于工作区的左上角，如图 6.2.2 所示，允许快速访问常用的命令，包括保存当前的活动文档，使用适当的按钮打开相关的文档，还可以单击"保存"按钮来一键保存所有文档。

文件 (F)　视图 (V)　工程 (C)　Window (W)　帮助 (H)

图 6.2.2　快速访问栏

"文件"菜单主要用于文件的新建、打开和保存等，如图 6.2.3 所示。

① "新的"命令：用于新建一个文件。

② "打开"命令：用于打开 Altium Designer 20 可以识别的各种文件。

③ "关闭"命令：用于关闭当前文件。

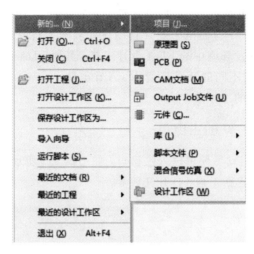

图 6.2.3 "文件"菜单

④ "打开工程"命令：用于打开各种工程文件。

⑤ "打开设计工作区"命令：用于打开设计工作区。

⑥ "保存设计工作区为"命令：用于另存当前的设计工作区。

⑦ "导入向导"命令：用于将其他 EDA 软件的设计文档及库文件导入 Altium Designer 的导入向导，如 Protel 99SE、CADSTAR、OrCad 等设计软件生成的设计文件。

⑧ "运行脚本"命令：用于自动化设计任务和扩展软件功能。通过运行脚本命令，用户可以编写并执行脚本，以完成一系列重复性任务，定制设计流程，或实现软件内默认功能所不具备的自定义功能。

⑨ "最近的文档"命令：用于查找和打开用户最近打开的文档。

⑩ "最近的工程"命令：用于查找和打开最近打开过的工程文件。

⑪ "最近的设计工作区"命令：用于查找和打开最近打开过的设计工作区。

⑫ "退出"命令：用于退出 Altium Designer 20。

"视图"菜单主要用于工具栏、面板、命令状态及状态栏的显示和隐藏，如图 6.2.4 所示。

① "工具栏"命令：用于控制工具栏的显示和隐藏。

② "面板"命令：用于控制工作面板的打开与关闭。

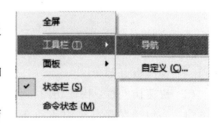

图 6.2.4 "视图"菜单

③ "状态栏"命令：用于控制工作窗口下方状态栏上标签的显示与隐藏。

④ "命令状态"命令：用于控制命令行的显示与隐藏。

"工程"菜单主要用于工程文件的管理，包括工程文件的添加、移除、"显示差异"和"版本控制"等命令，如图 6.2.5 所示。这里主要介绍"显示差异"和"版本控制"两个命令。

① "显示差异"命令：选择该命令将弹出"选择文档比较"对话框，勾选"高级模式"复选框，可以进行文件之间、文件与工程之间、工程之间的比较。

② "版本控制"命令：选择该命令可以查看版本信息，可以将文件添加到"版本控制"数

图 6.2.5　"项目"菜单

据库中,并对数据库中的各种文件进行管理。

"Windows 窗口"菜单用于对窗口进行纵向排列、横向排列、打开、隐藏及关闭等操作。

"帮助"菜单用于打开各种帮助信息。

(2) 工具栏:工具栏是系统默认的用于工作环境基本设置的一系列命令的组合,包括不可移动或可关闭的固定工具栏和灵活工具栏等。在右上角的固定工具栏中有三个命令 ,用于配置用户选项。

① "优选项"命令:如图 6.2.6 所示,用于设置 Altium Designer 的工作状态。

图 6.2.6　"优选项"对话框

② "注意"命令:用于访问 Altium Designer 系统通知,有通知时,将显示数字用于提示用户。

③"当前用户信息"命令：帮助用户自定义界面。

（3）工作面板：在 Altium Designer 20 中，可以使用系统型面板和编辑器面板两种类型的面板。系统型面板在任何时候都可以使用，而编辑器面板只有在相应的文件被打开时才可以使用。Altium Designer 20 被启动后，系统将自动激活"文件"面板、"工程"面板和"导航"面板，可以单击面板底部的标签在不同的面板之间切换。

2. 文件管理系统

在 Altium Designer 20 中，文件管理系统是核心组成部分，用于组织和管理设计过程中涉及的各种文件。文件管理系统主要管理的文件分为工程文件和自由文件两种。

（1）工程文件。Altium Designer 20 支持工程级别的文件管理，在一个工程文件里包括设计中生成的一切文件。例如，设计一个电路板后，可以将该电路板的电路图文件、PCB文件、设计中生成的各种报表文件及元件的集成库文件存放在一个工程文件夹中，便于文件管理。在工程文件夹中可以执行对文件的各种操作，如新建、打开、关闭、复制与删除等。但需要注意的是，工程文件只负责管理，在保存文件时，工程中各个文件是以单个文件的形式保存的。

（2）自由文件。自由文件是指独立于工程文件之外的文件，Altium Designer 通常将这些文件存放在唯一的"Free Document"（空白文件）文件夹中。自由文件有以下两个来源：

① 当将某文件从工程文件夹中删除时，该文件并没有从"Project"（工程）面板中消失，而是出现在"Free Document"（空白文件）中，成为自由文件。

② 打开 Altium Designer 的存盘文件（非工程文件）时，该文件将出现在" Free Document"（空白文件）中而成为自由文件。

自由文件的存在方便了设计的进行，将文件从自由文档文件夹中删除时，文件将彻底被删除。

3. 原理图编辑器界面介绍

在打开原理图设计文件或创建新原理图文件时，需要启动 Altium Designer 的原理图编辑器，其界面如图 6.2.7 所示。下面将简单介绍编辑环境的主要组成部分。

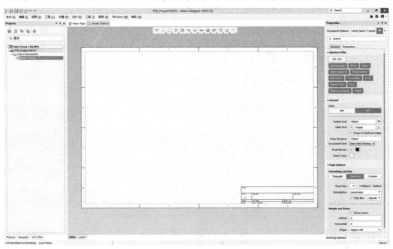

图 6.2.7　原理图编辑器界面

1）菜单栏

在 Altium Designer 20 设计系统中对不同类型的文件进行操作时，菜单栏的内容会发生变化。在原理图的编辑环境中，菜单栏如图 6.2.8 所示。在设计过程中，对原理图的各种编辑操作都可以通过菜单栏中的相应命令来完成。

文件 (F)　编辑 (E)　视图 (V)　工程 (C)　放置 (P)　设计 (D)　工具 (T)　报告 (R)　Window (W)　帮助 (H)

图 6.2.8　菜单栏

（1）"文件"菜单：用于执行文件的新建、打开、关闭、保存和打印等操作。

（2）"编辑"菜单：用于执行对象的选取、复制、粘贴、删除和查找等操作。

（3）"视图"菜单：用于执行视图的管理操作，如工作窗口的放大与缩小，各种工具、面板、状态栏及节点的显示与隐藏等。

（4）"工程"菜单：用于执行与项目有关的各种操作，如项目文件的建立、打开、保存与关闭，工程项目的编译及比较等。

（5）"放置"菜单：用于放置原理图的各种组成部分。

（6）"设计"菜单：用于对元件库进行操作、生成网络报表等操作。

（7）"工具"菜单：用于为原理图设计提供各种操作工具，如元件快速定位等操作。

（8）"报告"菜单：用于执行生成原理图和各种报表的操作。

（9）"Windows"菜单：用于对窗口进行各种操作。

（10）"帮助"菜单：用于打开帮助菜单。

2）工具栏

选择菜单栏中的"视图"→"工具栏"→"自定制"命令，系统将弹出如图 6.2.9 所示的"Customizing Sch Editor"（定制原理图编辑器）对话框。在该对话框中可以对工具栏中的功能按钮进行设置，以便用户创建自己的个性工具栏。同时，在原理图的设计窗口中，Altium Designer 提供了丰富的工具栏。

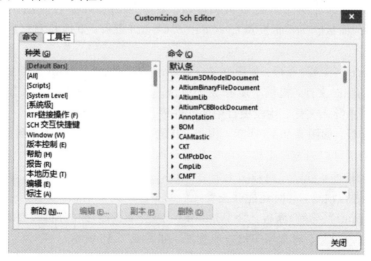

图 6.2.9　"Customizing Sch Editor"对话框

（1）标准工具栏：标准工具栏中提供了一些常用的文件操作快捷命令，如打印、缩放、复制、粘贴等，它以按钮图标的形式表示出来，如图 6.2.10 所示。

图 6.2.10　标准工具栏

（2）布线工具栏：布线工具栏主要用于放置原理图中的元件、电源、接地、端口、图纸符号及未用引脚标志等，同时完成连线操作，如图 6.2.11 所示。

图 6.2.11　布线工具栏

（3）应用工具栏：应用工具栏用于在原理图中绘制所需要的标注信息，不代表电气连接，如图 6.2.12 所示。

图 6.2.12　应用工具栏

（4）快捷工具栏："Active Bar"快捷工具栏用以使用一些常用的放置与走线命令，如图 6.2.13 所示。利用快捷工具栏可以快速地将对象放置在原理图、PCB、Draftsman 以及库文件中，还可以在 PCB 文档中一键执行布线命令。

图 6.2.13　快捷命令栏

3）工作窗口和工作面板

工作窗口是进行电路原理图设计的工作平台。在该窗口中，用户可以新绘制一个原理图，也可以对现有的原理图进行编辑和修改。在原理图设计中经常用到的工作面板有"Projects"（工程）面板、"库"面板及"Navigator"（导航）面板。下面将对这些面板进行简单介绍。

（1）"Projects"（工程）面板：如图 6.2.14 所示，在该面板中列出了当前打开项目的文件列表及所有的临时文件，提供了所有关于项目的操作功能，如打开、关闭和新建各种文件，以及在项目中导入文件、比较项目中的文件等。

（2）"库"面板：如图 6.2.15 所示，作为一个浮动面板，当光标移动到其标签上时，就会显示该面板，也可以通过单击标签在几个浮动面板间进行切换。在该面板中可以浏览当前加载的所有元件库，可以在原理图上放置元件，还可以对元件的封装、3D 模型、SPICE 模型和 SI 模型进行预览，同时还能够查看元件的生产厂商等信息。

（3）"Navigator"（导航）面板："Navigator"（导航）面板能够在分析和编译原理图后提供关于原理图的所有信息，通常用于检查原理图，如图 6.2.16 所示。

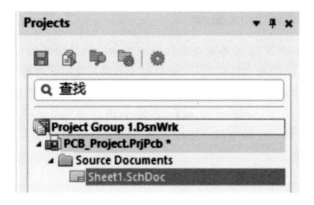

图 6.2.14 "Projects"面板

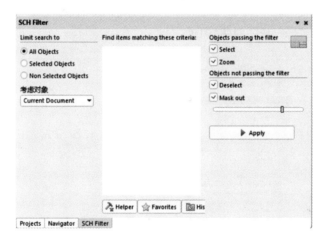

图 6.2.15 "库"面板

图 6.2.16 "Navigator"面板

6.2.2 原理图的设计流程

下面以 STM32F103C8T6 最小系统的设计来具体说明原理图的设计流程。在这个案例中，对 Altium Designer 的基本使用操作（如调用元器件、连接元器件、编辑参数）做了尽量详细的描述，以让初学者尽快熟悉 Altium Designer 的使用和原理图的设计。

最小系统是指能使 STM32 正常运行的最小组成单位，STM32 最小系统往往由 STM32 芯片、电源电路、时钟电路、复位电路、调试下载电路以及启动选择电路等部分组成。

1. 新建并保存文件

打开 Altium Designer，执行菜单"文件"→"新的"→"项目"后即可弹出"Create Project"（创建项目）对话框，如图 6.2.17 所示，选择合适的路径，并将文件夹命名为"STM32C8T6"，点击"Create"（创建）即可。

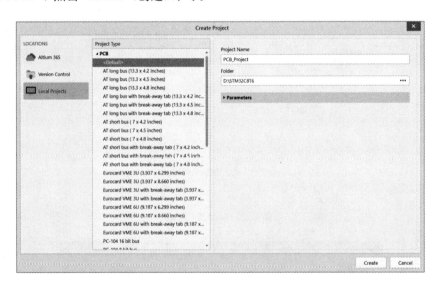

图 6.2.17　创建项目

2. 创建原理图和原理图库

在项目新建完成后，在项目文件下创建原理图文件。右键点击项目"STM32F1C8T6"→"添加新的…到项目"→"Schematic"即可添加一个原理图文件，添加后的主界面如图 6.2.18 所示，可以看到此时已经进入原理图设计界面。

在设计原理图时需要用到一系列的电子元件，Altium Designer 自带了两个元器件库，但往往在实际设计中需要使用的元器件在库中都无法找到，因此一般需要自建一个元器件库来完成原理图的设计。元器件库的创建与原理图创建类似，只需右击"STM32F1C8T6"→"添加新的…到项目"→"Schematic Library"即可，原理图库的主界面如图 6.2.19 所示。

通过左下角的"放置""添加""删除"和"编辑"可以实现对原理图库中的元器件的增减和修改，对于原理图库、原理图、项目的切换可通过单击右下角的"Panels"实现。

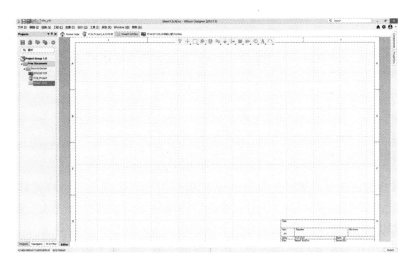

图 6.2.18　创建原理图

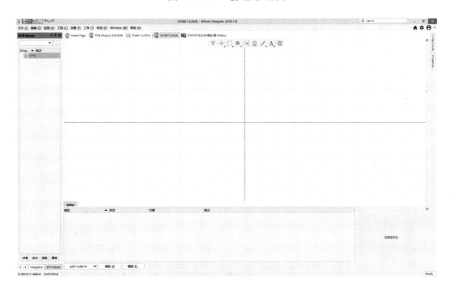

图 6.2.19　原理图库主界面

3. 容阻类元件绘制

双击默认的元器件"Component"，在右侧的"General"栏内通过修改"Design Item ID"的值即可修改元器件的名称，在此先添加元器件并修改名称来创建电阻和电容元器件。

值得注意的是，元件符号是元件在原理图上的表现形式，其主要由元件边框、管脚、元件名称和元件说明组成，在创建元件时元件符号中的图形不一定要和实物完全一致，但管脚序号应当和电子元件实物的管脚一一对应。

下面以电阻、电容为例来说明元件库的建立。首先进行电阻元件的创建，电阻的元件符号通常由一个矩形和两端引出的管脚组成，因此需要创建一个矩形和两个管脚。通过菜单栏中的"放置→管脚/线"或通过上方快捷工具栏中的"管脚/线"来创建管脚和矩形。在放置管脚时要注意摆放方向，管脚的其中一端有一个十字光标，标明这一端是具有电气连接属性的，需要放置在外侧，管脚可通过空格实现旋转。双击管脚后可在右侧的"Properties"一栏中修改管脚的一些属性(如指示和名称)，最终绘制完成电阻元件，如图 6.2.20 所示。

同理，可通过如绘制电阻一样的流程绘制出电容元件，如图 6.2.21 所示。

图 6.2.20　电阻元件　　　　　图 6.2.21　电容元件

4. IC 类元件绘制

IC 类元件往往由矩形的元件边框和一系列管脚组成，管脚有不同的名称，因此 IC 类元件的绘制方法与容阻类元件相似，主要的区别体现在管脚的属性设置上。在绘制 IC 时，为方便原理图的原理示意，往往会改变各个管脚的位置，这在元件设计上是允许的，但是要注意的是管脚的序号和名称不能改变。在绘制时通常会将同类的管脚放在一起，例如一个芯片上会有多个 VSS 和 VCC 分布在各个方向，而在绘制时往往会放在一起。本例的 IC 类元件为 STM32F103C8T6，绘制出的元器件如图 6.2.22 所示。

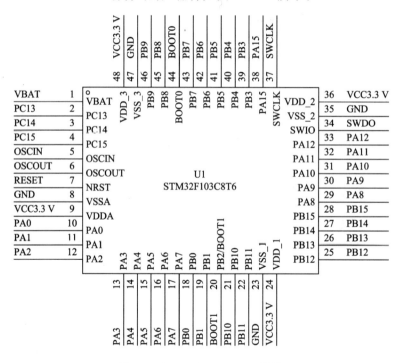

图 6.2.22　TM32F103C8T6 元件

5. STM32F103C8T6 最小系统设计

在建立完原理图后即可开始进行最小系统电路的设计。接下来将按照电源电路、晶振电路、复位电路、调试下载电路以及启动选择电路的顺序来设计。

1) 电源电路

STM32 芯片的工作电源电压为 0～3.3 V，而在使用时往往是通过 USB 提供 5 V 电压，因此需要一个供电电路和一个降压电路。对于供电电路可以使用普通的 USB 接口电路，对于降压电路可采用降压芯片 AMS1117 将 5 V 电压转换为 3.3 V 电压，如图 6.2.23 所示。

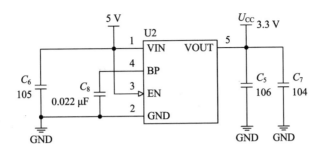

图 6.2.23　STM32F103C8T6 最小电路的电源电路

在设计时添加了滤波电容，往往采用一个大电容并联一个小电容的方法，这样的好处是可以通过小电容作用于旁路频率较高的波动电压，从而滤除高频成分。

2）晶振电路

晶振电路主要用来给芯片提供时钟信号，在设计时需要根据芯片数据手册来选择。对于 STM32F103C8T6 可以选择 4～16 MHz 的晶振，本例中采用 8 MHz 晶振（Y_2），而 Y_1 为低速外部时钟晶振。设计的晶振电路如图 6.2.24 所示。

可以看到电路中还有两个电容，一般称为负载电容，是晶振要正常振荡所需要的电容。晶振的负载电容值是已知的，在出厂的时候已经定下来了。单片机晶振上的两个电容是晶振的外接电容，每个电容

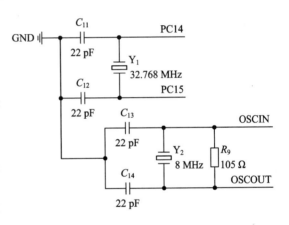

图 6.2.24　STM32F103C8T6 最小电路的晶振电路

的一端分别接在单片机的一个晶振引脚上，而另一端都接地，一般为几十皮法。在选择外接电容时要根据晶振厂家提供的晶振要求进行选值，一般外接电容是为了使晶振两端的等效电容等于或接近负载电容。晶振电路通常是在一个反相放大器的两端接入晶振，再在晶振的两端分别接入一个电容，这两个电容的另一端共同接地，其串联的电容量就等于负载电容。

在图 6.2.24 中可以看到晶振的两端并没有实际连接在 STM32F103C8T6 的 OSCOUT 和 OSCIN 管脚上，而是通过网络标识指示出晶振的实际电气连接。在实际工程中，一块 PCB 上往往有许多元器件，如果在原理图上将所有元器件全部连接到主控板上则会导致原理图非常烦琐，因此往往采用网络标识的方法指示出其实际电气连接，而将各个功能电路放置在不同的地方。

3）复位电路

STM32 提供了三种复位方式，分别是电源复位、系统复位和后备域复位。本例中以电源复位的方式来设计复位电路。电源复位的工作原理是：当芯片的 NRST 引脚被拉低时，

会使芯片发生外部复位,并产生相应的复位脉冲,从而使得系统复位。在设计时,可设计一个点动开关,当开关被按下时即可将 NRST 引脚拉低。复位电路如图 6.2.25 所示。

4)调试下载电路

STM32 具有两种调试下载接口,分别是 JTAG 接口和 SWD 接口。标准的 JTAG 接口是四线的,即 TMS、TCK、TDI、TDO,分别为模式选择、时钟、数据输入和数据输出,另有 TRST 为可选项。如图 6.2.26 所示,SWD 接口是一种串行调试接口,与 JTAG 相比,SWD 只要两根线,分别为 SWDCLK 和 SWDIO。其中,SWDIO 是串行数据线,用于数据的读出和写入;SWDCLK 是串行时钟线,提供所需要的时钟信号。目前,一般推荐采用 SWD 接口,其不仅速度快,而且能够节省 STM32 的端口数。

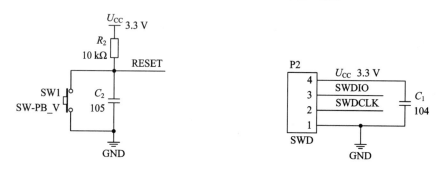

图 6.2.25 STM32F103C8T6 复位电路　　图 6.2.26 STM32F103C8T6 最小电路的 SWD 调试下载电路

5)启动选择电路

STM32 提供了多种启动方式,可以分别从主闪存存储器、系统存储器、内置 SRAM 启动,主要通过 BOOT 引脚的电平状态来控制。为方便切换不同的启动方式,一般采用 6pin 双列排针,按照需要的启动方式连接跳线帽即可。STM32F103C8T6 不同的启动方式如表 6.2.1 所示。

启动选择电路如图 6.2.27 所示。

表 6.2.1　STM32F103C8T6 启动方式选择

启动方式	BOOT0	BOOT1
从主闪存存储器启动	0	x
从系统存储器启动	1	0
从内置 SRAM 启动	1	1

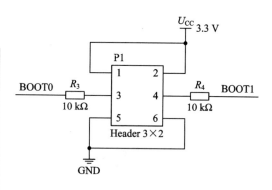

图 6.2.27　STM32F103C8T6 最小电路的启动选择电路

上述的电路即可组成 STM32 最小系统,但在实际应用中为方便调试和开发,还有一些电源指示灯、测试 LED 灯、去耦电容等。最终完成的 STM32F103 最小电路如图 6.2.28 所示,其中 P3、P4 将 STM32F103C8T6 的所有引脚引出来,方便电路的调试及使用。

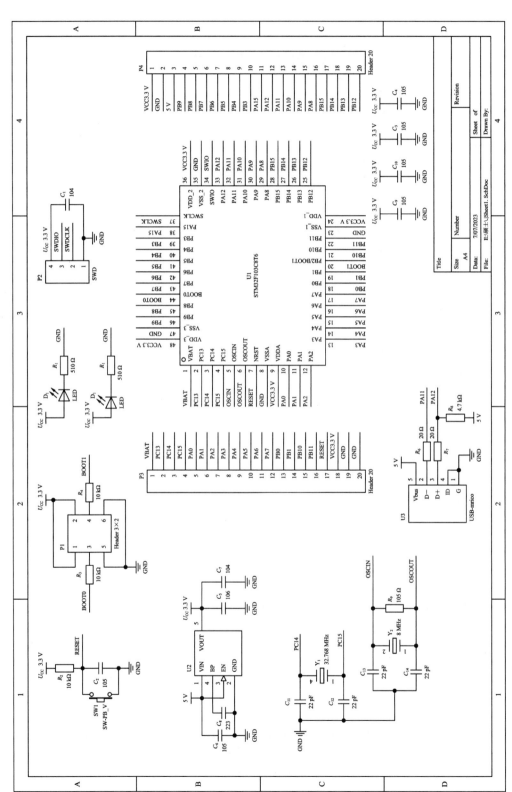

图6.2.28 STM32F103最小电路

6.3 PCB 的设计基础

6.3.1 PCB 的布局设计

电路板布局是将电路中的各个元件放置在合适的位置，布局需要满足拓扑连接、电气规则、抗干扰、元件装配、散热、机械连接与固定支撑等各方面的要求，同时还要便于电路调试和使用。良好的元件布局是电路板设计的重要保证，布局涉及 PCB 设计的全过程，在布线阶段也可能需要对布局进行调整。

Altium Designer 支持自动布局和手工布局两种方式。但是自动布局的效果并不理想，所以实际中一般还是采用手工布局。在 PCB 布局中主要需要遵循以下原则。

1. 元件排列原则

(1) 在通常条件下，所有的元件均应布置在 PCB 的同一面上，只有在顶层元件过密时，才将一些高度有限并且发热量小的元件(如贴片电阻、贴片电容、贴片 IC 等)放在底层。

(2) 在保证电气性能的前提下，元件应放置在栅格上且相互平行或垂直排列，以求整齐、美观。一般情况下不允许元件重叠，元件排列要紧凑，输入元件和输出元件应尽量分开远离，不要出现交叉。

(3) 某些元件或导线之间可能存在较高的电压，应加大它们的距离，以免因放电、击穿而引起意外短路，布局时尽可能地注意这些信号的布局空间。

(4) 带高电压的元件应尽量布置在调试时手不易触及的地方。

(5) 位于板边缘的元件，应该尽量做到离板边缘两个板厚的距离。

(6) 元件在整个板面上应分布均匀，不要一块区域密而另一块区域疏松，以提高产品的可靠性。

2. 按照信号走向布局原则

(1) 放置固定元件之后，按照信号的流向逐个安排各个功能电路单元的位置，以每个功能电路的核心元件为中心，围绕它进行局部布局。

(2) 元件的布局应便于信号流通，使信号尽可能保持一致的方向。在多数情况下，信号的流向安排为从左到右或从上到下，与输入、输出端直接相连的元件应当放在靠近输入、输出接插件或连接器的地方。

3. 防止电磁干扰原则

(1) 对于辐射电磁场较强的元件及对电磁感应较灵敏的元件，应加大它们相互之间的距离或者考虑添加屏蔽罩加以屏蔽。

(2) 尽量避免高、低电压元件相互混杂及强弱信号的元件交错在一起。

(3) 对于会产生磁场的元件，如变压器、扬声器、电感等，布局时应注意减少磁力线对印制导线的切割，相邻元件磁场方向应相互垂直，以减少彼此之间的耦合。

（4）对干扰源或易受干扰的模块进行屏蔽，屏蔽罩应有良好的接地。

4．抑制热干扰原则

（1）对于发热元件，应优先安排在利于散热的位置，必要时可以单独设置散热器或小风扇，以降低温度，减小对邻近元件的影响。

（2）一些功耗大的集成块、大功率管、电阻等，要布置在容易散热的地方，并与其他元件隔开一定距离。

（3）热敏元件应紧贴被测元件并远离高温区域，以免受到其他发热功当量元件的影响，引起误动作。

（4）双面放置元件时，底层一般不放置发热元件。

5．可调节元件布局原则

对于电位器、可变电容器、可调电感线圈、微动开关等可调元件的布局，应考虑整机的结构要求：若是机外调节，其位置要与调节旋钮在机箱面板上的位置相适应；若是机内调节，则应放置在 PCB 上便于调节的地方。

6.3.2 PCB 的布线方法

在 PCB 设计中，布线是完成产品设计的重要步骤，可以说前面的工作都是为它而做的。在整个 PCB 设计中，布线的设计过程要求最高，技巧最细，工作量也最大。PCB 布线有单面布线、双面布线及多层布线。布线的方式也有两种：自动布线和手工布线。对于一些比较敏感的、高速的走线，自动布线不再能满足设计要求，一般都需要采用手工布线。

采取高速 PCB 设计人工布线，不是毫无头绪地一条一条地对 PCB 进行布线，也不是常规简单的横竖走线，而是基于 EMC、信号完整性、块化等的布线方式，一般按照图 6.3.1 所示流程进行。

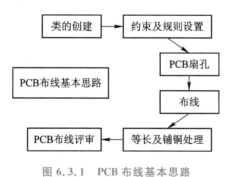

图 6.3.1 PCB 布线基本思路

1．类与类的创建

1）类的简介

Class 就是类，同一属性的网络、元件、层和差分放置在一起构成一个类别，即常说的类。把相同属性的网络放置在一起，就是网络类，如 GND 网络和电源网络放置在一起构成电源网络类。属于 90 Ω 的 USB 差分、HOST、OTG 的差分放置在一起，构成 90 Ω 差分类。把封装名称相同的 0603R 的电阻放置在一起,就构成了一组元件类。分类的目的在于可以对相同属性的类进行统一的规则约束和编辑管理。

按快捷键"DC"或者执行菜单命令"设计"→"类",进入类管理器,如图 6.3.2 所示,可以看到主要分为 Net Classes(网络类)、Component Classes(元件类)、Layer Classes(层类)、Pad Classes(焊盘类)、From To Classes、Differential Pair Classes(差分类)、Design Channel Classes、Polygon Classes(铜皮类)、Structure Classes 和 xSignal Classes。

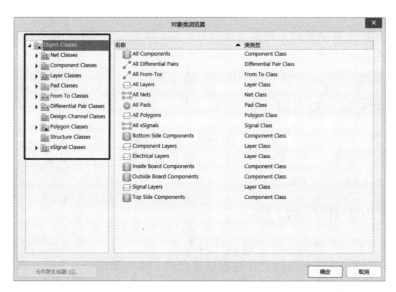

图 6.3.2 类的划分

在 PCB 设计中,因为网络类和差分类比较常见,下面重点进行网络类划分的介绍。

2) 网络类的创建

网络类就是按照模块总线的要求,把相应的网络汇总到一起,如 DDR 的数据线、TF 卡的数据线等。

执行菜单命令"设计"→"类"(或快捷键"DC"),进入类管理器,选中"Net Classes"。在"Net Classes"上单击鼠标右键,可以创建(添加)类、删除类和重命名类,如图 6.3.3 所示,这里添加一个类,并命名为"PWR"。

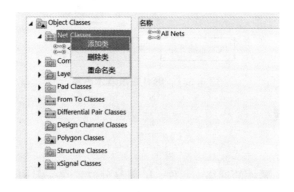

图 6.3.3 添加、删除与重命名类

单击"PWR"，出现如图 6.3.4 所示的界面，左边框选的网络是目前没有分类的所有网络，右边是已经分类添加好的网络。在左边框中选中需要添加的网络，然后单击按钮，把没有分类的网络添加到右边已经分类好的网络中。同样，可以按照上述操作步骤创建其他的网络类。

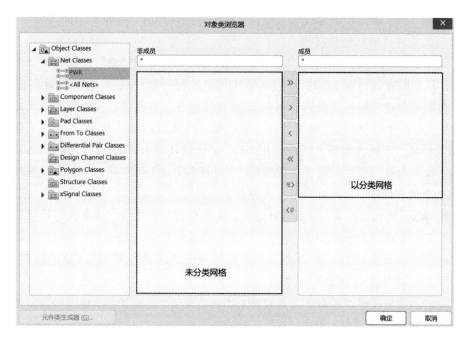

图 6.3.4 网络的添加

2. PCB 布线原则

布线原则是在合理布局的基础上总结出来的。PCB 布线原则与 PCB 布局原则类似，没有统一的官方原则，也是在实际工程中总结出来的。PCB 布线的一般原则有以下几点。

（1）相邻平面走线方向成正交结构，避免将不同的信号线在相邻层走成同一方向，以减少不必要的层间窜扰；当由于板结构限制（如某些背板）难以避免出现该情况，特别是信号速率较高时，应考虑用地平面隔离各布线层，用地信号线隔离各信号线。

（2）小的分立器件走线需设对称间距，比较密的 SMT 焊盘引线应从焊盘外部连接，不允许在焊盘中间直接连接。

（3）环路最小规则：信号线与其回路构成的环路面积要尽可能小，环路面积越小，对外的辐射越少，接收外界的干扰也越小。

（4）同一网络的布线宽度应保持一致，线宽的变化会造成线路特性阻抗的不均匀，当传输信号的频率较高时会产生反射。在某些条件下，如处理接插件引出线、BGA 的引出线或类似结构的引出线时，由于布线间距过小，可能无法确保线宽在整个长度上保持一致。在这种情况下，为了减小因线宽变化可能带来的性能影响，应该尽量减少中间不一致部分的有效长度。

（5）防止信号线在不同层间形成自环，在多层板设计中容易发生此类问题，自环将引起辐射干扰。

（6）避免锐角、直角：在 PCB 设计中应避免产生锐角和直角，以避免产生不必要的辐射，同时对 PCB 生产工艺性能也不好。

总体而言，元件布局应按照电路的信号流程安排各个功能电路单元的位置，使布局便于信号流通，并使信号尽可能保持一致的方向。元件布局应均匀、紧凑、整齐，间距合理，做到横平竖直，不宜将元件斜排或交叉重排。数字电路部分应该与模拟电路部分分开布局，输入和输出元件应该彼此远离对方。

在 PCB 线路板布线完成之后，且在 PCB 文件输出之前，还要进行一次完整的设计规则检查。设计规则检查器（Design Rule Check，DRC）是利用软件进行 PCB 设计时的重要工具，系统会根据设计工程师预置的规则对 PCB 设计的各个方面进行检查校验，比如导线宽度、安全距离、元件间距、过孔类型等这些需要检查的规则，DRC 是 PCB 设计正确性和完整性的重要保证。工程师需要灵活地运用 DRC 进行设计检查，这样可以保障 PCB 设计的顺利进行，以及最终需要的正确文件的输出。基于 DRC 的作用和目的，它的检查项目一般不超过 100 个检查细项，主要有以下几个方面：

（1）线与线、线与元件焊盘、线与导通孔、元件焊盘与导通孔、导通孔与导通孔之间的距离是否合理，是否满足生产要求；

（2）电源线和地线的宽度是否合适，电源与地线之间是否紧耦合（低的波阻抗），在 PCB 中是否还有能让地线加宽的地方；

（3）关键的信号线是否采取了最佳措施，如长度最短、加保护线、输入线及输出线被明显地分开；

（4）模拟电路和数字电路部分是否有各自独立的地线；

（5）后加在 PCB 中的图形（如图标、注标）是否会造成信号短路；

（6）对一些不理想的线形进行修改；

（7）在 PCB 上是否加有工艺线，阻焊是否符合生产工艺的要求，阻焊尺寸是否合适，字符标志是否压在器件焊盘上，以免影响电装质量；

（8）电源地层的外框边缘是否缩小，如电源地层的铜箔露出板外容易造成短路。

6.3.3 Altium Designer 常用的 PCB 规则设置

规则设置是 PCB 设计中至关重要的一个环节，可以通过 PCB 规则设置保证 PCB 符合电气要求和机械加工（精度）要求，为布局、布线提供依据，也为 DRC 提供依据。PCB 编辑期间，Altium Designer 会实时地进行一些规则检查，违规的地方会做标记（亮绿色）。

对于 PCB 设计，Altium Designer 提供详尽的十大类不同的设计规则，包括电气、元件放置、布线、元件移动和信号完整性等规则。对于常规的电子设计，不需要用到全部的规则，为了使读者能直观地快速上手，这里只对最常用的规则设置进行说明。按照下面的方法设置好这些规则之后，其他规则可以忽略设置。

执行菜单命令"设计"→"规则"或者按快捷键"DR"，进入 PCB 规则及约束编辑器，如图 6.3.5 所示，左边显示的是设计规则的类型，共分十大类，右边列出的是设计规则的具体设置。

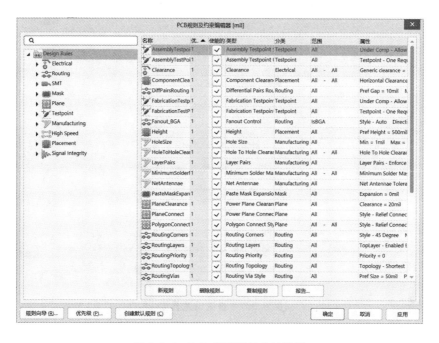

图 6.3.5　PCB 规则及约束编辑器

1. 电气规则设置

电气(Electical)规则设置是设置电路板在布线时必须遵守的规则，包括安全距离、开路短路方面的设置。这几个参数的设置会影响所设计 PCB 的生产成本、设计难度及设计的准确性，应严谨对待。

在进行安全距离(间距)规则设置时，在"Clearance"上单击鼠标右键，在弹出的菜单中选择"新规则"选项，新建一个间距规则，如图 6.3.6 所示。系统将自动以当前设计规则为准，生成名为"Clearance_1"的新设计规则，也可以对规则进行重命名，如图 6.3.7 所示。

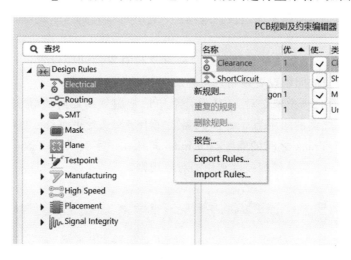

图 6.3.6　PCB 规则的新建

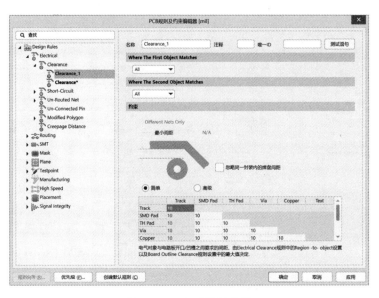

图 6.3.7　规则设置界面

对网络适配范围进行选择，Altium Designer 提供了 5 种范围：

（1）Diferent Nets Only：设置规则仅对不同网络起作用。

（2）Same Nets Only：设置规则仅对相同网络起作用。

（3）Any Net：设置规则对所有网络都起作用。

（4）Diferent Differential Pairs：设置规则对不同的差分对起作用。

（5）Same Differential Pairs：设置规则对相同的差分对起作用。

在"约束"选项区域中的"最小间距"文本框中输入需要设置的参数值，这个参数值就是需要设置的间距参数。

"忽略同一封装内的焊盘间距"是指封装本身的间距不计算到设计的规则当中。例如，创建的封装因为 Pitch 间距比较小，焊盘和焊盘之间的间距是 5.905 mil，如果设计规则为 6 mil，那么按理这个封装是不满足设计规则的，这时可以勾选这个选项，就不会再进行报错提示。

Altium Designer 20 提供简单和高级两种对象与对象的间距设置，不再像低版本那样对每一个对象与对象的间距设置规则进行叠加。

（1）简单：这个选项主要是对 PCB 设计当中最常用规则之间的对象进行配对。例如，想设置 Via 和 Via 之间的间距为 5 mil，只需要在十字交叉处更改自己想用的数据即可；又如，想设置 Via 和 Track 之间的间距为 6 mil，同样在十字交叉处更改自己想用的数据即可，如图 6.3.8 所示。简单规则提供常用的对象规则。

	Track	SMD Pad	TH Pad	Via	Copper	Text
Track	10					
SMD Pad	10	10				
TH Pad	10	10	10			
Via	6	10	10	5		
Copper	10	10	10	10	10	

图 6.3.8　简单规则设置

（2）高级：和简单规则基本相同，只是增加了更多的对象选择。

2. 布线规则设置

布线规则中着重关注的是线宽规则和过孔规则。在进行高速 PCB 设计时一般需要用到阻抗线，对每一层的线宽要求是不一致的，同时考虑到电源特性，对电源走线线宽有特殊线宽的要求。考虑到生产时不要过多的过孔属性类型，因为种类太多，生产时得换多种钻头，所以建议一个 PCB 的设计中不要超过两种类型。一般也需要对过孔的种类进行设置，以控制板子上的过孔种类，可以把信号孔设置为一类，把电源孔设置为一类。

1）线宽规则设置

Width(导线宽度)有 3 个值可供设置，分别为最大宽度、最小宽度和首选宽度。系统对导线宽度的默认值为 10 mil，设置时建议 3 个数据设置为一样的。

在"Where The Object Matches"栏中选择适配对象。如果需要对其阻抗线宽进行设置，那么在图 6.3.9 所示的设置界面中，要把对应层的最大宽度、最小宽度、首选宽度进行设置。

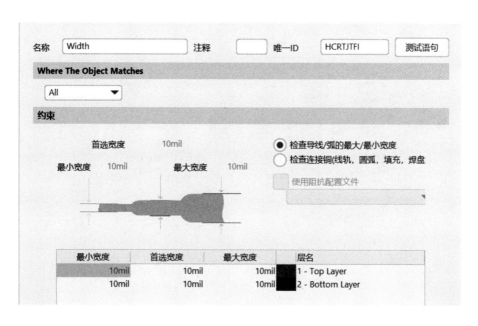

图 6.3.9　线宽规则设置

如果需要对某个网络或者网络类单独设置线宽，则在"Width"规则上单击鼠标右键，新建一个规则，命名为"PWR"。在"Where The Object Matches"栏中选择适配对象，如选择设置好的"PWR"电源类。对于电源线，一般把最大宽度、最小宽度、首选宽度进行单独设置，让走线在一个范围内，一般设置最小宽度为 8 mil，首选宽度为 15 mil，最大宽度为60 mil，如图 6.3.10 所示。

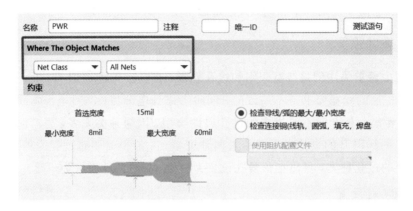

图 6.3.10 电源线宽规则的设置

2）过孔规则设置

过孔规则设置是设置布线中过孔的尺寸，如图 6.3.11 所示，可以设置的参数有过孔直径和过孔孔径大小，包括最大值、最小值和优先值。设置时要注意过孔直径和过孔孔径大小的差值不宜过小，否则将不宜于制板加工，常规设置为 0.2 mm 及以上的孔径大小。

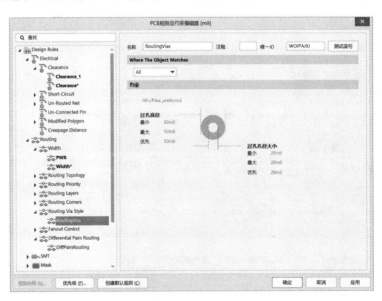

图 6.3.11 常规过孔规则设置

可以对电源类过孔进行单独设置，也可以针对电源单独设置大一些的过孔，同时注意过孔规则的优先级设置。

3. 阻焊规则设置

阻焊规则设置是设置焊盘到绿油的距离。在电路板制作时，阻焊层要预留一部分空间给焊盘，使绿油不至于覆盖到焊盘上去，造成锡膏无法上锡到焊盘，这个延伸量就是防止绿油和焊盘相重叠，如图 6.3.12 所示，不宜设置过小，也不宜设置过大，一般设置为 2.5 mil。

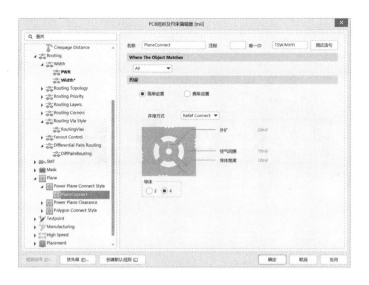

图 6.3.12　阻焊规则设置

6.3.4　PCB 设计实例

对于 PCB 设计，将以本章上一小节的 STM32F103C8T6 最小系统案例来进行介绍。

在开始前需要创建封装库，右击"STM32F103C8T6"→"添加新的…到项目"→"PCB Library"，封装库界面如图 6.3.13 所示。

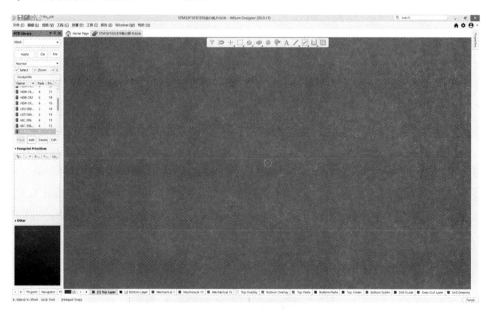

图 6.3.13　新建封装库

1. 封装创建

CHIP 封装一般指贴片电容、电阻和二极管等微型元器件，对此以贴片电容为例介绍 CHIP 封装的创建。

双击默认的元器件封装"PCBComponent_1",将封装名称修改为 Cap,在设计之前需要找到所用元件的封装尺寸,本例电容选用 0603 规格封装,其尺寸如图 6.3.14 所示。

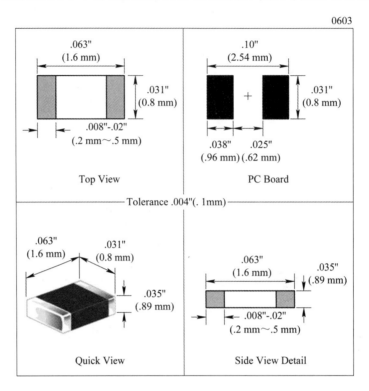

图 6.3.14　0603 电容封装尺寸

对于封装的绘制,最主要的是焊盘的尺寸和位置要精准,由 0603 贴片电容尺寸可绘制 35 mil×30 mil 的方形焊盘。对此,先选择工具栏上的焊盘,按 tab 键后在右侧的"pad stack"一栏中将"shape"改为"Rectangular",同时调整焊盘尺寸"X/Y"为 35 mil×30 mil,并且修改"Layer"为"Top Layer"。

Top Layer 意为顶层,本章节第一节提到了 PCB 的多层结构,顶层在 PCB 中主要为放置元器件的部分,同样的还有 Bottom layer 底层。除此之外经常需要设置的还有 Overlay 丝印层,其主要用来印刷标识和文字。因此对于该封装,需要将焊盘设置在 Top Layer,将元件尺寸标识放置在 Overlay。对于元件尺寸标识,一般用直线绘制,且将"Layer"设置为"Overlay"。最终所绘制封装如图 6.3.15 所示。

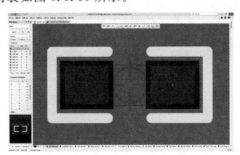

图 6.3.15　0603 电容封装

同理，根据资料，绘制其余元器件的尺寸大小并完善封装库即可。

2. IPC 封装创建向导

对于封装的创建，Altium Designer 还提供了一个创建工具向导，左击菜单栏"工具"→
"IPC Compliant Footprint Wizard"即可进入创建向导界面，进入后界面如图 6.3.16 所示。

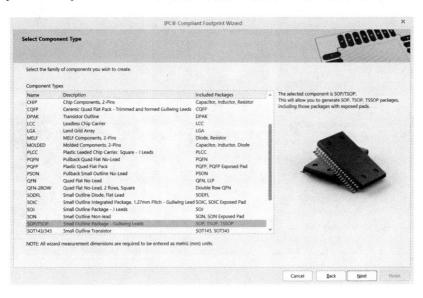

图 6.3.16　IPC 创建封装向导

可以看到 Altium Designer 提供了许多常见的元器件封装类型，在此以 SOP8 为例，选
中列表中的"SOP/TSOP"后点击下方的"Next"，即可出现尺寸设置界面，按照元件尺寸填
好各项数据如图 6.3.17 所示。

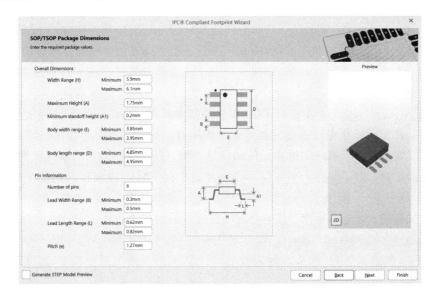

图 6.3.17　IPC 创建封装向导

填写好数据后点击"Finish"即可完成封装的创建，效果如图 6.3.18 所示。

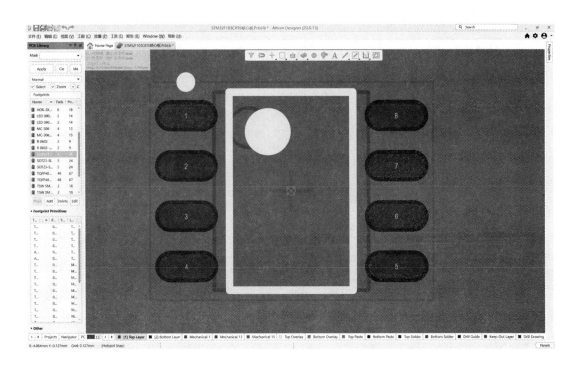

图 6.3.18 IPC 向导生成的 SOP8 封装

3. 布局与布线

在所有元器件封装绘制完成后需要开始设计 PCB 的布局与布线。将原理图上所有的元件绘制出相应的封装库，然后在左侧项目栏创建 PcbDoc 文件，打开后点击菜单栏中"设计"→"Import Changes From STM32C8T6"即可将所绘制的原理图转化为相应的 PCB，然后需要按照提示完成相应元件的连线。选择"Route"工具进行手动布线，或者使用自动布线工具进行自动布线。手动布线时可以使用 Altium Designer 提供的各种布线工具和约束条件，以获得最佳布局效果。

以上是 Altium Designer 中进行 PCB 布线的基本步骤，具体操作方法可能因版本不同而略有差异。在实际操作中还需要注意如下一些细节：

（1）布线宽度：对于不同的电路元件和信号类型，应该选择适当的布线宽度和间距。

（2）地面平面：为了保持干净的信号传输和最小化 EMI，应该针对地面平面进行布置和布线。

（3）阻抗匹配：对于高速信号线，应该根据所需的阻抗进行匹配设计，从而避免信号反射和耦合。

图 6.3.19 和图 6.3.20 就是本例完成的 STM32C8T6 最小系统板 PCB 设计及其三维模型。

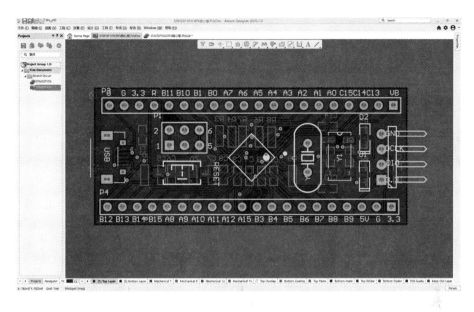

图 6.3.19 设计完成的 PCB 图

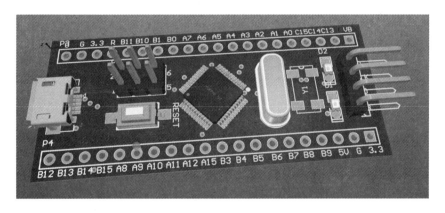

图 6.3.20 PCB 三维模型

思 考 题

6-1 PCB 设计的一般流程是什么?

6-2 通过调研,说明芯片常见的有哪些封装形式?

6-3 PCB 布局的基本原则有哪些?

6-4 常见的 PCB 设计软件有哪些? 各有什么特点?

6-5 对于一些复杂的电子系统,"模拟地"与"数字地"之间一般如何进行隔离?

6-6 试着以 STM32F107VCT6 为例设计其最小电路,并进行 PCB 设计。

参 考 文 献

[1] 马科维奇(Alan B. Marcovitz). 逻辑设计基础[M]. 殷洪玺，译. 3 版. 北京：清华大学出版社，2010.

[2] 康华光. 电子技术基础：数字部分[M]. 6 版. 北京：高等教育出版社，2014.

[3] 童诗白，华成英. 模拟电子技术基础[M]. 5 版. 北京：高等教育出版社，2015.

[4] 贾立新. 电子系统设计[M]. 北京：机械工业出版社，2020.

[5] 李维波. 嵌入式系统中的典型模拟信号处理技术[M]. 北京：中国电力出版社，2022.

[6] 余小平，奚大顺. 电子系统设计：基础篇[M]. 4 版. 北京：北京航空航天大学出版社，2019.

[7] 何小艇. 电子系统设计[M]. 5 版. 杭州：浙江大学出版社，2015.

[8] 杨忠孝，陈祝明. 电子系统设计与专题制作[M]. 北京：高等教育出版社，2020.

[9] 王连英，李少义，万皓，等. 电子线路仿真设计与实验[M]. 北京：高等教育出版社，2019.

[10] 林立. 单片机原理及应用：基于 Proteus 和 Keil C[M]. 4 版. 北京：电子工业出版社，2018.